Dietrich Böhlmann

Ökologie von Umweltbelastungen in Boden und Nahrung

Basiswissen Biologie

Herausgegeben von
Rainer Flindt · Dietmar Kalusche · Konrad Kunsch

Band 5

Weitere lieferbare Bände dieser Reihe:
Band 1 · Flindt, Verhaltenskunde
Band 2 · Kalusche, Wechselwirkungen zwischen Organismen
Band 3 · Kunsch, Autotrophie der Organismen
Band 4 · Böhlmann, Ökologie von Umweltbelastungen unserer Atmosphäre

Ökologie von Umweltbelastungen in Boden und Nahrung

Dietrich Böhlmann

Mit 41 Abbildungen
und 8 Tabellen

Gustav Fischer Verlag · Stuttgart · New York · 1991

Anschrift des Autors:
Prof. Dr. Dietrich Böhlmann
Institut für Biologie
Technische Universität Berlin
Franklinstraße 28/29
1000 Berlin 10

CIP-Titelaufnahme der Deutschen Bibliothek

Böhlmann, Dietrich:
Ökologie von Umweltbelastungen in Boden und Nahrung /
Dietrich Böhlmann. - Stuttgart ; New York : G. Fischer, 1991
(Basiswissen Biologie ; Bd. 5)
ISBN 3-437-20469-6
NE: GT

ISSN 0935-1752

Graphische Bearbeitung: Wilfried Roloff, Berlin
Druck: Wilhelm Röck GmbH, Weinsberg
Einband: Otto Küstermann, Ebhausen
Printed in Germany

VORWORT

Die vorliegende Reihe **"Basiswissen Biologie"** wendet sich hauptsächlich an Lehrende und Lernende der Biologie der Sekundarstufe II und an Studierende. Für die Auswahl der Inhalte der einzelnen Bände waren daher mehr die Inhalte der Lehrpläne maßgebend als fachwissenschaftliche Konzepte und Systematiken. Deswegen stehen auch schulrelevante Beispiele und Methoden im Vordergrund. Die einzelnen Bände versuchen, durch die Aufbereitung ihrer Themen eine logische, für das Unterrichten sinnvolle Struktur zu bieten, ohne daß diese selbst theoretisch erörtert werden soll. Ferner sollen allgemeine didaktische Prinzipien aufgezeigt werden, die das Studium eines bestimmten Gebietes erleichtern können. Die Inhalte mancher Bände sind nach dem Baukastenprinzip gestaltet, so daß die jeweilige Folge nicht eingehalten zu werden braucht.

Die Bände sind nach einem Doppelseitenprinzip aufgebaut. Die jeweils linke Seite gibt eine knappe Information zum Thema, während die dazugehörende rechte Seite Arbeitsmaterialien in Form von Abbildungen, Versuchsanleitungen, Graphiken u.ä. bietet. Die Abbildungen sind in vielen Fällen bewußt so groß gehalten, daß Kopien für Arbeitsblätter oder Folien direkt von ihnen gezogen werden können. Auf Abbildungen, Tabellen usw. der rechten Seiten wird in der Regel im Text der linken verwiesen. Sie sind für jede Seite fortlaufend durchnumeriert.

Die vorliegenden Bände 4 und 5 weichen von diesem didaktischen Konzept passagenweise ab, was einmal in der Manuskriptentstehung begründet ist und zum anderen durch die Faktenfülle bei manchen Umweltaspekten, deren Daten sich nicht immer visualisieren bzw. durch Versuche experimentell belegen ließen. Aus diesen Gründen finden sich fortlaufende Textseiten auch auf der linken Seite. Gelegentlich mußten aber auch umgekehrt Versuchsanleitungen rechts angeordnet werden, und vereinzelt konnte die Linksanbindung nicht eingehalten werden.

Ludwigsburg, 1990

Die Herausgeber

Rainer Flindt
Dietmar Kalusche
Konrad Kunsch

EINLEITUNG

Umweltbelastungen, Umweltschäden, Umwelt- und Nahrungsmittelskandale haben bei weiten Bevölkerungskreisen ein kritisches Umweltbewußtsein entstehen lassen. Man wehrt sich heute gegen Umweltbelästigungen, weil viele erkannt haben, daß Umweltschutz existentiell ist.

Die Begriffe Umwelt und Ökologie gehören zu den mit am häufigsten benutzten Ausdrücken im Sprachgebrauch, ohne daß sie jedoch bei den Benutzern immer mit Inhalt gefüllt werden können. Viele besitzen nur ein über die Tagespresse und das Fernsehen erworbenes Pauschalwissen, welches aber noch nicht immer zu einem umweltgerechten Verhalten führt. Unsere gegenwärtigen Lebensweisen und Lebensansprüche in einer zweifelsfrei bestehenden Wohlstandsgesellschaft und auch Bequemlichkeit stehen dem Umweltschutz allzuoft entgegen. Allzu viele verweisen beim anerkannt notwendigen Umweltschutz auf "die anderen", auf "die Industrie" als Verursacher oder "den Staat" als Aufsichtswahrer. Gewiß, die umweltbelastenden Industrien und Kraftwerke haben Verpflichtungen für eine Umweltentlastung, denen ökonomische Vorteile oft entgegenstehen. Hier muß der Staat für eine Umweltsicherung sorgen. Wir als Konsumenten haben aber auch einen Beitrag zum Umweltschutz zu leisten. Jeder kann Energie sparen, weniger Abfälle wegwerfen, umweltfreundlichere Chemikalien einsetzen, kurz sich umweltbewußter verhalten. Hierfür sind aber nicht nur oberflächliche Emotionen, sondern Einstellungs- und Verhaltensänderungen erforderlich. Wer beispielsweise saubere Kraftwerke fordert, aber seiner Umgebung den nicht gerade harmlosen Tabakqualm zumutet, sollte nicht erwarten, daß seine Forderungen ernst genommen werden. Umweltschutz beginnt dort, wo jeder Einzelne selbst etwas tut. Verhaltensänderungen werden aber nur aufgrund von überzeugenden Einsichten vollzogen, für die wiederum fundierte Kenntnisse notwendig sind. Aus Unkenntnis, Interesselosigkeit und Fahrlässigkeit vergehen sich viele oft als Nutznießer der vielen "modernen Errungenschaften" an unserer Umwelt, an Boden, Luft und Wasser und damit an der allen gemeinsamen Lebensbasis, an den uns anvertrauten Gütern und Lebewesen und an dem unserer Nutzungsmacht unterworfenen Organismus der Natur und deren Lebensräumen. Es ist unerläßlich, daß man sich heute für eine saubere, gesunde und lebenswerte Umwelt, für den Erhalt der natürlichen Ressourcen in den Ökosystemen engagiert und einsetzt, auch im Interesse nachfolgender Generationen. Es ist unerläßlich, daß wir das, was wir der Natur und Umwelt entnehmen, wieder so in den Naturhaushalt rücküberführen, daß dieser keinen Schaden erfährt. Das verlangt Verantwortung im Umgang mit der Natur und auch Bereitschaft zur teilweisen Lebensumstellung und einen Verzicht in den Lebensansprüchen. Erst dann können wir erhoffen, daß wir unsere Umwelt lebenswert erhalten können. Umweltfreundliches Verhalten sollte für jeden eine Selbstverständlichkeit sein.

Beide Umweltbände wollen versuchen, hierfür die notwendigen Informationen zu liefern und darüber hinaus durch praktische Versuche unmittelbar selbst erfahrene Einsichten zu Belastungen der Umwelt und deren Vermeidungsmöglichkeiten zu vermitteln. Es soll versucht werden, eine Bereitschaft zur aktiven Teilnahme an der Lösung von Umweltproblemen zu wecken und dafür eine Handlungskompetenz aufzubauen, die es ermöglichen, sich in Entscheidungssituationen umweltgerecht zu verhalten. Dazu ist es notwendig, die Umweltprobleme in ihrer ökologischen Einbindung, aber auch in ihren ökonomischen Abhängigkeiten zu kennen, wobei klar sein muß, daß im Interesse von Natur und Umwelt die Ökologie vor der Ökonomie zu stehen hat, daß egoistische und wirtschaftliche Einzel- und Gruppeninteressen zum Wohl der Allgemeinheit zurückzustehen haben.

Die vorliegenden Umwelt-Bücher sind gleichzeitig auch als Praktikumsanleitung für Hochschulen gedacht. Sie bestehen zusammen aus 12 Kapiteln, so daß ein solches Praktikum innerhalb von 12 bis 13 Semesterwochen mit jeweils 4 bis 5 Praktikumsstunden bewältigt werden kann.

Die einzelnen Kapitel sind in der Regel so strukturiert, daß zunächst einmal die Emissionsquellen, dann die Immissionsschäden an Organismen und Sachgütern, schließlich ansatzweise Nachweismethoden und Möglichkeiten der Reduzierung oder Beseitigung der Schadstoffbelastung aufgeführt werden. Es wurde versucht, zu diesen Punkten Versuche zu entwickeln, die die Problematik veranschaulichen sollen. Sie wurden jedoch dort ausgespart, wo Substanzen hochtoxisch sind. Die Versuche verlangen für die Realisierung chemische und physikalische Grundkenntnisse. Eigenkonstruktion von Geräten und längerfristige Vorbereitungen sind gelegentlich notwendig. Trotzdem sind die Versuche vom Anspruch und der Ausstattung so angelegt, daß sie ohne allzu aufwendige Kosten und ohne Einarbeitung nachvollzogen werden können.

Die Anleitung für Demonstrationsversuche (durchgeführt vom Lehrenden), Versuche und Untersuchungen (durchgeführt von den Praktikanten) sind so strukturiert, daß eingangs jeweils die Problematik kurz umrissen wird, dann eine ausführliche Versuchsbeschreibung gegeben wird, das Ergebnis grob skizziert und abschließend das erforderliche Versuchsmaterial aufgeführt wird. Bei den Film-Bildstellen sind zu den meisten Themen Filme und Videoaufnahmen verfügbar. Selbst aufgenommene Fernsehaufzeichnungen könnten die Problemstellung zuätzlich visualisieren. Es empfiehlt sich, einige Besichtigungen einzuplanen und beispielsweise eine Rauchgasentschwefelung eines Kraftwerkes, eine Mülldeponie oder Müllverbrennungsanlage und einen Recyclingbetrieb zu besichtigen.

In den vorliegenden Büchern werden nur Belastungen der Luft, des Bodens und von Nahrungsgütern angesprochen. Belastungen des Wassers wurden ausgespart, weil ihre Problematik schon wesentlich früher erkannt wurde und schon zahlreiche Praktikumsanleitungen existieren. Die besonders diffizile Problematik der Nuklearnutzung wurde ebenfalls nicht berücksichtigt.

Es wäre zu begrüßen, wenn das Buch auch Hilfestellung für die Durchführung von Kursen zum Umweltschutz in den Sekundarstufen der allgemeinbildenden Schulen sein könnte.

Berlin, im Winter 1990 Dietrich Böhlmann

Inhaltsverzeichnis

Basiswissen Biologie · Band 5

1 Schwermetalle in unserer Umwelt und deren Toxizitätsprofile

1.1 Bedeutung der Zunahme von Umweltchemikalien

Unsere Umwelt ist durch die chemisch-industrielle Entwicklung in den letzten 100 Jahren mit chemischen Verbindungen, zu denen auch die der Schwermetalle gehören, überflutet worden. Es gibt bei uns mehr als 60.000 chemische Stoffe in mehr als einer Million Zubereitungen. Man schätzt, daß in der chemischen Industrie jährlich 250.000 neu synthetisierte Verbindungen auf ihre Verwendbarkeit getestet werden, von denen allerdings verhältnismäßig wenige, nämlich nur 300, eine Nutzanwendung und Produktion erfahren und damit dann auch in die Umwelt gelangen. Nur ein Bruchteil der chemischen Stoffe ist bisher auf seine Giftigkeit, Kanzerogenität oder Mutagenität geprüft worden - geschweige denn auf Umweltverträglichkeit.

Am 1. Januar 1982 ist das **Chemikaliengesetz** in Kraft gesetzt worden, um künftighin den Menschen und die Umwelt vor gefährlichen Stoffen zu bewahren. Vor Einführung neuer chemischer Stoffe sind heute umfangreiche toxikologische Prüfungen notwendig. Alte Stoffe sind allerdings von der Prüf- und Anmeldepflicht ausgenommen, mit Ausnahme potentiell gefährlicher Stoffe, und davon gibt es eine nicht geringe Zahl. Die Gefährlichkeit vieler dieser potentiell problematischen Stoffe ist von der Dosierung abhängig. Geringe Mengen können in den Organismen ab- und umgebaut oder unwirksam und damit tolerierbar sein. Schwierig werden Aussagen über die Problematik von Chemikalien, wenn man berücksichtigt, daß manche von ihnen verschiedenartige Wirkungen zeigen, einige nur zusammen mit anderen gefährlich werden, sich in ihrer Wirkung gegenseitig aufheben oder unter bestimmten Bedingungen sich zu noch gefährlicheren Substanzen umwandeln.

Fast unerforscht sind die **Kombinationswirkungen** vermischter Chemikalien. Von den 1.600, z.B. im Jahre 1969 beim Bundesgesundheitsamt registrierten neuen Medikamenten enthielten nur 25 neue Wirkstoffe. Die restlichen 1.575 bestanden aus Neukombinationen bekannter Wirkstoffe, wobei Kombinationen von Wirkstoffen neue Eigenschaften entfalten können. Eine Untersuchung aller möglichen Kombinationen bis hin zu Mehrfachkombinationen auf ihre Umweltverträglichkeit bzw. Gesundheitsschädlichkeit ist gegenwärtig nicht zu leisten.

Sehr wenig weiß man über die Veränderungen von Chemikalien unter biotischen und abiotischen Bedingungen. So ist beispielsweise seit den sechziger Jahren bekannt, daß die Itai-Itai-Krankheit, die im Abschnitt zum Cadmium noch ausführlich beschrieben wird, durch Cadmiumverbindungen verursacht wurde, aber man weiß bis heute noch nicht, in welcher Form Cadmium im Organismus und in den lebenden Zellen vorkommt.

Die anwachsende Produktion der Chemikalien läßt steigende Mengen in die Umwelt gelangen, woraus schwer einschätzbare Gefahren erwachsen, denn über das ökotoxikologische Verhalten der chemischen Substanzen weiß man bisher fast nichts. Dabei wird bei nur 2%iger jährlicher Produktionssteigerung chemischer Stoffe nach einem Zeitraum von 100 Jahren die Konzentration in der Umwelt um den Faktor 600 zunehmen, bei 3%iger Steigerung um den Faktor 1600 (Korte 1980). In 100 Jahren würde sich beispielsweise die PCB-Konzentration bei Produktionssteigerungen zwischen 2 bis 3 % von ppb auf ppm erhöhen. Im ppb-Bereich sind noch keine nennenswerten biologischen Effekte bekannt, im ppm-Bereich sind Menschen zu Schaden, sogar zu Tode gekommen.

Das Problem der Umweltchemikalien muß in allernächster Zukunft gelöst werden, denn die einmal global verteilten Chemikalien lassen sich nicht wieder "einfangen".

Von den chemischen Verbindungen, die gegenwärtig die Umwelt stark belasten und daher in aller Munde sind, sollen hier zunächst die der Schwermetalle Blei, Quecksilber und Cadmium behandelt werden.

An anderer Stelle werden die folgenden chemischen Stoffe und Verbindungen angesprochen

- Nikotin und Benzpyren (Band 1, Kap. 4)
- Pestizide (Kap. 4)
- Polychlorierte Verbindungen (Kap. 2)
- Nahrungsmittelzusatzstoffe (Kap. 3)

Die industrielle Produktion ohne Schwermetalle wäre, wenn wir nur an Eisen, Zink, Kupfer und Blei denken, nicht möglich. Schwermetalle sind Metalle mit einer Dichte über 5 g/cm^3. Aufgrund ihrer vielfältigen industriellen Nutzung verbreiten sie sich in unserer Umwelt, gelangen über die Nahrungskette in die Organismen, reichern sich in diesen teilweise an und verursachen dann gesundheitlich nachteilige Folgen.

1.2 Schwermetalle - ihre Nützlichkeit und Problematik für Organismen

Zu den biologisch wirksamen Metallen gehören Leicht- und Schwermetalle; sie sind essentiell. Die an biochemischen Reaktionen beteiligten Leichtmetalle, wie z.B. Natrium und Kalium, sind als "leichtbewegliche", chemisch nicht so fest gebundene Kationen bevorzugt an der Nervenimpulsleitung und der Muskelkontraktion beteiligt. Die schwereren Biometalle wie Eisen, Kupfer, Zink, Mangan, Molybdän und Kobalt sind stärker fixierte Kationen und insbesondere als Elektronenüberträger und Enzymkatalysatoren an lebensnotwendigen Stoffwechselprozessen beteiligt. Sie stehen hierbei oft inmitten großmolekularer Organoverbindungen und bilden die chemisch aktiven Zentren (z.B. Hämoglobin). Die 10 essentiellen Biometalle werden vom Körper in unterschiedlichen Konzentrationen benötigt. Der Bedarf der Organismen ist dabei auf das natürliche minerale Angebot eingestellt. Daher können geringfügig überhöhte Zufuhren schädlich, unter Umständen sogar karzinogen wirken. In hohen zugeführten Dosen, z.B. über Umweltbelastungen, können sie Vergiftungserscheinungen, d.h. Stoffwechselstörungen auslösen.

Das gilt insbesondere für die weiteren Schwermetalle wie Quecksilber, Blei, Cadmium, Zinn und Chrom. Sie finden sich zwar auch in den Organismen, gegenwärtig sogar in steigenden Konzentrationen, aber ohne erkennbar lebensnotwendige Funktion. Kenntnisse über die Wirkung von Schwermetallverbindungen beruhen weitgehend auf empirischen, nicht streng wissenschaftlichen Erfahrungen. Die Toxizität von Schwermetallen wurde mehrmals erst durch das Auftreten von katastrophalen Erkrankungen bekannt, so z.B. in Japan bei den Erkrankungen **Minimata und Itai-Itai**, auf die später noch eingegangen wird. Eine Beweisführung der Schwermetallwirkung auf die Gesundheit des Menschen wird dadurch erschwert, daß Schwermetalle ausgesprochene Langzeitwirkungen zeigen, und die Symptome zudem recht unspezifisch sind. In ihnen tickt für uns eine gesundheitsbedrohende Zeitbombe, vor der es kommende Generationen zu bewahren gilt. Versuche zum Erkennen der Schadwirkung an Menschen verbieten sich, und Versuche mit Pflanzen und Tieren sind wenig aussagekräftig, da einzelne Arten, sogar verwandte Arten, höchst unterschiedlich reagieren.

Ein Beispiel dafür ist das Kupfer, das allgemein hochgradig toxisch auf Algen und Pilze wirkt. Andererseits gibt es aber auch Pilzarten, die in gesättigter Kupfer-Lösung existieren und wachsen können. Es gibt sogar Pflanzengesellschaften, welche z.B. auf Serpentin (ein Mg-Silikat mit Ni, Al und Fe) oder Galmei (ein Zn-Erz) wachsen und sich durch bestimmte Merkmale von der Umgebungsvegetation abheben. Das Galmei-Veilchen (*Viola calaminaria*) oder die Brassicacee *Malcolmia maritima*, die, wenn sie auf kupfer- oder bleihaltigen Böden wachsen, aufgrund eines Metallkomplexwechsels im Anthocyan einen Blütenfarbwechsel von rosa nach gelbgrün erfahren, können z.B. als "bodenanzeigende" Weiserpflanzen beim Prospektieren von Bodenschätzen dienen.

Die Anreicherung von Schwermetallen im Boden, wie z.B. von Kupfer, Kobalt, Nickel, Mangan, Uran, Zink, Selen u.a. beschränkt den Pflanzenwuchs bis auf wenige ökophysiologisch angepaßte Spezialisten, die diese ansonsten toxisch wirkenden Schwermetallmengen tolerieren und u.U. sogar akkumulieren. Diese Ökotypen sind das Phänomen der "Schwermetallpflanzen". Sie finden sich auch auf Erzabbauhalden, ferner unter zinkhaltigen Weidezäunen oder mit der Flechte *Lecanora vinetorum* sogar auf Weinbergpfählen, die durch Spritzungen Kupfer angereichert haben.

Von den Schwermetallen sind wohlgemerkt die Verbindungen von Quecksilber, Cadmium, Blei, Zink, Zinn, Kupfer, Nickel und Kobalt für den Menschen und darüber hinaus für die meisten Organismen stoffwechselphysiologisch gefährlich. Wenn Enzyme anstelle der Biometalle diese Schwermetalle einbauen, verlieren sie normalerweise ihre Fähigkeit, steuernd in die Stoffwechselvorgänge einzugreifen, weil ihre Funktionsfähigkeit gestört und verändert wird.

Schwermetalle reichern sich über Nahrungsketten an. Sie können dabei Konzentrationen erreichen, die für Konsumenten schädlich sind. Über das Trinkwasser, d.h. in gelöster Form, können Schwermetalle den Menschen auch direkt erreichen.

Schwermetalle finden sich, durch Aerosole in der Umwelt fein verteilt, heute in erhöhten Konzentrationen auch in den Kulturböden. Sie können hier wie überall grundsätzlich nicht abgebaut werden. Sie reichern sich aber nicht alle gleichermaßen an. Die biologisch problematischen Schwermetalle sind diejengen, die eine starke Mobilität aufweisen, d.h. an den Ton-Humus-Komplexen weniger fest gebunden und demzufolge leichter pflanzenverfügbar sind. Zu diesen gehören vor allem Blei, Cadmium und Thallium. Sie akkumulieren in der Nahrungskette besonders leicht und sollten, damit es nicht zu noch weiteren Anreicherungen in der Umwelt kommt, in den Industrieprodukten, über die sie verbreitet werden, durch harmlosere Substanzen substituiert werden. Durch eine stärkere Fixierung an die Bodenkolloide besitzen Quecksilber, Arsen, Nickel, Chrom und Kobalt eine geringere Mobilität.

1.2.1 Blei als Umweltgift

Das Blei ist das traditionsreichste Metallgift. Im alten Rom tranken die Patrizier ihren Wein aus Bleibechern und benutzten zum Essen Bleigefäße. Sie erlitten dadurch, ohne es zu wissen, schwere körperliche Schäden. Manche Wissenschaftler sind der Ansicht, daß der Niedergang des römischen Imperiums eine Folge chronischer Bleivergiftungen seiner führenden Staatsmänner war. Die in Knochenresten gefundenen erhöhten Bleikonzentrationen sprechen dafür. Mischungen aus Bleiacetat und Bleicarbonat haben als sogenanntes "Erbschaftspulver" zur absichtlichen Vergiftung seit altersher Verwendung gefunden.

Auch heute noch gelangt Blei unerwünscht in den menschlichen Organismus, allerdings auf anderen, recht verschlungenen Wegen. Von diesem bläulich-weißen, weichen Schwermetall werden in der Bundesrepublik Deutschland etwa 330.000 Tonnen pro Jahr verbraucht, wovon mehr als zwei Drittel für Akkumulatoren, Kabelummantelungen und Formgußteile verwendet werden. Diese Produkte sind aber nicht die eigentliche Quelle des Bleis, welches in unserer Umwelt verstreut ist und von den Organismen aufgenommen wird. Es stammt aus zahlreichen anderen Quellen:

- So z.B. von Wasserrohren aus Blei, die in Altbauten gelegentlich noch anzutreffen sind. Aber auch Wasserrohre aus verzinktem Eisen entlassen Blei in Spuren, denn der Zinküberzug ist bleihaltig, und selbst Wasserrohre aus PVC-Kunststoff weisen Blei neben Cadmium als Stabilisatoren auf.
- Zahlreiche Farben und Kunststoffe weisen Bleiverbindungen als Pigmentgeber für weiß und gelb-orange auf.
- Müllverbrennungsanlagen, die bleihaltige Abfälle wie Kapseln, Tuben, Rostschutzfarben und bestimmte pigmentierte Kunststoffe verbrennen, emittieren Blei.
- Weißblechdosen aus verzinntem Eisenblech enthalten ebenfalls etwas Blei. Durch Oxidation bei Luftzugang entstehen lösliche Bleioxide. Deshalb sollten Konservendosen nach dem Öffnen sofort entleert werden. Quellen für Bleibelastungen sind auch die Emissionen von Zink- und Bleihütten. Ausgelöst durch Fehler in der Reinigung der Abgase wird hier vor allem die unmittelbare Umgebung getroffen. Der Ausfall eines Filters der Bleihütte Nordenham führte 1972 zu einer Bleiverseuchung angrenzender Wiesen, woran 150 Rinder starben. Die "Bleikrankheit", die sich in einer Leberschädigung und damit in einer nachhaltigen Störung des Stoffwechselgeschehens äußert, war bei Weidevieh und Wild schon vorher in der Nachbarschaft anderer Bleihütten in Stolberg oder Goslar beobachtet worden. Sie gaben den Anstoß, daß man sich auch mit den Bleiemissionen der Kraftfahrzeuge beschäftigte.
- Eine Hauptquelle der Bleibelastung ist nach wie vor noch das Kraftfahrzeug. Bis Ende 1987 wurden noch jährlich etwa 3.500 t Blei als Antiklopfmittel für Hochleistungs-Benzinmotoren in Form des Bleitetraethyls [$Pb(C_2H_5)_4$] dem Benzin hinzugefügt, wovon etwa 75 %, hauptsächlich in Form von Bleihalogeniden, in feinster Verteilung mit den Auspuffgasen in die Umwelt gelangten. Das hat zu erheblichen Anreicherungen von Blei entlang der Hauptverkehrsstraßen und der Autobahnen geführt (**Abb. 5.1**).

Entlang der Autobahnen sollte in einem Streifen von 100 bis 300 m eigentlich eine landwirtschaftliche Nutzung untersagt sein, denn die Pflanzen nehmen erhebliche Bleimengen auf. Man entschuldigt die Verwendung der hier erzeugten Nahrungsgüter damit, daß beispielsweise Getreide ausreichend mit bleiärmerem ausgedünnt wird.

Versuch:	***Nachweis von Blei im Straßenstaub und in Pflanzen***

Man schätzt, daß der Bleigehalt der gegenwärtig lebenden Menschen ungefähr 100mal größer ist als natürlich bedingt. In Ballungszentren liegt der Bleigehalt der Atemluft zwischen dem 1.000- bis 10.000fachen über Normalpegelwerten. Hier kann der Bleigehalt des Bodens von durchschnittlich 15 mg/m^3 auf über 1.000 mg/m^3 ansteigen.

Als man zu Beginn der siebziger Jahre feststellte, daß bei Kindern mit erhöhtem Bleigehalt in den Milchzähnen, die in besonders autoabgasbelasteten

Versuch: *Nachweis von Blei im Straßenstaub und in Pflanzen*

Blei wird gegenwärtig noch durch das Verbrennen von bleitetraäthylhaltigem Benzin in die Umwelt entlassen und verbreitet. Es findet sich deshalb besonders angereichert im Straßenstaub und in Pflanzen, die entlang der Straßen wachsen wie dem Rainfarn (*Chrysanthemum vulgare*) und dem Gemeinen Beifuß (*Artemisia vulgaris*). Mit Aerosolen wird das Blei überall hin verbreitet ,gelangt dabei in die Böden und schließlich in unsere Nahrung und unser Trinkwasser. Das Blei ist, wie alle Schwermetalle, ein Stoffwechselgift.

Zur Vorbereitung der Nachweisreaktion werden zuerst mindestens 20g Trockensubstanz der zu untersuchenden Pflanzen ausgewogen und im Muffelofen bei 600°C verascht. Die Aschensubstanz wird mit 40 ml Aqua dest. versetzt und gut umgeschüttelt. Das Aqua dest. sollte 3 - 4 ml 10 %ige Essigsäure enthalten. Jetzt wird abfiltriert und auf genau 50 ml aufgefüllt. Mit der parallel dazu zu untersuchenden Straßenstaubprobe wird gleichermaßen verfahren.

Zur Bestimmung des Bleis wird ein spezielles Testsystem eingesetzt, mit dem Bleigehalte im Bereich von 0,05 - 1,0 ppm nachgewiesen werden können. Der Testkit enthält 5 Nachweisreagenzien, mit denen über 10 Reaktionsschritte (vgl. dem Test angefügte Arbeitsanleitung) eine gefärbte Lösung erhalten wird, die mit einem angefügten Farbstandard verglichen wird, wodurch der Bleigehalt ermittelt werden kann (z.B. 0,1 ppm). Durch Umrechnung erhält man den ppm-Wert für die Trockensubstanz:

$$\frac{0{,}1\ (=\text{gefundener Meßwert}) \cdot 50\ (=\text{Inhalt des Meßkolbens})}{20\ (=\text{eingewogene Trockensubstanz})} = \text{ppm}$$

Material: Testkit zur Bestimmung von Blei im Bereich 0,05 - 1,0 ppm
(Fa. Machery-Nagel, Postfach 307, D-5160 Düren)
Straßenstaubproben
Pflanzenmaterial von Beifuß oder Rainfarn
Muffelofen bzw. Veraschungseinrichtung
2 Meßkolben (50 ml) Aqua dest.
Essigsäure 10 %ig Trichter + Filter

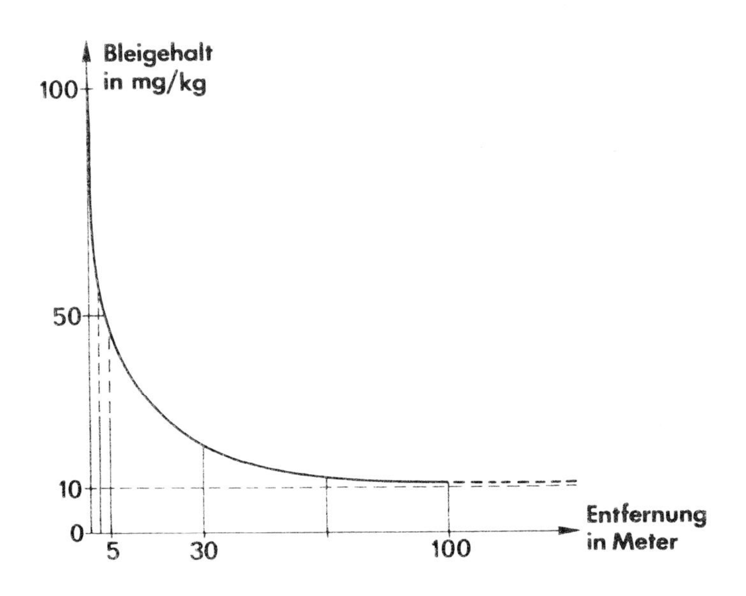

Abb. 5.1:
Bleigehalte in der Trockensubstanz von Pflanzen entlang einer Autobahn in Abhängigkeit von Entfernung

Gegenden groß geworden waren, sich die allgemeine Körperentwicklung verzögerte, ferner Lernstörungen, langsamere Reaktionszeiten und verminderte Intelligenzquotienten auftraten, handelte man bei uns und setzte 1971 das Benzin-Blei-Gesetz in Kraft, mit dem man erreichte, daß ab 1972 in einem ersten Schritt der Bleigehalt im Benzin auf 0,40 g pro Liter und 1976 in einem zweiten Schritt auf 0,15 g Blei pro Liter gesenkt wurde, wodurch die Kraftfahrzeuge mindestens 60 % weniger Blei emittierten. Das machte sich sofort in sinkenden Bleigehalten in unserer Umwelt bemerkbar. Mit der Einstellung des Verkaufes von bleihaltigem Normalbenzin vom Jahre 1988 an haben sich die Bleiemissionen über das Auto um weitere 800 t auf 2.000 t pro Jahr reduziert.

Die Reduzierung des Bleigehaltes im Benzin geschah ursprünglich gegen den Widerstand der Mineralöl- und Autoindustrie, zwei unserer bedeutendsten Wirtschaftsbranchen, gegen die nur schwerlich etwas durchzusetzen ist. Aber hier war der Gesetzgeber durch Druck der Öffentlichkeit gehalten, etwas zu tun.

Neuerdings verfügen neu zugelassene Kraftfahrzeuge vielfach über einen Katalysator. Sie können dann nur noch bleifreies Benzin benutzen. Dieser Fortschritt geschah allerdings nicht, weil die Bleibelastung weiter reduziert werden sollte, sondern weil herausgefunden worden war, daß die anderen Stoffe, die dem Auspuff entströmen, fast noch gefährlicher als das Blei sind. Das sind Stickoxide, Kohlenmonoxide und Kohlenwasserstoffe, von denen die 22 Millionen Kraftfahrzeuge der Bundesrepublik jährlich etwa 1,2 Millionen Tonnen NO_x, 6 Millionen Tonnen CO und 0,6 Millionen Tonnen CH-Verbindungen an die Luft abgeben. Die Stickoxide und die Kohlenwasserstoffe sind aber ganz wesentlich am Waldsterben beteiligt (vgl. Bd. 4, Kap. 2). Um diese gefährlichen Immissionen aus den Abgasen zu entfernen und in ungefährliches CO_2, N_2 und H_2O umzuwandeln, ist ein Katalysator erforderlich, der, damit er in seiner Funktion nicht beeinträchtigt wird, bleifreies Benzin verlangt. Mit dem Einbau von Katalysatoren wird die Umwelt zweifach entlastet. Es entstehen deutlich weniger Schadgase, denn rund 90 Prozent werden entschärft, und durch Verwendung bleifreien Benzins werden weniger Schwermetalle über die Umwelt verteilt.

Der Katalysator ist ein hochporöser Keramikkörper mit kapillarfeinen Strömungskanälen, deren Gesamtoberfläche etwa die Größe von vier Fußballfeldern erreicht. Die Innenseiten der wabenähnlich angeordneten Kanäle sind mit etwa 1,5 Gramm möglichst monomolekular ausgebrachten Platins (85 %) und Rhodiums (15 %) beschichtet. Diese Edelmetalle bewirken die katalytische Umwandlung der Schadgase in harmlose Verbindungen, ohne sich dabei zu verbrauchen. Blei im Benzin würde den Katalysator "vergiften", würde die Wirksamkeit der Edelmetalle aufheben.

Das Blei im Benzin wird heute durch Additive ersetzt wie Alkohole, Ether und andere hochoctanige Komponenten (gewonnen durch Reformieren = Isomerisierung bzw. Aromatisierung der natürlichen Rohöl-Destillate und durch Cracken niedrigoctaniger Paraffine), die es sogar erlauben, Autos, die Normalbenzin verlangen, bleifrei zu fahren.

Das Blei, das bis jetzt in unserer Umwelt verteilt wurde, wird dort, trotz der Reduzierungen, nicht so schnell verschwinden, denn es wird nicht abgebaut; es wird vielmehr nach wie vor über die Nahrungskette weiter in unsere Nahrung und damit in unseren Körper gelangen.

Mit den Nahrungsmitteln nehmen wir täglich etwa 250 bis 500 µg Blei auf, von denen 5 bis 10 % resorbiert werden; das entspricht 25 bis 50 µg. Mit der Atemluft nehmen wir täglich 30 bis 60 µg Blei auf; bei einer 50%igen Resorption entspricht das 15 bis 30 µg. Die Gesamtresorption macht 40 bis 80 µg oder die Hälfte des WHO-Wertes, der gerade noch verträglichen Höchstmenge aus.

Resorbiertes Blei wird vor allem in der Leber, der Niere und den Knochen deponiert. Daher muß heute vor einem allzu häufigen Verzehr von Innereien gewarnt werden. In ihnen finden sich über das Blei hinaus auch weitere Schwermetalle und andere Umweltproblemsubstanzen. In den Knochen wird das Blei als schwerlösliches Bleiphosphat gebunden (= Bleidepot). Es verhält sich bezüglich Einbau und Remobilisation dem in vieler Hinsicht ähnlichen Calcium.

Bestimmte Berufsgrupen, wie z.B. Polizisten, Busfahrer und andere, dem Straßenverkehr permanent ausgesetzte Personen, weisen heute erhöhte Blutbleispiegel auf, die sich unter Umständen schon einer leichten Bleivergiftung annähern. Dies kann Symptome wie Mattigkeit, Appetitlosigkeit und Verdauungsstörungen zur Folge haben. Spuren von Blei können sich bei ständiger Aufnahme im Körper summieren und die Blutbildung (Anämie) und das Nervensystem beeinträchtigen, woraus Lähmungen, Körperzittern, Sehstörungen, Verwirrungszustände und Nierenschädigungen resultieren können.

Versuch: *Hemmung der Gärungsaktivität bei Hefe durch Bleiverbindungen*

Bleiverbindungen vermögen als Stoffwechselgifte die Enzyme von biochemischen Lebensprozessen zu blockieren und in der Folge, in Abhängigkeit von der Konzentration, den Organismus unter Umständen nachhaltig zu schädigen. In diesem Versuch wird Bäckerhefe (*Saccharomyces cerevisiae*) verschiedenen Konzentrationen von Bleiacetat ausgesetzt und die Abnahme der Gärungsaktivität, angezeigt durch die CO_2-Produktion, ermittelt.

Für die **Herstellung des Gäransatzes** werden 20 g Rohrzucker in 100 ml Leitungswasser in einem Erlenmeyerkolben gelöst und dann etwa 8 g Hefe (= 1/5 eines Würfels Bäckerhefe) hinzugegeben und bis zur homogenen Verteilung der Hefen geschüttelt.

Für die **Herstellung der Schwermetallsalzlösung** werden 4 g Bleiacetat [Pb $(CO_3COO)_2$] in 100 ml Aqua dest. in einem Meßkolben gelöst. Diese 4 %ige Ausgangslösung dient zur Herstellung einer Verdünnungsreihe mit folgenden Konzentrationen: 4 %, 2 %, 1 %, 0,5 %, 0,05 % (für den Konzentrationsansatz 0,05 % werden 10 ml der vorausgegangenen Konzentration mit 90 ml Aqua dest. aufgefüllt).

Für die Durchführung des Versuches werden jeweils 6 ml der Hefesuspension und der verschiedenen Bleiacetat-Konzentration in ein Becherglas pipettiert. Durch das Hinzufügen der Hefelösung wird die Schwermetallsalz-Konzentration halbiert (vgl. Tabelle!). Die Lösungen werden jetzt in Einhornkölbchen gefüllt. Einschließlich eines schwermetallfreien Standards (6 ml Hefesuspension und 6 ml Wasser) ergeben sich 6 Ansätze.

Nach einer ersten Inkubationszeit von 60 Minuten wird das entwickelte CO_2-Gas zunächst einmal aus dem Gärschenkel durch Ankippen ausgetrieben. In Abhängigkeit von der Beeinträchtigtung der Gäraktivität der Hefen durch das Bleiacetat bilden sich jetzt abgestuft CO_2-Gasmengen, die im graduierten Gärschenkel nach weiteren 60 Minuten abgelesen werden. In Relation zum Null-Ansatz wird jetzt die prozentuale CO_2-Gasfreisetzung errechnet.

Blei-Konz.	0 %	0,025 %	0,25 %	0,5 %	1 %	2 %
ml CO_2-Gas						
% CO_2-Gas	100					

Proportional zur Konzentration mindert sich die CO_2-Freisetzung, d.h. die Hefezellen werden in ihrer Gäraktivität beeinträchtigt.

Im Interesse der Absicherung der Ergebnisse empfiehlt sich ein Doppelansatz.

Man kann diesen Versuch noch insofern erweitern, als man vergleichend die Toxizität der anderen noch besprochenen beiden Schwermetalle austestet. Der Test wird ergeben, daß Quecksilber ($HgCl_2$) eine größere Hemmwirkung als Cadmium ($CdCl_2$ oder $Cd(NO_3)_2 \cdot 4\,H_2O$) hat und beide in ihrer Toxizität noch über dem Blei liegen. Bei beiden setzen schon erste Hemmwirkungen bei einer Verdünnung von 0,0025 % ein, und bei Quecksilber kann die Gärung schon bei einer Konzentration von 0,025 % fast zum Erliegen kommen, bei Blei erst bei 0,5 %.

Material:
- Bäckerhefe
- Rohrzucker (Saccharose)
- 5 Meßkolben 100 ml
- 6 Bechergläser 50 ml
- 6 (12) Einhornkölbchen graduiert bis 6 ml
- Erlenmeyerkolben 200 ml
- Bleiacetat
- Pipetten 10 ml + Pipettenheber
- Stoppuhr
- Waage
- Aqua dest.

Blei ist ein Protoplasmagift. Es inaktiviert Enzyme durch Blockierung von Thiolgruppen und Verdrängung biologisch aktiver Metallionen. Bei Mensch und Tier wird vor allem die Synthese des Hämoglobins durch Blei gehemmt. Bei hoher Bleibelastung kann daher eine Anämie eintreten.

Versuch:	***Hemmung der Gärungsaktivität bei Hefe durch Bleiverbindungen, S. 7***
Versuch:	***Hemmung der enzymatischen Stärkespaltung durch Bleiverbindungen***

Die skizzierten Folgen von Bleivergiftungen dürften einsichtig machen, daß die Annahme, die chronischen Bleivergiftungen der gehobenen Schichten des Römischen Reiches hätten u.U. mit zum Verfall der Gesellschaft beigetragen, nicht so unbedingt von der Hand zu weisen ist.

1.2.2 Cadmium als Umweltgift

Cadmium kommt in der Natur als Sulfid in Mischung mit Zink-, Kupfer- und Bleierzen vor. In der elementaren Form ist Cadmium ein silberweißes, glänzendes Metall. In der Bundesrepublik Deutschland werden jährlich etwa 2.400 t Cadmium industriell genutzt, und zwar

- in der Farbenherstellung und Erzeugung gelber und roter Farbpigmente zum Färben von Kunststoffen und Lacken. Sie besitzen eine starke Leuchtkraft und hohe Hitzestabilität (bis 600 °C). Diese Cadmiumpigmente sind praktisch unlöslich und daher toxikologisch unbedenklich;
- in der Kunststoffherstellung als Stabilisator für PVC, wodurch ein vorzeitiges Altern des Kunststoffes verhindert wird;
- in der Galvanik zur Oberflächenveredelung von Metallteilen, als Rostschutz und in Legierungen, denn es besitzt eine gute Korrosionsfestigkeit;
- in der Batterienherstellung von wiederaufladbaren Nickel-Cadmium-Akkumulatoren. Diese Batterien sollten, zur Vermeidung der Umweltbelastung, nicht in die Mülltonne wandern. Die Geschäfte sind vielmehr gehalten, die aufgebrauchten Batterien zurückzunehmen und der Wiederverwertung zuzuführen.

In die Umwelt gelangen bei uns jährlich etwa 475 t. Zur flächenhaften Verbreitung des Cadmiums in der Umwelt tragen vor allem Metallverhüttungsprozesse, insbesondere Schrottverwertung (50 t), Feuerungsanlagen (ca. 35 t) und Müllverbrennungsanlagen (5 t) bei, die zusammen ca. 90 Tonnen Cadmium in die Luft verblasen. 160 Tonnen gelangen über die Abwässer in die Flüsse, deren Sedimente stark mit Cadmium angereichert sind. Daher kann ausgebaggerter Flußschlamm und Klärschlamm landwirtschaftlich nicht genutzt werden, sondern muß mit Bäumen bepflanzt werden. Weitere 160 Tonnen verschwinden mit Gebrauchsgegenständen und Kunststoffen im Müll.

Auch Phosphatdünger enthält Cadmium als Verunreinigung, wodurch bei uns jährlich bis zu 65 Tonnen Cadmium auf landwirtschaftlichen Flächen ausgebracht werden. Als Folge hat sich der Cadmium-Gehalt in den Böden innerhalb von 50 Jahren verdoppelt; er ist heute dreimal so hoch wie der ursprüngliche Cadmium-Gehalt. Aus dem Boden gelangt das Cadmium in die Nutzpflanzen und damit in die Nahrungskette. Cadmium läßt sich heute in allen Nahrungsgütern nachweisen.

Das Cadmium ist als Element im Boden nicht abbaubar, und es ist, anders als das Blei, das sich im Boden recht passiv verhält, sehr mobil. Es wird von den Pflanzenwurzeln leicht aufgenommen, mit dem Transpirationsstrom in alle Pflanzenteile verbracht und, da es bei Pflanzen kein Ausscheidungssystem gibt, angereichert. Besonders leicht nehmen Pilze, Spinat und Salat das Cadmium auf. Die höchsten Anreicherungswerte finden sich in wildwachsenden Champignons. Auf ihren Verzehr sollte verzichtet werden. Von anderen Wildpilzen sollten nicht mehr als 250 Gramm pro Woche (das sind 1 bis 2 Pilzmahlzeiten) verzehrt werden. Zuchtpilze weisen normalerweise keine erhöhten Werte auf.

Relativ hohe Cadmium-Konzentrationen finden sich in Muscheln, in Leber und Nieren, d.h. in Organismen und in Organen, die im Stoffkreislauf filtern und die Cadmiumverbindungen zurückhalten. Nieren sollte man daher nur in zwei- bis dreiwöchigem Abstand verzehren. Am schwächsten belastet sind noch Milch und Eier.

Die durchschnittliche Aufnahmemenge an Cadmium liegt zur Zeit bei 30 - 35 µg/Tag, wobei die überwiegende Menge (ca. 97 %) aus Trinkwasser und Nahrung, insbesondere den pflanzlichen Nahrungsprodukten wie Brot, Kartoffeln, Gemüse und Obst stammt, obwohl die Resorptionsquote über den Darmtrakt nur bei 3 bis 8 Prozent liegt. Aus der Atemluft wird bis zu 40 Prozent des enthaltenen Cadmiums resorbiert. Der Anteil der Ge-

***Versuch:* Hemmung der enzymatischen Stärkespaltung durch Bleiverbindungen**

Einer der wichtigsten Prozesse in der Erschließung unserer Nahrung ist die Stärkespaltung durch das im Speichel enthaltene Enzym Amylase. Durch Schwermetallverbindungen kann dieses wie auch andere Enzyme in seiner Wirkung beeinträchtigt werden.

Diese Enzymblockierung läßt sich mit einem recht einfachen Reagenzglasversuch mit Bleiacetat demonstrieren:

- In zwei Reagenzgläser werden dafür 2 bis 5 ml einer wäßrigen Amylase-Lösung gegeben.

- Zur Blockierung des Amylaseenzyms wird zu **einem** Reagenzglas (kennzeichnen mit **Pb**) eine Spatelspitze Bleiacetat bzw. 1 ml Bleiacetat-Lösung zugegeben und durchgeschüttelt.

- Zu **beiden** Reagenzgläsern werden jetzt noch 2 bis 5 ml blauer Jodstärkelösung hinzupipettiert.

  Die Jodstärkelösung wird aus einer verdünnten Jodjodkaliumlösung (= Lugol'sche Lösung) und einer Spatelspitze zuvor aufgekochter Kartoffelstärke bzw. dem Preßsaft einer zerriebenen, rohen Kartoffel gewonnen.

Eine Stärkespaltung durch Amylase erfolgt nur in dem bleifreien Ansatz, was sich durch eine allmähliche Entfärbung zeigt.

Material:
2 Reagenzgläser
Reagenzglasständer
Pipetten 1 und 5 ml
Jodjodkalium-Lösung
Kartoffelstärke bzw. rohe Kartoffel
Spatel
Filzstift
Bleiacetat
Amylase

Verwendete Literatur

BRAUN, M.: Umweltschutz - experimentell.Chemie, Sekundarstufe II. BLV Verlagsgesellschaft: München 1974.

ENGELHARDT, W.: Umweltschutz. Bayer. Schulbuchverlag: München 1977.

FÖRSTNER, U. u. G. MÜLLER: Schwermetalle in Flüssen und Seen. Springer Verlag: Berlin - Heidelberg - New York 1974.

KLOKE, A.: Der Einfluß von Phosphatdüngern auf den Cadmiumgehalt in Pflanzen. Gesunde Pflanzen 32 (1980) 261-267.

KORTE, F.: Ökologische Chemie, Grundlagen und Konzepte für die ökologische Beurteilung von Chemikalien. Thieme Verlag: Stuttgart 1980.

PHILIPP, E.: Experimente zur Untersuchung der Umwelt. Bayerischer Schulbuchverlag: München 1982.

samtaufnahmemenge aus der Luft macht trotzdem nur ca. 3 Prozent aus. Das bedeutet, daß die Belastung überwiegend über die Nahrungskette läuft, in der das Cadmium sich kontinuierlich anreichert.

Allgemein besteht gegenwärtig noch keine akute Vergiftungsgefahr, aber immerhin liegt die wöchentliche Cadmium-Aufnahme bereits bei 70 bis 80 % der WHO-Obergrenze von 0,525 mg/Woche bei 60 Kilogramm Körpergewicht. Ein Neugeborenes enthält in seinem Körper etwa 1 µg Cadmium, der Fünfzigjährige 30 mg; das ist die 30.000fache Menge. Das liegt auch an der mittleren Verweilzeit von 10 bis 25 Jahren im menschlichen Körper, während z.B. Methylquecksilber schon nach 70 Tagen ausgeschieden sein kann. Das Metall reichert sich in Leber, Niere, Milz und Schilddrüse an und führt in diesen Organen zu Schäden, verbunden mit zahlreichen Funktions- und Stoffwechselstörungen, die vor allem durch Enzymstörungen zustande kommen. Es wird dabei anstelle des essentiellen Zinks in einige Enzyme eingebaut und beeinträchtigt deren katalytische Aktivität.

Versuch:	*Beeinträchtigung der Enzymaktivität durch Cadmium-Ionen*

Welche katastrophalen Gesundheitsfolgen Cadmium verursachen kann, zeigte sich in den vierziger Jahren im japanischen Bezirk Tagama, als hier eine unerklärliche, scheinbar rheumatische Krankheit auftrat, die durch Calciumverarmung im Knochengerüst zu Verformungen des Skeletts und einer Körperschrumpfung um bis zu 30 cm führte, die mit unerträglichen Schmerzen verbunden war. Hinzu kam noch eine Dezimierung der Erythrozyten, das Nachlassen des Geruchssinns, ein Brechen der Knochen bei geringsten Belastungen (z.B. Brechen der Rippen bei einem Hustenanfall), Zahnausfall und schwere Nierenschädigungen.

Die Ursache für die so äußerst schmerzhaft verlaufende Krankheit, die die Bezeichnung Itai-Itai (= Aua-Aua) bekam, wurde erst nach mehr als 20 Jahren in den sechziger Jahren erkannt. Ein lange vor Ausbruch der Erkrankungen stillgelegtes Zinkbergwerk, dessen Abraum vom Wasser des Jintsu-Flusses ausgewaschen wurde, wobei Cadmium gelöst wurde, war die Herkunftsquelle. Mit diesem Flußwasser bewässerten die Reisbauern ihre Felder, mit der Folge, daß der hier geerntete Reis einen zehnfach über dem Durchschnitt liegenden Cadmium-Gehalt aufwies. Das Flußwasser enthielt 0,18 mg/l, der Reis 4,15 mg/kg. Über den Reisverzehr hatten sich bei den Anwohnern hohe Cadmium-Depots gebildet (in Niere und Leber 4.000 bis 6.000 mg/kg), die schließlich zur Itai-Itai-Erkrankung führten, von der viele durch Nierenversagen tödlich verliefen.

Aufgrund der gegenwärtigen Cadmiumbelastungen müßten nach schwedischen Untersuchungen die Nierenfunktionsstörungen von 0,1 bis 1 % der über Fünfzigjährigen auf Cadmium-Akkumulationen zurückgehen. Das wären für die Bundesrepublik Deutschland 10.000 bis 100.000 Menschen.

1.2.3 Quecksilber als Umweltgift

Das Quecksilber und einige seiner Verbindungen sind ganz offensichtlich die stärksten und tückischsten Metallgifte.

Elementar ist das Quecksilber ein silberglänzendes, flüssiges Metall, das leicht flüchtig ist und bereits bei Zimmertemperatur verdampft. Die Dampfsättigung liegt bei 15 mg/m^3. Diese geringe Konzentration und wahrscheinlich weniger reichen aus, um bei längerfristiger Inhalation des von der Lunge gut resorbierbaren Quecksilberdampfes chronische Intoxikationen, insbesondere am Nervensystem auszulösen, was sich unter anderem in Körperzittern und Verhaltensstörungen äußern kann.

Freigesetztes elementares Quecksilber (z.B. bei Glasbruch eines herkömmlichen Fieberthermometers) verperlt zu allerfeinsten Kügelchen, die in Fußboden- und Tischritzen, in Teppichen und anderen Geweben verschwinden und nur schwer wieder einzusammeln sind (mit Mercurosorb oder Jodkohle). Sie bilden dann ein anhaltendes Gefährdungsrisiko. In seinen **anorganischen** Verbindungen als Salz ist das Quecksilber weniger gefährlich. Die **Organo**-Quecksilberverbindungen wirken dagegen schon in äußerst geringen Mengen toxisch. Die Gefährdung wächst, wenn sich diese über die Nahrungskette akkumulieren, wobei offensichtlich besonders der Anteil an dem hochgiftigen Methylquecksilber ($Hg\,CH_3$) zunimmt.

Angesichts der vielfachen Verwendung von Quecksilber in Industrieprozessen und -produkten ist eine Anreicherung auf gesundheitlich bedenkliche Mengen lokal schon mehrfach eingetreten. In der Bundesrepublik Deutschland werden pro Jahr etwa 250 Tonnen Quecksilber verbraucht. Verwendet wird Quecksilber und seine Verbindungen

- in Quecksilberbatterien, z.B. als Knopfzellen in Uhren, Fotoapparaten, Taschenrechnern und Hörgeräten. Dafür werden etwa 25 Tonnen ver-

Versuch: Beeinträchtigung der Enzymaktivität durch Cadmium-Ionen

Auch das Cadmium gehört zu den Schwermetallen, die heute in unserer Umwelt weit verstreut worden sind und dabei teilweise Konzentrationen erreichen, die Organismen, einschließlich des Menschen, in ihren biochemischen Reaktionen beeinträchtigen können.

Eine entsprechende Aktivitätsminderung soll bei dem Enzym Urease aufgezeigt werden, das an der Harnstoff-Umsetzung im Ausscheidungsprozeß von Abfallstoffen der pflanzlichen Zelle beteiligt ist.

Der Nachweis der Beeinträchtigung wird mit der Methode der Leitfähigkeitsmessung geführt. Dazu werden 100 ml einer 1%igen Harnstofflösung in ein Becherglas gegeben, zwei Nickel-Elektroden eingeführt, eine Spannung von 8 Volt angelegt (mit einem 12 Volt-Wechselstrom-Trafo) und die Stromstärke mit einem Ampèremeter (im Meßbereich von 10 mA) gemessen. Da die Harnstofflösung selbst nicht dissoziiert ist, fließt kein Strom; der Zeiger des Ampèremeters schlägt kaum aus.

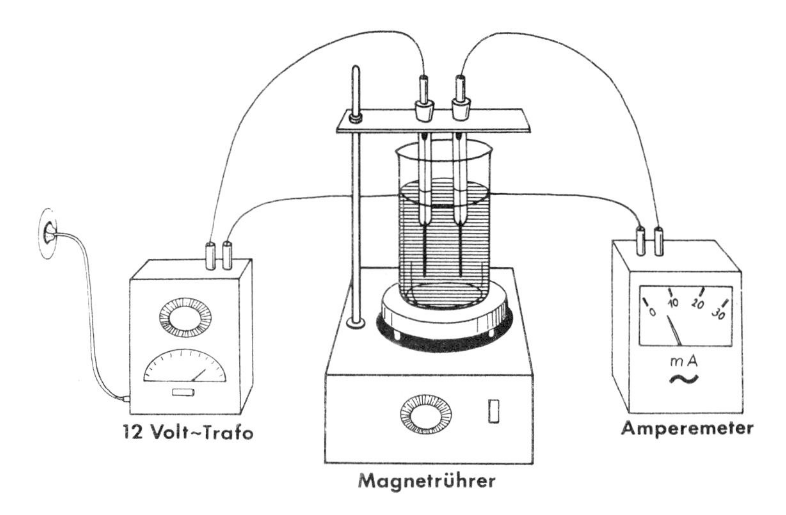

Jetzt werden 2 ml einer 1%igen Ureaseaufschwemmung in die Harnstofflösung pipettiert und fortlaufend umgerührt (am besten mit einem Magnetrührer). Das zugefügte Enzym Urease setzt den Harnstoff zu Ammoniumcarbonat um, einem Salz, das in wäßriger Lösung stark dissoziiert ist.

$$H_2NCONH_2 + 2\,H_2O \xrightarrow{\text{Urease}} 2\,(NH_4)^+ + CO_3^{2-}$$

Proportional mit der Zunahme der Ionen NH_4^+ und CO_3^{2-}, die durch die Aktivität der Urease freigesetzt werden, steigt die Stromstärke. Sie wird in Abständen von jeweils einer Minute gemessen und in einer Tabelle notiert.

	Stromstärke in mA					
in Minutenabständen	1	2	3	4	5	6
Harnstoff + Urease						
Harnstoff + Urease + Cadmiumchlorid						

Zugabe von Cadmiumchlorid (↑ zwischen Minute 2 und 3)

Fortsetzung auf S. 13

braucht. Die Batterien werden zurückgenommen und einer zentralen Verwertung zugeführt;
- als spezielles Schädlingsbekämpfungsmittel;
- als Desinfektionsmittel chirurgischer Geräte;
- in der Holzkonservierung vorwiegend in der Verbindung als Phenylquecksilber;
- in Zahnfüllungen als Quecksilberamalgan;
- in der Kunststoff- und Alkali-Fabrikation.

Aus solchen Fabrikationen gelangten in den 50er Jahren in Japan im Rahmen der Erzeugung von Polyvinylchlorid (PVC) und Acetaldehyd, wozu $HgSO_4$ und $HgCl_2$ als Katalysatoren benutzt werden, Abwässer mit hohen Quecksilbergehalten in die angrenzenden Fischgewässer der Minimata-Bucht. Hier wurden die im Abwasser enthaltenen Quecksilbermethylcaptid- und Methylquecksilberchlorid-Verbindungen durch Mikroorganismen in das giftigere Methylquecksilber umgewandelt. Über das Meerwasserplankton, das selbst in seinem Wachstum beeinträchtigt wurde, gelangte es schließlich in die Fische, wobei Anreicherungen von durchschnittlich 10 mg Hg/kg entstanden (0,5 mg Hg pro Kilogramm Fisch gilt aber als Toleranzwert).

Die Methylquecksilberverbindungen reichern sich aufgrund guter Fettlöslichkeit, ähnlich wie DDT, in den Geweben von Pflanze, Tier und Mensch an und führen zu erheblichen Beeinträchtigungen am Nervensystem und an inneren Organen wie Nieren und Leber. Sie äußern sich in Gefühlslosigkeit der Extremitäten, der Lippen und Zunge (daraus folgten Sprechstörungen), Sinnesstörungen, Blindheit, Lähmungen und Muskelkrämpfe, Ataxie (= Störung der Bewegungskoordination) und Schwachsinn. Die Erkrankten haben keine Aussicht auf Besserung, weil die einmal aufgetretenen Schäden am neuralen System nicht mehr behoben werden können. Im Stoffwechselgeschehen werden insbesondere die SH- und S-Gruppen von Enzymen blockiert; sie verlieren dadurch ihre Fähigkeit, steuernd in die Stoffwechselvorgänge einzugreifen, wodurch es zu Stoffwechselausfällen und damit zu Schädigungen der Zelle kommt.

Versuch: ***Blockierung der Enzymwirkung durch Quecksilber-Ionen***

An der Minimata-Krankheit starben 69 Menschen. Viele Hundert wurden zu Schwerbehinderten. Von 400 Neugeborenen wiesen 41 Hirnschäden auf. Die Gesamtzahl der Geschädigten wird auf 15.000 Menschen geschätzt. Die verursachende Firma wurde 1973 zur Zahlung von Schadenersatz in Höhe von 12 Millionen DM und zum Abtransport von 600.000 Tonnen quecksilberverseuchtem Schlamm der Minimata-Bucht verurteilt.

In Fischen der Großen Seen Nordamerikas und Buchten der Ostsee vor Schweden wurden ebenfalls Anreicherungen von Quecksilber gefunden, die aus meeresnahen Papierfabriken stammten. Die Vermarktung der hier gefangenen Fische wurde verboten. Die Elbfische vor Hamburg sind ebenfalls mit Quecksilber und zahlreichen anderen Chemikalien belastet und nicht mehr verzehrfähig. Thunfische weisen gelegentlich erhöhte Werte auf. So wurden 1971 importierte Thunfisch-Konserven beschlagnahmt, weil die Gehalte über dem zugelassenen Höchstwert von 0,5 mg Hg/kg lagen. Nordseefische enthalten durchschnittlich 0,2 mg Hg/kg. Die Weltgesundheitsorganisation (WHO) hat einen Höchstwert für die Quecksilberaufnahme empfohlen, der bei 0,3 mg Hg/Person und Woche liegt. Dieser höchstzulässige Aufnahmewert ist allgemein schon zu 40 bis 60 % durch natürlich vorkommendes Quecksilber belegt, d.h. die Industrie dürfte uns nur noch mit den verbleibenden restlichen Prozenten belasten. Die durchschnittlich aufgenommene Menge liegt bei ca. 0,02 mg/Tag. Im menschlichen Organismus liegt der Gesamtbestand an Quecksilber durch Akkumulation nur bei ca. 13 mg, bedingt durch eine biologische Halbwertzeit von etwa 75 Tagen.

Vor dem Bekanntsein der Gefahren des Quecksilbers wurde es selbst und seine Verbindungen viel leichtfertiger und vielfältiger verwendet, so z.B. als Saatbeizmittel für den Schutz von Saatgut vor Tierfraß und Pilzbefall. Dieser Umstand deutet schon auf die Tiergefährlichkeit hin. Der Mensch bedachte dabei nicht, daß ihn die Giftwirkung auch selbst treffen kann, vor allem wenn es sich in einem Organismus anreichert und dann als Summationsgift seine Wirkung zeitigt. Zu direkten, gelegentlichen Unfällen kam es, wenn quecksilbergebeiztes Saatgut irrtümlich wieder als Nahrung verwendet wurde. So geschehen 1971/72 im Irak, wo aus Mexiko importiertes Saatgutgetreide, dessen warnende Deklaration in Spanisch abgefaßt war, zu Brot verbacken wurde. 6.500 Menschen waren von Vergiftungserscheinungen betroffen, von denen 459 starben. Dies war die bisher katastrophalste Quecksilbervergiftung.

Für Pflanzenbehandlungsmittel, die Quecksilber- oder Arsen-, Blei-, Selen-, Cadmium- und Dieldrinverbindungen enthalten, besteht in vielen Ländern und seit 1980 auch bei uns ein Anwendungsverbot.

Verwendete Literatur s. S. 9.

Fortsetzung von S. 11

Nach zwei Minuten werden 1 ml einer 0,1%igen $CdCl_2 \cdot H_2O$-Lösung hinzupipettiert. Durch die hinzugefügten Ionen Cd^{2+} und Cl^- erhöht sich die Ionen-Konzentration, wodurch die Stromstärke zunächst ansteigt, dann aber bei einem konstanten Wert stehenbleibt, weil die Urease durch die Schwermetall-Ionen in ihrer Wirkung blockiert wird.

Es empfiehlt sich, zwei Versuchsansätze parallel laufen zu lassen. Zu dem zweiten Versuchsansatz wird kein $CdCl_2$ hinzugefügt; hier steigt die Stromstärke weiter an.

Alle Lösungen sollten mit Aqua **bidest**. angesetzt werden.

Material:
- 2 Bechergläser (250 ml)
- 1 Meßzylinder (100 ml)
- 2 Pipetten (1 ml)
- 2 Ampèremeter
- zwei 12 Volt-Trafos
- 2 Magnetrührer
- Stoppuhr
- 4 Nickel-Elektroden an Stativ
- 200 ml 1%ige Harnstofflösung
- 10 ml 1%ige Urease-Lösung
- 10 ml 0,1%ige $CdCl_2 \cdot H_2O$-Lösung
- Aqua bidest.

Versuch: *Blockierung der Enzymwirkung durch Quecksilber-Ionen (nach BRAUN)*

Durch Schwermetall-Ionen, z.B. durch Quecksilber, kann die Wirkung von biochemischen Lebensprozessen, die durch Enzyme gesteuert werden, blockiert und damit der Organismus beeinträchtigt werden.

Zum Nachweis der Enzymblockierung dient eine Kartoffel, die man in 1 bis 2 cm dicke Scheiben zerlegt. Die Scheiben werden noch einmal halbiert und nebeneinander in eine Petrischalenhälfte gelegt.

Daraufhin wird die Schnittfläche der einen Scheibenhälfte zunächst mit Quecksilberchlorid-Lösung benetzt. Dann wird gleichzeitig auf beide Hälften Wasserstoffperoxid getropft. Nach ganz kurzer Zeit beobachtet man auf der quecksilberfreien Hälfte eine intensive Schaumbildung, die aus der Sauerstoffabspaltung des Wasserstoffperoxids durch das Enzym Katalase resultiert.

$$H_2O_2 \xrightarrow{\text{Katalase}} H_2O + 1/2\, O_2\uparrow$$

Die Katalase ist ein Enzym, das H_2O_2 spaltet und damit zur Entgiftung des im Stoffwechsel anfallenden Wasserstoffperoxides dient.

Auf der Schnittfläche der anderen Scheibenhälfte ist keine Schaumbildung zu beobachten, weil die Katalase in ihrer Wirkung durch Quecksilberionen blockiert wird.

Material:
- Kartoffel
- Küchenmesser
- Petrischalenhälften
- 2 Pipetten
- Wasserstoffperoxid 3%ig
- Quecksilber(II)-Chloridlösung

2 GEFÄHRLICHE CHEMIKALIEN IN UNSERER UMGEBUNG: POLYCHLORBIPHENYLE, DIOXINE, FORMALDEHYD, TRICHLORETHYLEN

Verfeinerte Nachweis- und Testmethoden ermöglichen es heute, Spuren von in unserer Umwelt verbreiteten Chemikalien aufzuspüren und auch ihre Bedenklichkeit für den Menschen und andere Organismen zu beweisen. Zu diesen Chemikalien gehören vor allem die aromatischen chlorierten Kohlenwasserstoffe. Sie sind schon seit längerem berüchtigte chemische Verbindungen. Das DDT war da die bisher bekannteste persistente Substanz, die durch Anreicherung über die Nahrungsketten bei den Organismen seine Stoffwechselgiftigkeit entfaltete. Das DDT wurde nach Bekanntwerden seiner Toxizität bei uns verboten (vgl. Kap. 4.1.1.1).

2.1 PCB - unser tägliches Gift

Ähnlich wie DDT sind auch die PCB heute weltweit verbreitet und finden sich selbst in Seehunden der Antarktis, obwohl dort PCB nie eingesetzt wurden. Die PCB sind schwer abbaubare chemische Substanzen, die sich über Nahrungsketten in den Organismen anreichern, wo sie bei Überschreiten bestimmter Konzentrationen Stoffwechselstörungen und Erkrankungen auslösen können.

Dies wurde offenbar, als im Jahre 1968 in dem Ort Yusho in Japan ein Unglücksfall eintrat, bei dem PCB durch Undichtigkeit einer Verarbeitungsanlage in Reisöl gelangte. Das Speiseöl wurde mit *Kanechlor 400* kontaminiert, das neben PCB in Spuren noch Dibenzofurane (5 mg/kg) enthielt, wodurch die toxischen Auswirkungen vermutlich noch verstärkt wurden.

Die Betroffenen klagten über Symptome wie Müdigkeit, Kopfschmerzen, Taubheit, Schmerzen in den Extremitäten, Bronchitisanzeichen, Neuropathien, Ödeme an den Augenlidern, Hyperpigmentierungen und Akneerscheinungen, die selbst zwei Jahre nach Einsetzen der Hauterkrankung noch nicht abgeheilt waren. Dieser Unglücksfall, der als **Yusho-Krankheit** in die Geschichte eingegangen ist, rüttelte die Öffentlichkeit auf und ließ das toxische Profil der PCB deutlich werden. Was sind aber polychlorierte Biphenyle?

2.1.1 Die Chemie der PCB

1866, also vor weit über 100 Jahren, synthetisierte der deutsche Chemiker GRIES erstmals eine Verbindung aus der Gruppe der polychlorierten Biphenyle. Aber erst in den Jahren nach 1930 begann ihre industrielle Nutzung und ihre weltweite Verbreitung.

Die Polychlorbiphenyle (PCB) bestehen aus zwei miteinander verbundenen Benzolringen und aus bis zu 10 am Biphenylmolekül durch Chloratome ersetzte Wasserstoffatome.

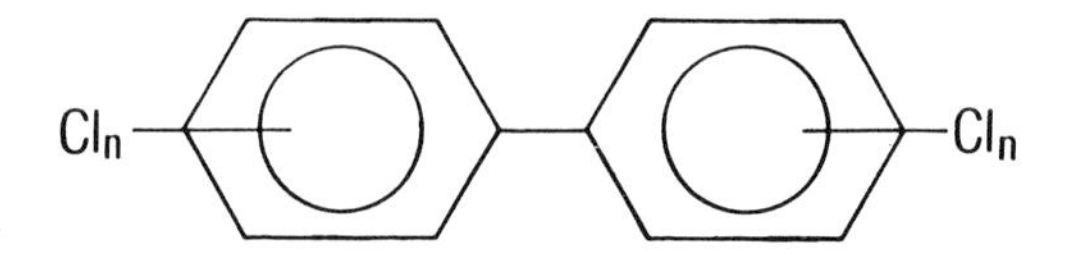

PCB (allgemeine Summenformel)

Das Biphenyl (= Diphenyl C_6H_5 - C_6H_5) fällt bei der Destillation von Steinkohlenteer an. Es wird unter anderem zur Herstellung eines wachsähnlichen Überzugs als Austrocknungs- und Konservierungsschutz von Zitrusfrüchten eingesetzt. Die Schalen dieser Früchte sind dann nicht zum Verzehr geeignet. Das Biphenyl gilt als nicht gesundheitsschädlich.

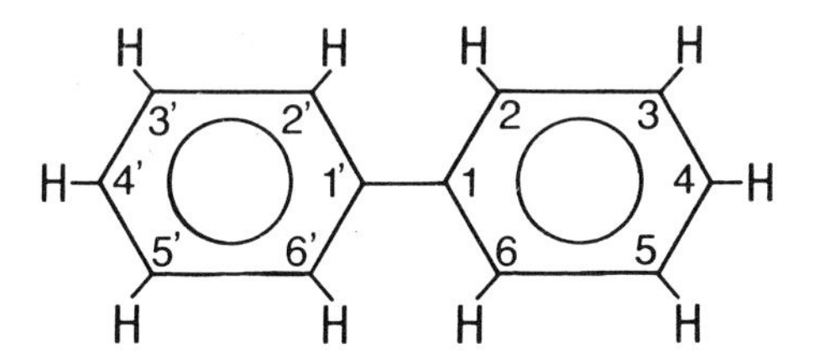

Biphenyl (Grundmolekül)

Die PCB sind die chlorierten Derivate des Biphenyls. Die nachfolgende Verbindung ist das 2,3',4,4',5-Pentachlorbiphenyl.

Pentachlorbiphenyl

Aufgrund anderer Stellungen der Chloratome im Molekül gibt es 45 weitere Pentachlor-Isomere. Insgesamt kennt man 210 theoretisch mögliche Chlorbiphenyle. Die industriell genutzten PCB sind synthesebedingte Mischungen unterschiedlich chlorierter Biphenyle. Die höherchlorierten Produkte (mit mehr als 5 Chloratomen je Molekül) gelten als besonders persistent. Sie dürfen seit 1976 in der EG nur noch in geschlossenen Systemen eingesetzt werden.

Bestimmte chemisch-physikalische Eigenschaften machte die PCB für eine Nutzung in der Industrie interessant.

2.1.2 Verwendung von PCB

Eine ganze Reihe anwendungstechnischer Vorzüge haben den Polychlorbiphenylen seit 1921 ein breites Anwendungsspektrum verschafft. So sind die PCB-Verbindungen gegen aggressive Chemikalien wie Säuren und Laugen oxidationsbeständig (das ist aber gleichzeitig nachteilig für ihre Metabolisierung, d.h. für ihre Umwandlung durch chemische Redoxprozesse biotischer und abiotischer Art in der Umwelt). Sie verursachen bei Metallen keine Korrosion.

Ihre ungewöhnliche Hitzestabilität, d.h. ihre schwere Entflammbarkeit (sie entzünden sich erst bei Temperaturen von über 1000 °C) und damit ihre Feuerfestigkeit, dazu noch eine hohe Viskosität und geringe elektrische Leitfähigkeit verschafften den PCB breite und technisch interessante Anwendungsbereiche. So wurden sie **offen**, d.h. **umweltzugänglich** eingesetzt als

- Schmiermittel in Getriebeölen und Schraubenfetten
- wasserabstoßendes Imprägnier- und Flammschutzmittel für Holz, Papier, Stoffe und Leder
- Beschichtung von Transparent- und Durchschlagpapier
- Zusatzmittel in Klebstoffen, Kitten, Spachtel- und Dichtungsmassen
- Dispergierungsmittel in Druckfarben, Farbpigmenten und Wachsen.

Durch den Einsatz bei Druckfarben war es teilweise zu einer Anreicherung von PCB beim Recycling von Altpapier in Verpackungs- und Umweltschutz-Papieren gekommen.

Diese umweltzugängliche Verwendung ist in der Bundesrepublik Deutschland seit 1973 und in der gesamten EG seit 1976 untersagt.

Eine Anwendung ist seitdem nur noch in **geschlossenen Systemen** zulässig, z.B. als

- Isolier- und Kühlmittel in Transformatoren und Gleichrichtern
- Dielektrikum in Kondensatoren
- Hydraulikflüssigkeit in Hubwerkzeugen des Bergbaus
- Wärmeüberträgermittel in Kühlsystemen und Radiatoren

2.1.3 Kontamination der Umwelt mit PCB

Zunächst gelangten die PCB vor allem über die offene Anwendungsform in die Umwelt. Da die Abbaustabilität in der Umwelt (= Persistenz) der PCB zwischen 10 bis 20 Jahre liegt, muß nach dem Anwendungsverbot im Jahre 1973 dennoch bis in die 90er Jahre mit einer Freisetzung aus den umweltzugänglichen Verwendungsbereichen gerechnet werden.

Durch Undichtigkeiten und Unfälle gelangen aber auch aus den geschlossenen Systemen, z.B. aus Transformatoren, PCB gelegentlich in die Umwelt. Den Spezialfirmen, die die Trafos warten und reparieren, sind die Gefahren der "Trafoöle" bekannt. Es gibt aber bisher noch keine Kontrolle der ordnungsgemäßen Vernichtung von substituiertem (= ersetztem) PCB. Gelegentlich sind daher die ölförmigen PCB aus Unwissenheit oder Skrupellosigkeit schon in Heizöl eingepanscht worden. Bei niedrigen Verbrennungstemperaturen können dann aus ihnen Dibenzofurane und Dibenzodioxine entstehen, welches hochgiftige Stoffe sind, die im folgenden Kapitel 2.2 behandelt werden. Nach dem Altölgesetz müssen PCB-haltige Flüssigkeiten gesondert entsorgt werden. In Neonleuchten und vielen älteren Haushaltselektrogeräten, wie z.B. Mixer oder Kaffeemaschinen, sind Kleinkondensatoren enthalten, deren Papierwicklungen mit PCB als Imprägnier- und Dielektrikmittel getränkt sind. Ausgediente Leuchtstofflampen landen in der Regel auf dem Müll und die Haushaltsgeräte werden vielleicht verschrottet. Aus diesen ursprünglich "geschlossenen Systemen" gelangen die PCB schließlich doch in die Umwelt. Die Abfallbeseitigung ist heute eine der bedeutendsten Quellen für PCB. In Bayern sind in Hausmülldeponien bis zu 10 mg PCB/kg Mülltrockensubstanz gefunden worden.

Das im Bergbau wegen seiner Feuerfestigkeit als Hydrauliköl eingesetzte PCB verbraucht sich, d.h. es werden kleine Mengen freigesetzt, denen die Bergleute ausgesetzt sind und die über Bewetterungsanlagen, Fördergut und Grubenwässer doch an die Erdoberfläche und damit in unsere

Umwelt gelangen. Dies ist um so kritischer zu bewerten, weil noch 1980 über 70 % der eingesetzten PCB-Mengen im Bergbau Verwendung fanden. Inzwischen hat aber auch hier eine Substitution eingesetzt.

Weltweit wurden seit der industriellen Nutzung der PCB schätzungsweise 1 Million Tonnen produziert und teilweise in der Umwelt verbreitet. In der Bundesrepublik wurden ca. 23.000 Tonnen umweltzugänglich eingesetzt. Die PCB-Kontamination der Umwelt hat in den letzten 10 Jahren, trotz der Beschränkung auf geschlossene Systeme, nicht abgenommen. Für den Bereich der Bundesrepublik Deutschland muß bis zum Jahre 2000, vorausgesetzt, die Entsorgung der geschlossenen Systeme erfolgt künftig lückenlos, dennoch mit einem PCB-Eintrag von 30.000 bis 40.000 Tonnen in die Umwelt aus Altlasten, wie z.B. Kleinkondensatoren gerechnet werden. Die Produktion von PCB wurde 1983 in der Bundesrepublik Deutschland eingestellt.

Wieweit sind unsere Umweltmedien Luft, Boden, Wasser und die Organismen in den Nahrungsketten, einschließlich dem Menschen, als häufigem Endglied dieser Nahrungsketten, und seine Nahrungsmittel durch die Kontamination mit PCB belastet?

2.1.4 Belastung der Umwelt mit PCB

Durch Dispersionsvorgänge werden die in die Umwelt gelangten PCB zunächst lokal, dann regional und schließlich global in Atmosphäre, Boden, Wasser und Organismen fein verteilt und dann durch eine Aufnahme in die Nahrungsketten allmählich wieder angereichert, akkumuliert.

In der **Belastung der Luft** kann ein Gefälle von Industrie- zu Agrarregionen festgestellt werden. In industriellen Ballungsgebieten erreicht die PCB-Konzentration gelegentlich bis 100 ng/m^3 Luft, während die Konzentration über dem offenen Meer bei nur 0,03 ng/m^3 Luft liegt. Auf dem Gebiet der Bundesrepublik Deutschland schwanken die Werte zwischen 5 bis 30 ng/m^3 Luft (1 Nanogramm sind übrigens 10^{-9} oder 1 milliardstel Gramm).

Die Verfrachtung der freigesetzten PCB-Verbindungen in der Atmosphäre erfolgt durch Anlagerung an Aerosole, feiner Schwebeteilchen in der Luft, die gleichzeitig Kondensationskerne für Regentropfen sind, mit denen die PCB und auch andere luftverschmutzende Stoffe schließlich zum **Boden** gelangen. Hier lagern sich die PCB bevorzugt an den Huminsäuren der Humusfraktion, weniger an den Tonmineralien der Tonfraktion an.

In den Böden und auch Abwässern können die Chlor-Biphenyle durch Mikroorganismen mehr oder minder leicht abgebaut, metabolisiert werden. Die niederchlorierten Mono- und Dichlorbiphenyle werden leichter, die Tri- und Tetrachlorbiphenyle kaum oder gar nicht abgebaut. Die Biphenyle werden dabei in aliphatische oder aromatische Kohlenwasserstoffe umgewandelt. Stehen den Mikroorganismen chemisch leichter abbaubare Substanzen als Kohlenstoff- und Energiespender zur Verfügung, so wird die Stoffgruppe der PCB nicht angenommen.

Auch in der **Belastung von Gewässern** spielt die Nähe der Kontaminationsquelle eine Rolle. Sehr saubere, schwach belastete Flüsse wie Inn und Iller weisen, genau wie unser Trinkwasser, bis zu 10 ng PCB/l auf. Ein Spitzenwert von 300 ng/l wurde an der Ruhr gemessen. Die Unterläufe unserer großen Flüsse wie Rhein, Ems, Weser und Elbe weisen um 100 ng PCB/l auf, ein Schwellenwert, bei dem für eine Reihe von Planktonorganismen, Würmern und Jungfischen - den Grundgliedern der aquatischen Nahrungskette - eine Gefährdung besteht. Hier muß mit einer Verringerung der Artenvielfalt und mit Populationsverschiebungen gerechnet werden.

Gleiches gilt auch für die rechts und links der Flußmündungen liegenden Wattenmeere der Nordsee, in der eine große Zahl unserer Nutzfische ihre Jugend verbringen. Bei chronischer Exposition in PCB-Konzentrationen ab 0,1 µg/l im Tierversuch verminderten sich die Überlebensraten von Fischlaich und Jungfischen, und die Mißbildungsrate stieg an. Die wirbellosen Wassertiere des Planktons reichern einmal durch Filtration großer Wassermengen und zum anderen durch direkte Aufnahme aus ihrem Lebensmilieu PCB in außerordentlichen Mengen an, gelegentlich bis zum Vieltausendfachen. Sie sind die Quelle für die weitere Akkumulation in Fischen und Wasservögeln der Nahrungskette (**Tab. 17.1** und **Abb. 17.2**). In der marinen Alge *Closterium*, einer Zieralge, konnte eine 1.100fache PCB-Anreicherung festgestellt werden. Bei den Meeressäugern, den Endgliedern der Nahrungskette, können sich die Rückstände auf 10 mg/kg Körpergewicht akkumulieren, selbst wenn im Meereswasser nur eine Konzentration von lediglich 1 ng/l vorhanden ist. Die tatsächlichen Werte liegen gegenwärtig teilweise darüber.

Die in Seehundkörpern gefundenen hohen Schadstoffkonzentrationen an PCB und DDT beein-

Tab. 17.1: Anreicherung von PCB in der Nahrungskette der Nordsee (nach: Rat der Sachverständigen für Umweltprobleme: Umweltprobleme der Nordsee: Stuttgart 1980)

	PCB-Gehalt in mg/l bzw. mg/kg Fett	Anreicherungsfaktor
Wasser	0,000002	1
pflanzliches Plankton	8	$4 \cdot 10^6$
tierisches Plankton	10	$5 \cdot 10^6$
Wirbellose	5 - 11	$2{,}5 - 5{,}5 \cdot 10^6$
Fische	1 - 37	$0{,}5 - 18{,}5 \cdot 10^6$
Seevögel	110	$55 \cdot 10^6$
Meeressäuger	160	$80 \cdot 10^6$

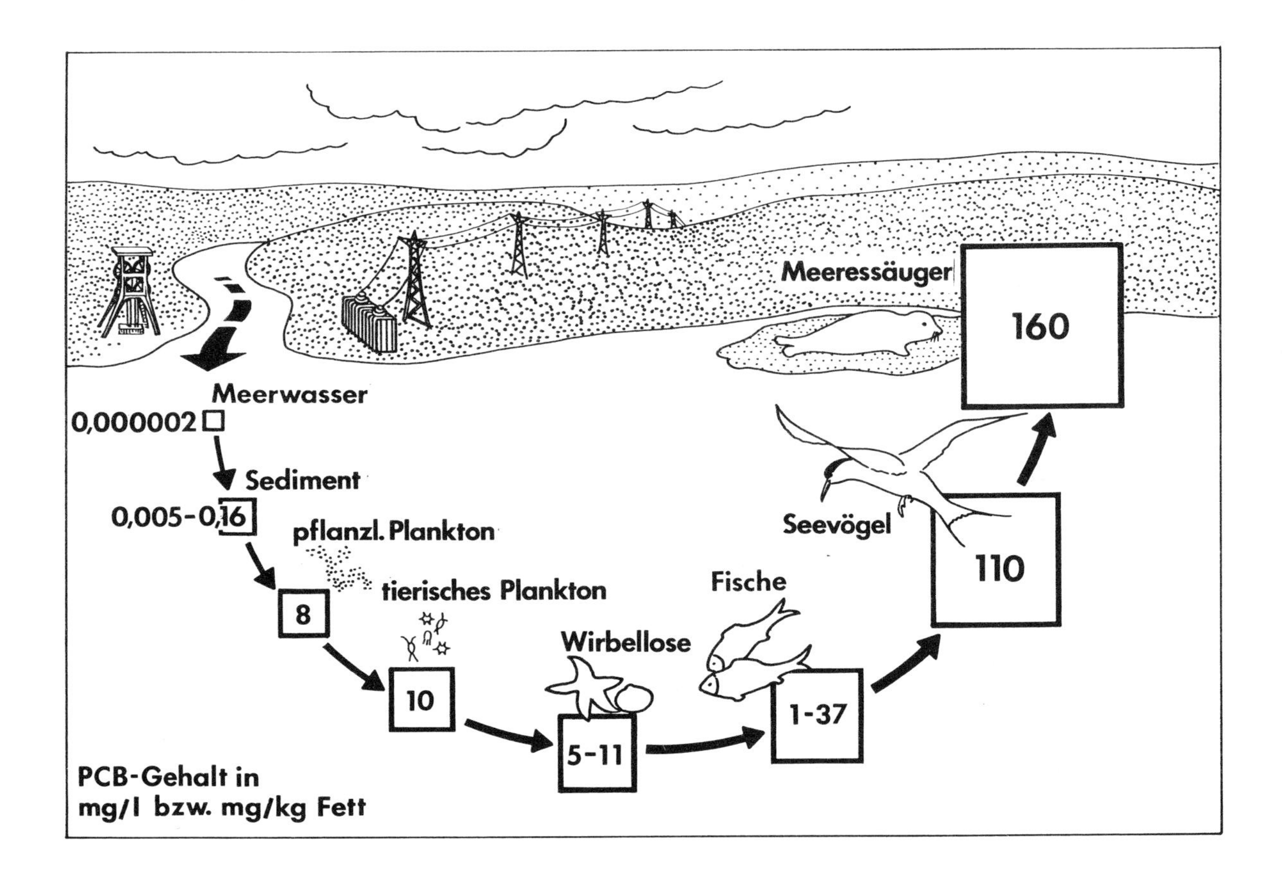

Abb. 17.2: Anreicherung von PCB in der marinen Nahrungskette

trächtigen deren Fortpflanzung, denn bei Tieren mit signifikant höherer Schadstoffkonzentration war der Uterus krankhaft verändert. Der bereits vor der letzten Seuche festgestellte Seehundrückgang im Wattenmeer ist möglicherweise darauf zurückzuführen.

Die aquatischen Lebensbereiche sind aus der Sicht der Umweltvergiftung durch PCB als die kritischsten anzusehen. Seit dem Einstellen der Anwendung von PCB in offenen Systemen und nach Produktionseinstellung und Substitution hat sich der PCB-Gehalt in den Oberflächenschichten der Meere deutlich verringert.

Die Akkumulation der PCB in der Nahrungskette wird durch eine weitere, für die Organismen gefährliche Eigenschaft der chlorierten, aromatischen Verbindungen, nämlich der sehr guten Fett-, aber geringen Wasserlöslichkeit, gefördert.

Demonstrationsversuch: ***Nachahmung des Übergangs und der Metabolisierung lipophiler Stoffe in der Fettphase***

Aufgenommene chlorierte Kohlenwasserstoffe werden in Fettvakuolen und Fettgewebe eingelagert. Da die Fette vielfach Reservestoffe sind und nur einen verminderten Stoffwechsel zeigen, verweilen die hierin gelösten Stoffe lange Zeit und reichern sich bei fortgesetzter Stoffaufnahme an, mit der Folge, daß bei Überschreiten bestimmter Schadstoff-Konzentrationen und bei deren Freisetzung Toxizitätsfolgen auftreten können (vgl. Kap. 2.1.5). Hinzu kommt, daß die chlorierten Aromate eine hohe Persistenz und nur einen geringen Metabolisierungsgrad besitzen. Wenn eine Metabolisierung in den Organismen erfolgt, dann durch den Einbau von OH-Gruppen (Hydroxilierung) und durch Anfügen (Konjugation) körpereigener Substanzen wie Glucose, Aminosäuren u.a. Durch solch eine Metabolisierung werden diese Stoffgruppen stoffwechselphysiologisch ungiftig, gelegentlich aber sogar in eine toxikologisch noch stärker giftige Verbindung überführt (vgl. Kap. 4.1.1.1). Da sie damit gleichzeitig wasserlöslich werden, können sie dann unter Umständen ausgeschieden werden.

Über die Nahrung und die Atemluft erhält auch der **Mensch** seine tägliche PCB-Giftportion verabreicht.

Untersuchungen von Nahrungsmitteln auf PCB-Rückstände ergaben, daß vor allem tierische Fette hohe Gehalte aufweisen (Butter 0,17 mg/kg), während pflanzliche Lebensmittelherkünfte deutlich geringer belastet sind (Margarine 0,07 mg/kg). Die vom Menschen mit der Nahrung aufgenommenen PCB-Anteile stammen zu etwa 64 % aus Lebensmitteln tierischer Herkunft. Fische sind die hauptsächlichste Quelle für PCB-Zufuhr über die Nahrung. Trotz der Einschränkungen in der Anwendung von PCB ist, mit Ausnahme von Getreide und Milch, zur Zeit noch kein entscheidender Rückgang von PCB-Gehalten in der Nahrung festzustellen. Trinkwasser ist relativ gering belastet, weil über Bodenfiltration bzw. Langsamsandfilter oder Aktivkohle PCB weitgehend zurückgehalten wird.

Die durchschnittliche PCB-Aufnahme liegt etwa bei 4 bis 8 µg/Tag und Person. Dieser Aufnahmewert bedeutet nach dem derzeitigen Kenntnisstand zur Toxikologie keine Gefährdung. Für einen Erwachsenen kann eine tägliche Aufnahme von 50 bis 80 µg toleriert werden. Personen, die beruflich mit diesen Stoffen noch Umgang haben, wie z.B. Bergarbeiter, deren Hydraulikwerkzeuge teilweise noch mit PCB-Ölen arbeiten, sind stärker belastet und gefährdet.

Die PCB-Belastung beginnt für den Menschen schon im Mutterleib, denn das PCB ist placentadurchgängig, so daß schon das werdende Leben dieser Umweltchemikalie ausgesetzt ist. Über die Muttermilch wird dann das Kleinkind sogar noch vermehrt belastet, denn durch die Fett-Mobilisation während der Stillzeit ist die Muttermilch stärker kontaminiert. Babys weisen oft PCB-Werte auf (zwischen 1,15 bis 2,30 mg/kg Körpergewicht), die etwa sechsfach höher als bei den ernährenden Müttern sind. Der Nutzen des Stillens wird jedoch höher eingeschätzt als ein möglicherweise durch die PCB entstehendes Gesundheitsrisiko. Es wird empfohlen, wenigstens in den ersten drei Lebensmonaten zu stillen.

2.1.5 Toxizitätsprofil der PCB beim Menschen

Wie zuvor erwähnt, sind die PCB plazentagängig. Teratogene Wirkungen an Säugerembryonen sind daher nicht auszuschließen. Bei chronischer Exposition von Labortieren sind teratogene (= embryotoxische) Effekte wie Skelettmißbildungen, Gaumenspalten und Nierenveränderungen festgestellt worden.

Bei den Belastungen durch Umweltchemikalien muß man sich vor Augen halten, daß ein Embryo gegenüber einem erwachsenen Organismus insofern besonders anfällig und empfindlich gegen

Demonstrationsversuch: *Nachahmung des Überganges und der Metabolisierung lipophiler Stoffe in der Fettphase*

Die hohe Affinität von polychlorierten Kohlenwasserstoffen zu lipidreichen Kompartimenten in den Zellen, wie den Fettvakuolen, dazu die hohe Persistenz und der geringe Metabolisierungsgrad können zu einer Anreicherung in den Organismen führen, welche sich im Verlauf der Nahrungskette noch steigern kann. Da Fette als Reservestoffe einer geringen Stoffwechselmobilität unterliegen, haben sie zudem eine lange Verweilzeit und können sich bei weiterer Zuführung akkumulieren. Die Toxizität von vielen polychlorierten, aromatischen Kohlenwasserstoffen läßt es angeraten erscheinen, in diesem Praktikum nicht mit ihnen zu experimentieren. Die Anreicherung lipophiler Stoffe in einer Fettphase und ihr möglicher Um- und Abbau soll hier mit **harmlosen Stellvertretersubstanzen imitiert** werden.
Anstelle der chlorierten Kohlenwasserstoffe wird elementares Jod verwendet. Jodwasser gewinnt man aus einer Mischung von Wasser mit Jodtinktur, welche aus einer Lösung von Jod in Ethanol erhalten wird. Das Jodwasser, welches eine gelbbraune Farbe aufweist, wird in einem Scheidetrichter mit Tetrachlormethan (entspricht der Fettphase) gründlich ausgeschüttelt. Dabei geht das Jod vollständig in die Tetrachlormethanphase über (entspricht dem **Übergang aus der Nahrung in die Fettvakuole** des Körpers) und ändert seine Farbe nach violett, während die überstehende Wasserphase farblos wird.

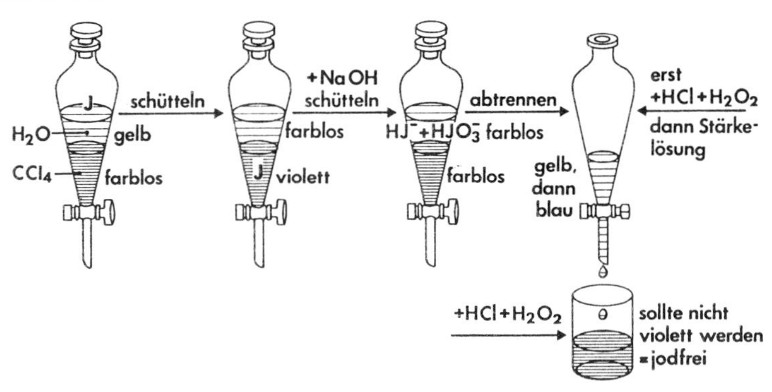

Ausschüttlungsreihe mit zugegebenen Substanzen und Farbänderungen

Jetzt wird etwas Natronlauge zugefügt und erneut ausgeschüttelt, wobei aus Jod Hypojodid entsteht (entspricht der **Metabolisierung**), welches in die Wasserphase übergeht (entspricht der **Ausscheidung**). Beide Phasen sind jetzt farblos. Die Tetrachlormethanphase wird abgelassen. (Achtung: Tetrachlormethan nicht restlos ablaufen lassen, sondern kurz vorher stoppen und die Reste von Tetrachlormethan mit den ersten Anteilen der überstehenden Wasserphase verwerfen).
Zu der verbleibenden Wasserphase werden wenige Tropfen H_2O_2 und etwas verdünnte Salzsäure (zur Neutralisierung der NaOH) zugefügt. Dadurch entsteht wieder elementares Jod, welches das Wasser gelbbraun werden läßt. Um zu beweisen, daß es Jod ist, kann dann noch Stärkelösung zugefügt werden, wodurch die Lösung blau wird. Zusätzlich kann jetzt noch der vollständige Übertritt des Hypojodids aus dem Tetrachlormethan in die Wasserphase überprüft werden. Dafür werden zum Tetrachlormethan ebenfalls einige Tropfen H_2O_2 und verdünnte Salzsäure zugegeben. Bei Anwesenheit von Jod würde eine violette Farbtönung auftreten. Der Test sollte aber negativ ausfallen.
Nach ähnlichem Prinzip verläuft auch die Metabolisierung im Körper der Organismen. Durch Einbau von OH-Gruppen (Hydroxylierung) und unter einer Anfügung (Konjugation) körpereigener Substanzen wie Glucose, Aminosäuren u.a. wird der Stoff fortlaufend metabolisiert, wodurch er unter Umständen ungiftig, aber gelegentlich sogar noch zu einer stärker toxikologischen Substanz werden kann. Möglicherweise wird er auch wasserlöslich (hydrophil) und dann ausgeschieden.

Material:	Scheidetrichter	Stativ + Stativringe	verd. NaOH
	Jodtinktur + Wasser = Jodwasser	Becherglas 500 ml	H_2O_2
	Tetrachlormethan	verd. HCl	

Stoffwechselgifte ist, als er ständig neue Zellen und Organteile bildet, sich durch Zellteilung und Organdifferenzierung fortlaufend verändert. Hierbei am Embryo entstehende Schäden sind irreparabel; sie können in der nachfolgenden Entwicklung nicht mehr korrigiert werden. Das Beispiel **Contergan** hat dies gezeigt.

Auch die Neugeborenen reagieren, aufgrund noch nicht voll entwickelter Entgiftungs- und Ausscheidungsmechanismen,empfindlicher.Die Schadstoffe können sich dadurch im unreifen Organismus anreichern, mit Konsequenzen, die noch nicht abgeklärt sind. Da offenbar, anders als beim Erwachsenen, die PCB die Blut-Gehirn-Schranke überspringen, sind Entwicklungsstörungen am neuralen System zu befürchten. Da Hirnschäden auch durch andere Umweltchemikalien und darüber hinaus weiteren Faktoren und Erkrankungen ausgelöst werden können, ist der Nachweis der PCB-Beeinträchtigung (z.B. schon in Form von Lernschwierigkeiten) schwer zu führen.

Eine kanzerogene, zumindest aber eine tumorfördernde Wirkung durch PCB ist nicht auszuschließen. Leukämieerkrankungen, d.h. Krebserkrankungen des Blutbildungssystems, treten bei Kindern meistens zwischen dem 4. bis 6. Lebensjahr auf. Dies bedeutet, daß die Erkrankung schon sehr früh im Leben ausgelöst werden muß. PCB können hieran beteiligt sein. Gegenwärtig sind die Organismen aber noch weiteren Organochlorverbindungen wie DDT, HCB und den nachfolgend beschriebenen Dioxinen (vgl. Kap. 2.2) und Furanen und darüber hinaus Nitrosaminen (vgl. Kap. 3) und Hepatitisviren ausgesetzt, die additiv (= zusätzlich) und potenzierend (= verstärkend) wirken können. In Tierversuchen konnte bewiesen werden, daß durch eine Summation von Umweltchemikalien Tumore schneller entstehen.

Tierversuche haben aber auch ergeben, daß gegenwärtig eine akute Vergiftungsgefährdung beim Menschen durch die mit der Nahrung aufgenommenen PCB-Mengen nicht gegeben ist.

Das war beim **Yusho-Vergiftungsfall** in Japan im Jahr 1968 anders. Ungefähr 1.600 Personen hatten mit PCB und mit Spuren von Pentachlordibenzofuran verunreinigtes Reis-Speiseöl konsumiert. 325 Menschen hatten dabei zwischen 0,5 bis 2 g PCB-Verbindungen zu sich genommen, was schließlich bei diesen zu einer Anreicherung von PCB von 13,1 bis 75,5 mg/kg Körperfett geführt hat.

Die ausgelösten Krankheitssymptome zeigen das ganze Toxizitätsprofil der PCB, zu denen z.B. eine nach ganz kurzer Zeit auftretende Chlorakne (schwer heilbarer Hautausschlag, vgl. Kap. 2.2.4), eine Hyperpigmentierung der Haut (= dunkelbraun verfärbt), ferner Ödeme mit Ausfluß an den Augenliedern (die beiden letzten Symptome traten auch schon bei betroffenen Neugeborenen auf), Schwellungen der Lymphknoten und Leber, Schädigung von Niere und Milz und Veränderungen im Blutbild gehören. Im Laufe der folgenden Jahre starben 51 Menschen. Von ihnen starben mehrere an Krebserkrankungen, deren Entstehen durch diese Chemikalie nicht auszuschließen ist. Möglich ist aber auch, daß die Krebserkrankungen erst durch im Organismus entstandene Metabolisierungsstoffe wie den Epoxiden ausgelöst wurden, die nachgewiesenermaßen kanzerogene Giftstoffe sind.

Die PCB reichern sich, wie auch andere Giftstoffe, vor allem in Leber, Milz, Thymus, Fett- und Nervengewebe an. In der Leber, als dem Zentralorgan für Stoffwechselkontrolle und Körperentgiftung, und in den anderen genannten Organen können Enzymstoffwechselstörungen auftreten, z.B. im Steroid- und Porphyrinstoffwechsel. Störungen im Steroid-Östrogenspiegel führen bekanntlich zu Verminderungen im Reproduktionsvermögen. Bei Wasser- und Greifvögeln wird dadurch ein Ca-Mangel ausgelöst, welcher durch zu dünne Eierschalen die Schlupfrate reduzieren kann.

2.1.6 Substitution von PCB

Als die Toxizität erkannt war, hat man, neben den angeführten Anwendungsverboten in offenen Systemen und den allerjüngsten Produktionseinstellungen, auch nach Substitutionsmöglichkeiten gesucht. PCB brauchen heute nicht mehr eingesetzt zu werden; es gibt für sie eine ganze Palette von Ersatzstoffen.

Transformatoren werden heute mit Silikonölen gefüllt.

Das PCB in den Papierkernen der Kondensatoren wurde eine zeitlang durch Di-octyl-phtalat ersetzt, ein Substitutionsprodukt, welches in ökotoxikologischer Sicht auch nicht ganz problemlos ist. Es erhielt gegenüber den PCB den Vorzug, weil es weniger persistent ist. Inzwischen werden die Kondensatoren ohne Imprägnierflüssigkeit angeboten. Diese sind etwas teurer und ein wenig größer. Wegen dieser unterschiedlichen Größe sind die alten, mit PCB bestückten Kondensatoren nicht austauschbar.

Auch im Bergbau sind seit 1983 umweltertäglichere Ersatzprodukte im Test.

Ein Problem bilden die noch in vielen Trafos und Kondensatoren befindlichen PCB-Mengen, die es als sogenannte Altlasten zu ersetzen und gefahrlos zu beseitigen gilt. Es scheint angebracht, diese Altlasten behördlicherseits zu erfassen, die Substitution und Beseitigung gesetzlich zu regeln und zu überwachen.

2.1.7 Die Beseitigung von PCB

Normalerweise lassen sich die PCB rückstandslos beseitigen, nur die in der Umwelt verbreiteten und verteilten PCB lassen sich hierfür leider nicht mehr zurückholen. Sie verbleiben hier aufgrund ihrer hohen Persistenz für einig Jahrzehnte, bis sie allmählich metabolisiert und abgebaut sind.

Technisch lassen sich die PCB in Spezialöfen bei Temperaturen über 1200 °C und einer Verweilzeit von mehr als 2 Sekunden rückstandslos verbrennen. In Müllverbrennungsanlagen werden aber oft nur Temperaturen um 850 °C erreicht. Im Abfall enthaltenes PCB wird dadurch freigesetzt oder in die noch höher toxischen Dibenzofurane und Dibenzodioxine (vgl. Kap. 2.2) überführt, die dann über Abgase und Flugasche in die Umwelt gelangen.

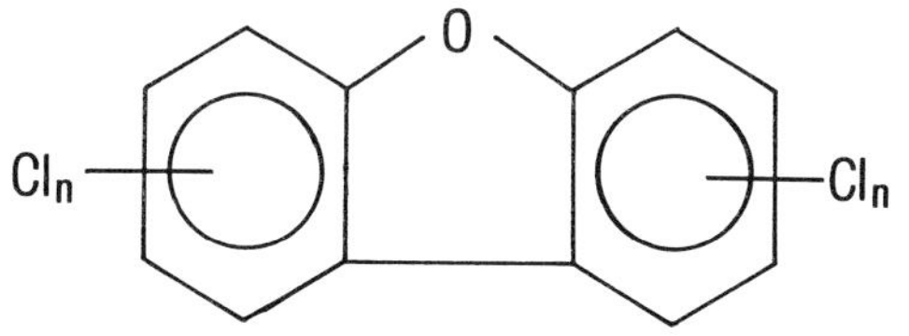

O

Cln Cln

< 1200 °C

PCB ---------------> Polychloridbenzo**furan**

Dioxinfreisetzung ist auch schon vorgekommen, als verbotenerweise aus der Altölaufbereitung gewonnenes Gasöl, das seinerseits mit PCB verunreinigt war, dem Heizöl zugepanscht wurde. Beim Verbrennen in Hausbrandanlagen entstand dann bei Verbrennungstemperaturen unter 1200 Grad das Umweltgift Dioxin.

2.2 Das Sevesogift *Dioxin* - eine der giftigsten chemisch erzeugten Substanzen

Dioxine sind hochtoxische, chlorierte Kohlenwasserstoffe, die nur als Nebenprodukte bei chemischen Synthesen anfallen und nicht aktiv verbreitet werden, und trotzdem sind sie schon fast allgegenwärtig.

Die Dioxine erlangten im oberitalienischen Seveso ihre traurige Berühmtheit und machten bewußt, welche "Zeitbomben" mit der Freisetzung von giftigen Chemikalien gelegt werden.

2.2.1 Entstehungsbedingungen und Emissionsquellen von Dioxinen

In Seveso gelangten aufgrund eines Produktionsunfalles bei ICMESA bei der Herstellung von Trichlorphenol (2,4,5 T), einem Herbizid, im Jahre 1976 ungefähr 2 kg Dioxine in die Umwelt. Angesichts der Toxizität dieser Substanzen ist dies eine riesige Menge. Diese Dioxine, die auch noch bei der Herstellung des Holzschutzmittels Pentachlorphenol (PCP) anfallen, verbleiben normalerweise in der Mutterlauge und wurden durch Verbrennen auf See vernichtet.

Ein Werk der Firma BOEHRINGER in Hamburg verfuhr mit Produktionsabfällen aus der Produktion von Trichlorphenol offenbar nicht so, sondern verbrachte diese auf eine normale Deponie in Georgswerder, mit der Folge, daß die ölige Phase der austretenden Sickerwässer die alarmierende Menge von 20 bis 50 Mikrogramm/kg der gefährlichsten Dioxinverbindung, dem Tetrachlordibenzodioxin (TCDD) enthält.

Untersuchungen zur Abschätzung der Gesundheits- und Umweltgefährdung durch Freisetzung von Dioxinen anderer Deponien über ablaufende Sickerwässer erbrachten nur Gehalte von Nanogrammgröße an TCDD, d.h. der zehnfach geringeren Menge gegenüber der angeführten Deponie Georgswerder.

Dioxine entstehen darüber hinaus in Verbrennungsprozessen schon bei 400 °C aus Chlorbenzolen und Wasser, so z.B. in der Zigarette oder in Müllverbrennungsanlagen. Sie entstehen in Feuerungsanlagen, gleich ob Müllverbrennungs- oder Großfeuerungsanlage, bevorzugt bei Temperaturen zwischen 300 bis 400 °C, d.h. beim Anfahren von Verbrennungsanlagen oder unzureichender Feuerführung mit bestehendem Sauerstoffmangel, wodurch ein unvollständiger Ausbrand der Kohlenwasserstoffverbindungen, in denen immer auch Chlorverbindungen (z.B. einige Kunststoffe) enthalten sind, erfolgt. Die Dioxinverbindungen werden bei Temperaturen über 600 °C bereits vollständig oxidiert. Daher können die in chemischen Syntheseprozessen als Nebenprodukte anfallenden Dioxine rückstandslos verbrannt werden. Die TA

Luft sieht für Müllverbrennungsanlagen Mindestanforderungen für Verbrennungstemperaturen und Sauerstoffzufuhr vor, um einen ausreichenden Ausbrand und damit einen minimalen Ausstoß auch von Dioxinen zu gewährleisten. In den **Abgasen** von untersuchten Müllverbrennungsanlagen konnten Konzentrationen von 0,1 bis 0,6 Nanogramm TCDD pro Kubikmeter festgestellt werden, die in dieser Größenordnung als ungefährlich gelten. Ein Nanogramm ist ein Milliardstel Gramm und kann als ppt (= part per Trillion; ein Teil pro Billionen Teile) angegeben werden.[1] Zur Einschätzung dieser Mengenverhältnisse sei ein Vergleich angeführt: 1 ppt des Äquators, der ungefähr 40.000 km Umfang aufweist, entspricht 0,04 Millimeter.

Mit diesem Vergleich soll nicht etwa das Problem heruntergespielt werden, denn in **Filteraschen**, die deponiert werden, wurden schon Konzentrationen von 0,07 bis 4 Mikrogramm (µg = ppb) TCDD pro Kilogramm gefunden, d.h. gegenüber den Abgasen eine zehnfach höhere Konzentration.

Man muß sich damit vertraut machen, daß Dioxine mittlerweile überall in der industrialisierten Umwelt gefunden werden. Wegen ihrer Gefährlichkeit muß einer weiteren Verbreitung entgegengetreten werden.

1 Eingefügt seien an dieser Stelle die Konzentrationsabstufungen, wie sie für Toxikologieangaben üblich sind:

- 1 ppm = 1 mg/kg = 10^{-3} g/kg
  part per million =
  ein Teil pro eine Million Teile
- 1 ppb = 1 µg/kg = 10^{-6} g/kg
  part per billion =
  ein Teil pro eine Milliarde Teile
  das amerikanische "billion" entspricht unserer "Milliarde"
- 1 ppt = 1 ng/kg = 10^{-9} g/kg
  part per trillion =
  ein Teil pro eine Billion Teile
  das amerikanische "trillion" entspricht unserer "Billion"

Diese Abstufungen für Massen (g/kg) gelten auch für Rauminhalte (cm^3/m^3), z.B. für Luftangaben und Flüssigkeitsmengen (ml/l). Die part-Einteilung wird noch verwendet, soll aber durch die Dezimal-Einteilung abgelöst werden.

2.2.2 Die chemische Konsistenz der Dioxine

Die Moleküle der Dioxine bestehen aus einem Gerüst von zwei Benzolringen, die über zwei Sauerstoffatome verbunden sind.

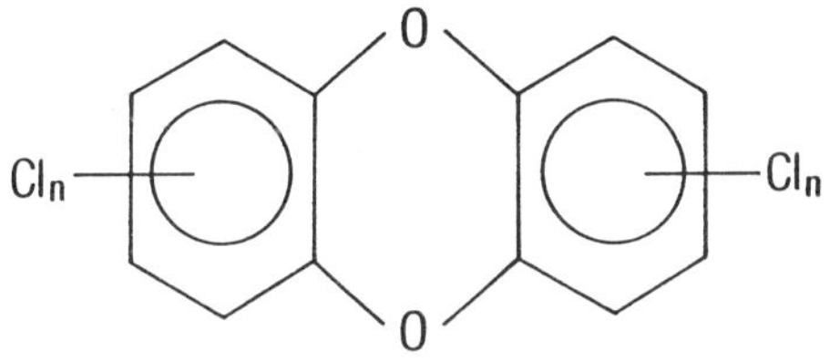

Polychlor-Dibenzodioxin

Das sogenannte Seveso-Gift ist das 2,3,7,8-Tetrachlordibenzodioxin (TCDD) und nur eines der 75 verschiedenen Dioxinverbindungen; es ist aber von allen Chlordibenzodioxinen das giftigste.

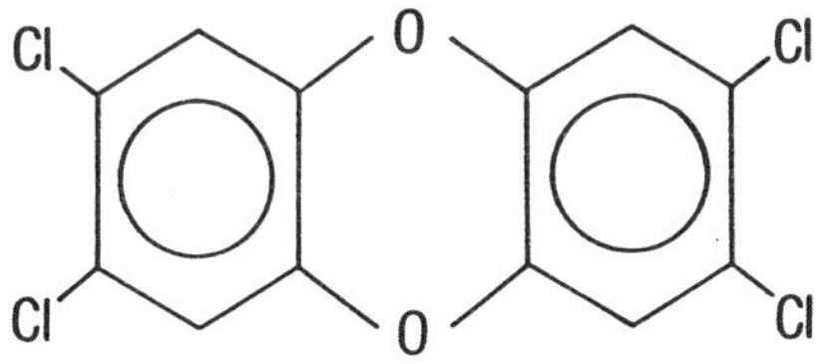

Tetrachlordibenzodioxin

Unter den chemisch erzeugten, in der Natur nicht vorkommenden Substanzen ist es die mit der höchsten Toxizität, d.h. der stärksten Giftwirkung auf Organismen. Sie ist noch gifter als Strychnin und Zyankali. Nur die Natur hat noch stärkere Gifte entwickelt (**Tab. 22.1**). So ist das Botulinus-Toxin, welches von dem Bakterium *Clostridium botulinum* gebildet wird und in unzureichend konservierten Nahrungsmitteln auftreten kann, bei intravenöser Verabreichung 30.000mal akut-toxischer als das TCDD.

Tab. 22.1: Letaldosiswerte (= LD_{50} in µg/kg Körpergewicht) verschiedener natürlicher, auf einmal verabreichter Giftstoffe

Stoff	akute Toxizität (µg/kg)
Botulinus-Toxin A	0,0003
Tetanus-Toxin	0,0001
Ricin (aus der Rizinusbohne)	0,02
Crotoxin (Klapperschlangengift)	0,2
TCDD	1
Strychnin	500
Morphin	4000
Natriumcyanid	10000
Phenobarbital	100000

2.2.3 Verteilung und Verhalten von Dioxin in der Umwelt

In die Umwelt gelangte Dioxine werden durch Lichteinwirkung, d.h. durch die photolytische Abspaltung von Chlorwasserstoff durch UV-Licht, in niederhalogenierte Verbindungen überführt. Dabei kann aus höherchlorierten Dioxinen, wie dem octachlorierten Dibenzodioxin, welches praktisch ungiftig ist, erst das hochgiftige tetrachlorierte Dibenzodioxin entstehen.

In den Boden gelangte Dioxine erfahren an den Ton-Humus-Komplexen eine starke Bindung. Sie werden im Boden nur sehr langsam verlagert und wenig ausgewaschen. Durch photolytische Einwirkung und auch durch biologischen Abbau durch Bakterien werden die an der Bodenoberfläche verbreiteten Dioxine relativ schnell abgebaut. So konnte im Gebiet von Seveso festgestellt werden, daß nach einem halben Jahr der Gehalt in der obersten kontaminierten Bodenschicht um 50 % abgenommen hatte. Bei Einarbeitung oder Verlagerung im Boden besteht diese Abbaumöglichkeit nicht und die Dioxinverbindungen bleiben lange persistent. Bei in 5 cm Bodentiefe angetroffene TCDD muß mit Halbwertzeiten von 10 bis 12 Jahren gerechnet werden. Das in den Bodenkörper gelangte TCDD bleibt über Jahrzehnte ein Problem, wird so zu einem **Bodenschutzproblem**. In Seveso wurde die oberste Bodenschicht abgehoben und mitsamt den enthaltenen Dioxine verbrannt.

Aus dem Boden werden die Dioxin-Verbindungen aufgrund ihrer starken Bodenkolloidbindung nur sehr langsam von den Organismen inkorporiert. Daher liegen die Konzentrationen dieser Substanzen in Pflanzen und Tieren nur unwesentlich über denen des Bodens.

Anders verhält es sich bei Organismen in aquatischen Systemen. Bei Wasserpflanzen und Fischen kommt es, nicht zuletzt aufgrund des engeren Kontaktes zum Lebensmilieu und wegen der Lösung der Dioxine in Wasser, zu einer 2.000- bis 6.000fachen Anreicherung gegenüber der Konzentration des kontaminierten Wassers. Bei den Wassertieren kommt es zu einer Akkumulation, bei den höheren Tieren speziell zu einer Anreicherung in der Leber und den Fettdepots.

2.2.4 Die Wirkung von Dioxinen auf Mensch und Tier

Das 2,3,7,8-Tetrachlordibenzodioxin ist wohlgemerkt eines der toxischsten chemischen Stoffe. Dieses TCCD wirkt sowohl akut toxisch, d.h. tödlich bei hohen Gaben, als auch mutagen (genetische Defekte auslösend), teratogen (Mißbildungen an Embryonen auslösend). Solch eine toxische Omnipotenz zeigte bisher keine andere chemische Substanz.

Viele der angeführten akut-wirksamen Gifte (vgl. **Tab. 22.1**) führen bei einer hohen Gabe innerhalb kürzester Zeit zum Tode. Beim TCDD äußert sich der Vergiftungsverlauf ganz anders, geradezu unheimlich. Die Tiere verlieren innerhalb von 2 bis 3 Wochen bis zu 50 % ihres Körpergewichtes. Sie sterben dann, ohne daß die eigentliche Todesursache so richtig offenbar wird. Es ist ein "schleichender Tod", bei dem u.a. eine Vergrößerung der Leber und das "Einschmelzen" des Thymus erfolgt. Ausgelöst werden diese Organschäden durch zahlreiche biochemische Störungen, z.B. dem Absinken des Östrogen- und Vitamin A-Spiegels.

Die chronisch-toxischen Wirkungen sind dosisabhängig. Sie hat man an Versuchstieren experimentell ausgetestet, um Hinweise zu erhalten, welche Konzentrationen in der Umwelt dem Menschen zumutbar sein könnten.

Für die Ratte hat man herausgefunden, daß eine tägliche Dosis von 0,0005 µg = 0,5 ng/kg Körpergewicht noch keine Schadwirkung (= no adverse effect level) erzeugt, während 0,01 µg/kg schon eine verminderte Fruchtbarkeit zur Folge hat, 0,1 µg/kg teratogen (= embryotoxisch) wirkt und Lebertumore auslöst und 20 µg/kg (= 20/1.000 g) zum Tode führt.

Diese Dosiswerte lassen sich nicht so ohne weiteres auf den Menschen übertragen, denn die akute Toxizität von TCDD variiert von Tierart zu Tierart. Bei experimentell erzeugten toxischen Effekten schwankte die Toxizität bei geprüften Tierarten um den Faktor 5.000. So liegt die Letalwirkung (= LD_{50}-Wert, d.h. 50 % eines Versuchstierkollektivs sterben bei der verabreichten Dosis) beim Meerschweinchen, dem empfindlichsten Tier, schon bei einem millionstel Gramm = 1 µg/kg Körpergewicht, beim Hamster dagegen erst bei 5.000 µg = 5 mg/kg.

Tab. 24.1: Die Letaldosis (= LD_{50}-Wert) von TCDD ist für Versuchstierarten unterschiedlich groß

Tierart	LD_{50}-Wert (µg/kg Körpergewicht)
Meerschweinchen	1
Ratte	20
Affe	70
Kaninchen	100
Hund	200
Hamster	5000

Beim Menschen kann Chlorakne mit Sicherheit auf die Einwirkungen von TCDD zurückgeführt werden. Andere vermutete Schädigungen konnten bis jetzt noch nicht zwingend einer TCDD-Einwirkung zugewiesen werden.

Bei TCDD-Unfällen trat als erstes Krankheitssymptom die Chlorakne als eine langandauernde Entzündung der Haut, vor allem im Gesicht, auf, welche auf Antibiotika kaum anspricht und bis zu 10 bis 15 Jahre anhalten kann und dann oft tiefe Narben hinterläßt. Man vermutet, daß die langanhaltende Erkrankung der Haut auf die verzögerte Freisetzung des unverändert bleibenden TCDD aus den Speichergeweben der Leber und Fettgeweben zurückzuführen ist.

Diese Erkrankungserscheinung ist, dies sei angemerkt, nur dort aufgetreten, wo Dibenzodioxine und Dibenzofurane durch leichtfertige oder unglückliche Umstände in erheblichen Konzentrationen in die Umwelt gelangt sind. Ansonsten ist unsere Umwelt gegenwärtig zwar weitflächig, aber so gering mit TCDD kontaminiert, daß eine akute Gefährdung der Gesundheit der Bevölkerung weder über das Trinkwasser noch über die Luft gegeben zu sein scheint.

Etwas einschränkend muß vermerkt werden, daß nach dem gegenwärtigen Erkenntnisstand über das Gefährdungspotential der sehr niedrigen TCDD-Dosen, denen wir ausgesetzt sind, Verbindliches noch nicht gesagt werden kann.

2.3 Allerweltschemikalie Formalin ist krebserregend

Das Formaldehyd, das in der wäßrigen Lösung als Formalin seit Jahrzehnten schon als Desinfektionsmittel in Krankenhäusern und im Haushalt und ferner als Konservierungsmittel anatomischer und zoologischer Präparate benutzt und darüber hinaus in vielen weiteren Verwendungsbereichen eingesetzt wird, ist offensichtlich keine harmlose Substanz, sondern kann Krebs auslösen. Eine solche Erkenntnis wird sich wahrscheinlich wohl noch für viele weitere chemische Verbindungen ergeben.

2.3.1 Herstellung von Formaldehyd

Das Formaldehyd wird seit der Jahrhundertwende, also seit fast hundert Jahren vor allem durch **Dehydrierung** von **Alkohol** (daher **Al-dehyd**) synthetisch erzeugt. Dabei wird Methanol-Dampf über kristallines Silber als Katalysator geleitet, oxidiert und dehydriert.

$$H_3C{-}OH \longrightarrow H{-}CHO + H_2$$

Methanol — Formaldehyd — Wasserstoff

Formaldehyd ist ein stechend riechendes Gas, das sich leicht in Wasser löst und dann das Formalin ergibt. Eine charakteristische Eigenschaft des Formaldehyds ist die Bildung von Polymeren, wobei unter Anlagerung verschiedener Verbindungen wie Blausäure, Harnstoff und Phenole verschiedene Kunststoffe und Kunstharze entstehen. In der Bundesrepublik Deutschland werden jährlich über 500.000 Tonnen Formaldehyd erzeugt.

2.3.2 Verwendung von Formaldehyd

Die überwiegende Menge des erzeugten Formaldehyds geht in Form von Kunstharzpolymerleimen in die Herstellung von Holzwerkstoffen wie Span-, Faser- und Sperrholzplatten. Formaldehyd findet ferner Verwendung in Kunststoff-Schäumen zum Ausschäumen von Hohlräumen in Gebäuden und Autos zum Zwecke der Wärme- und Schallisolierung. Die Freisetzung von Formaldehyd aus solchen Werkstoffen und Bauhilfsmitteln führt u.U. in Wohnbereichen zu starken Belastungen. Darüber hinaus findet sich Formaldehyd in Appretursubstanzen zum Veredeln (= Knitterfestigkeit) von Papier, Gardinen, Teppichen und Textilien, ferner in Gerbstoffen, Lederfärbemitteln, Sprengstoffen und schließlich noch als Konservierungsstoff gegen mikrobiellen Verderb in Kosmetika und Körperpflegemitteln. Für die Körperpflegemittel besteht seit 1977 eine Kennzeichnungspflicht, die z.B. vorsieht, daß bei Formaldehyd-Gehalten ab 0,05 % dies deklariert werden muß. Die höchstzulässige Konzentration bei Mundpflegemitteln liegt bei 0,1 %, bei kosmetischen Produkten bei 0,2 %. Lediglich Nagellacke dürfen bis zu 5 % Formaldehyd enthalten.

Beim Rauchen von Zigaretten werden erhebliche Formaldehydmengen freigesetzt (vgl. spätere Untersuchung), welche sich der Raucher einverleibt, aber über den Nebenstromrauch auch anderen Personen zumutet. Das Formaldehyd ist nur **ein** gesundheitsgefährdender Stoff unter vielen, die beim Abrauchen von Tabak entstehen. Es sollte einem Raucher deshalb nicht gestattet sein, andere Personen durch Passivrauchen zu gefährden.

Es bleibt festzustellen, daß es gar nicht so einfach ist, dem Formaldehyd zu entgehen. Für diejenigen Personen, die auf diesen Stoff allergisch reagieren, ist dieses besondes problematisch.

2.3.3 Toxizität von Formaldehyd

Kontaktallergien bei Einwirken von Formaldehyd auf die Haut äußern sich in Rötung, Schwellung und Bläschen, die bei lang andauernder Einwirkung in Knötchen und Schuppenekzeme übergehen können. Bei vorsensibilisierten Personen reichen schon geringe Konzentrationen, um die allergische Reaktion auszulösen bzw. chronisch zu unterhalten. Bei der handelsüblichen Verdünnung von unterhalb 0,05 %, wie in Kosmetika und Arzneimitteln üblich, vermag das Formaldehyd die Haut, sofern diese gesund ist, nicht zu durchdringen und Allergien zu setzen. Formaldehyd wird im Organismus schnell zu Ameisensäure oxidiert, die über den Urin ausgeschieden wird, besitzt also keine bemerkenswerte Persistenz. Beim Hantieren mit Substanzen, die höhere Konzentrationen an Formaldehyd enthalten, sollten Schutzhandschuhe getragen werden. Diese werden aber nutzlos, wenn Formaldehyd verdampft und dann eingeatmet wird. Formaldehyd verdunstet aber sehr leicht. Geringe vom Körper aufgenommene Formaldehyd-Mengen lösen zunächst Befindlichkeitsstörungen aus. Bei zunehmenden Belastungen, d.h. bei Überschreiten von Konzentrationen von 0,1 ppm (1 ppm = 1,2 mg Formaldehyd/m^3 Luft), kommt es zu Reizzuständen der Augen und Atemwege, bei langfristigem Einwirken zu asthmatischen Anfällen und möglicherweise sogar zur Krebsentstehung.

Bei Kanzerogenitätsuntersuchungen an Ratten kam es bei lebenslanger Formaldehydgas-Exposition zur Ausbildung von Geschwüren der Nasenschleimhaut und schließlich zu Plattenepithelkrebs. Beim Hamster konnten Tumore nicht ausgelöst werden. Ein Krebsrisiko für den Menschen ist aufgrund dieser Untersuchungen nicht auszuschließen. Formaldehyd kommt also ein krebserzeugendes Potential zu, und es gehört damit zu den Stoffen, die irreversible Schäden auszulösen vermögen.

Die Industrie, die Formaldehyd als ein billiges Lösungs-, Konservierungs- und Desinfektionsmittel einsetzt, versucht gegenwärtig noch den Verdacht auf Krebserzeugung abzuweisen. Solche vordergründig wirtschaftlichen Interessen haben jedoch zugunsten der Gesundheit zurückzutreten. Es sollte alles getan werden, um die Exposition des Menschen gegen Formaldehyd so niedrig wie möglich zu halten.

2.3.4 Emissionsminderung und Substitution von Formaldehyd

Formaldehyd entsteht auch, wenn Kohlenwasserstoffe unvollständig verbrennen, wie z.B. bei Kraftfahrzeugen. Der Kraftfahrzeugverkehr ist sogar die bedeutendste Emissionsquelle für Formaldehyd. Durch Abgaskatalysatoren kann die emittierte Menge auf ein Zehntel des Ausgangswertes abgesenkt werden. Der Abgaskatalysator ist für diesen emittierten Stoff unerläßlich.

Diejenigen Betriebe, die Formaldehyd verarbeiten und dabei unvermeidlich auch emittieren, führen zusätzlich zu regionalen Spitzenbelastungen. Sie sind damit eine nicht unbedeutende gesundheitliche Gefahrenquelle. In **Belastungsgebieten** werden Werte von 0,01 ppm Formaldehyd, im Ruhrgebiet auch 0,04 ppm gefunden (= 50 µg/m^3 Luft).

In **Innenräumen**, die mit Formaldehyd emittierenden Bauwerkstoffen wie Spanplatten und Ortschäumen ausgestattet und darüber hinaus mit Möbeln aus Spanplatten oder einer Aminoplast-Parkettversiegelung versehen waren, konnten Konzentrationen festgestellt werden, die lang anhaltend zwischen 0,1 und 1 ppm, in Einzelfällen sogar noch darüber und damit deutlich über dem vom Gesetzgeber empfohlenen Richtwert für Innenräume von 0,1 ppm lagen. Bei Raumluftmessungen in

Berlin konnte bei mehr als einem Viertel aller Fälle eine Grenzwertüberschreitung ermittelt werden. Zur Sicherstellung, daß auch unter ungünstigen Bedingungen die Konzentration von 0,1 ppm in Innenräumen nicht überschritten wird, gehört auch, daß die Formaldehydgehalte der Emissionsquellen reduziert oder substituiert werden. In **Krankenhäusern** muß der Formaldehydeinsatz drastisch reduziert und zu thermischer Desinfektion und Sterilisation übergegangen werden.

Für Spanplatten gibt es inzwischen sogenannte Emissionsklassen mit einer Kennzeichnungsverpflichtung. In der Spanplattenindustrie ist man bemüht, den Formaldehydgehalt zu reduzieren und zu substituieren.

Spanplatten werden aus zerkleinertem Holz durch Hinzufügen von Kunstharzbindemitteln unter Hitze und Druck zu festen Platten verpreßt. Die Kunstharze enthalten das Formaldehyd. Rund 90 Prozent der verwendeten Kunstharze enthalten Harnstoff-Formaldehyd-Verbindungen, die restlichen 10 Prozent Phenol-Formaldehyd-Verbindungen. Entsprechend dem Formaldehyd-Gehalt und der sich daraus ergebenden Emissionshöhe wurden 1981 sogenannte Emissionsklassen eingeführt, die sich an dem vom Gesetzgeber empfohlenen Grenzwert für Innenräume von 0,1 ppm orientieren und Einsatzbeschränkungen vorsehen. Danach sollen Spanplatten der

Emissionsklasse E 1		< 0,1 ppm Formaldehyd abgeben
Emissionsklasse E 2	0,1	- 1,0 ppm Formaldehyd abgeben
Emissionsklasse E 3	1,0	- 1,4 ppm Formaldehyd abgeben

Platten mit der Abgabe von unter 0,1 ppm Formaldehyd dürfen daher unbeschichtet im Innenausbau eingesetzt werden. Platten der Emissionsklasse E 2 müssen, wenn sie im Innenbereich verwendet werden, zur Minderung der Emissionsmenge auf den großen Fronten lackiert oder furniert sein. In dieser Form dürfen sie auch im Möbelbau eingesetzt werden. Bei den Spanplatten der Emissionsklasse E 3 wird eine allseitige Beschichtung verlangt. Hier reißt aber schon wieder jedes Bohrloch Emissionslücken. Holzwerkstoffe der Emissionsklasse 3 sind heute kaum noch auf dem Markt. Für die Außenverwendung spielen die Emissionsklassen keine Rolle. Holzwerkstoffe für den Außenausbau werden zusätzlich noch mit nicht gerade harmlosen Holzschutzmitteln versehen.

Was kann man gegenwärtig als Verbraucher von Holzwerkstoffen tun, wenn man nicht mit der Gefahr durch Formaldehyd leben möchte? Man sollte auf jeden Fall auf die Kennzeichnung der Spanplatten und deren Einsatzmöglichkeiten peinlich genau achten.

Untersuchung: ***Formaldehydgehalt von Spanplatten u.a.***

Beim Möbelkauf kann man auf Möbel aus Massivholz oder Tischlerplatten ausweichen. Solche Möbel sind aber relativ teuer. Daher ist der Großteil der Möbel aus beschichteten und furnierten Spanplatten gefertigt.

Beim Neukauf von Möbeln sollte man Aufklärung über die Emissionsklassen der verwendeten Spanplatten verlangen, denn gegenwärtig besteht noch keine Kennzeichnungspflicht für verbaute Holzwerkstoffe. Man sollte nach Möglichkeit nur Möbel kaufen, deren Trägermaterial der Klasse E 1 angehören. Das gilt vor allem für Mobiliar für Schlafräume, in denen man sich zeitlich relativ lange aufhält. Man sollte sich die Emissionsklasse im Kaufvertrag schriftlich vermerken lassen, um gegebenenfalls reklamieren und Schadensersatzansprüche anmelden zu können. Auf diese Weise kann indirekt auf eine freiwillige Deklaration gedrängt werden.

Bei bereits erworbenen Möbeln läßt sich ein zu hoher Formaldehyd-Gehalt an einem leicht säuerlichen, stechenden Geruch des Schrankinnenraumes feststellen. Treten körperliche Beschwerden wie Reizungen der Augen und Atemwege auf, besteht der Verdacht der Grenzwertüberschreitung von 0,1 ppm, deren genaue Ermittlung über eine kostenpflichtige Messung von Gesundheits- bzw. Gewerbeaufsichtsämter möglich ist. Ein häufiges Lüften kann den Schadstoffgehalt der Raumluft mindern. Es ist jedoch ein Irrglaube, daß die Formaldehydfreisetzung schon nach wenigen Wochen abklingt. Formaldehyd wird, gerade bei Verwendung von Harnstoff-Harzen, noch nach vielen Jahren abgegeben.

Daher gilt es zu fordern, Formaldehyd durch andere Bindemittel in Spanplatten zu substituieren.

Untersuchung: *Formaldehyd in Spanplatten, der Raumluft und im Zigarettenrauch*

Formaldehyd ist ein Stoff, der Reizungen an Augen und Atemwege auslöst und bei längerfristiger Einwirkung auf Organismen Krebs verursachen kann. Es ist daher angebracht, Emissionsquellen aufzuspüren und den Grad der Emissionsgröße festzustellen.

Dafür werden DRÄGER-Teströhrchen mit den Testbereichen 0,1 ppm und 0,04 ppm eingesetzt. Als Testobjekt dienen zerkleinerte Spanplattenreste der Emissionsklassen E 1, E 2, E 3, die trocken im Erlenmeyerkolben auf einer Heizplatte oder mit einer Rotlichtlampe schwach erwärmt werden. Nach 15minütiger Erwärmung wird das überstehende Formaldehyddampf-Luft-Gemisch mit dem 0,1 ppm-Teströhrchen geprüft.

Mit dem empfindlicheren Teströhrchen kann der Formaldehydgehalt der Raumluft und einer abzurauchenden Zigarette geprüft werden. Die Zigarette wird über eine Schlauchverbindung und der Heißluftsonde mit dem Teströhrchen verbunden.

Material:

- DRÄGER-Prüfröhrchen für Formaldehyd 0,1 und 0,04
- Gasspürpumpe
- Heißluftsonde
- Erlenmeyerkolben 250 ml
- Heizplatte oder Rotlichtlampe
- Spanplattenreststücke der Emissionsklassen
- Zigarette
- Schlauchverbindung
- Feuerzeug

2.4 Weitere gefährliche Chemikalien in unserer Umwelt

Die Zahl der gefährlichen Chemikalien, die von Erzeuger und Verbraucher in der Umwelt verbreitet worden sind, geht über die hier exemplarisch ausführlicher behandelten polychlorierten Biphenyle, Dioxine und Formaldehyd weit hinaus und wird durch neu entwickelte Stoffgruppen, deren Gefährdungspotential möglicherweise nicht ausreichend ausgetestet oder verkannt wird, noch anwachsen.

Das gilt vor allem für chlororganische Verbindungen, zu denen z.B. auch das **Vinylchlorid** gehört. Es ist ein Ausgangstoff für die Polymerisation des unter seinem Kürzel allgemein bekannten PVC, welches ein vielseitig verwendeter Kunststoff (Schläuche, Rohre, Bauelemente, Verpackungsfolien u.a.) ist. Das Vinylchlorid, eine bei Zimmertemperatur gasförmige, giftige Verbidung, ist mutagen und karzinogen. Es kann bei Personen, die Vinylchlorid erzeugen und verarbeiten, eine seltene Art von Leberkrebs auslösen. Da das PVC nicht nur Rest-Vinylchlorid abgibt, sondern auch sehr langsam wieder zu den Ausgangsbausteinen monomerisiert, sollte PVC keinesfalls mehr als Verpakkungsmaterial (Becher, Flaschen, Folien) für Lebensmittel dienen, denn das Vinylchlorid kann in die Nahrungsmittel übergehen. Hier sollte und ist das PVC auch schon weitgehend durch das harmlose Polyethylen abgelöst worden. Beim Verbrennen von PVC-Resten in Müllverbrennungsanlagen wird umweltbelastendes HCl (vgl. Kap. 5.3.2) emittiert.

Trichlorethylen besitzt hervorragende fettlösende Eigenschaften und ist daher eines der gebräuchlichsten Reinigungs- und Entfettungsmittel in der Metall- und Glasindustrie, der Textilreinigung und -färbung und wird als Extraktionsmittel für Fette und Öle in der Margarineproduktion und für die Entcoffeinierung bei Kaffee eingesetzt. Trichlorethylen selbst ist gesundheitlich nicht ganz unproblematisch und sogar krebsverdächtig, weshalb es, auch weil es leicht flüchtig ist, nur in geschlossenen Systemen eingesetzt werden darf. Freigesetztes Trichlorethylen kann sich unter Einwirkung von Hitze und Licht an der Luft unter anderem zu **Phosgen** zersetzen. Dieses Phosgen ist aber ein gefährliches Atemgift, das im Ersten Weltkrieg als Giftgas eingesetzt wurde.

Zur Vermeidung der Zersetzung von zufällig freigesetztem Trichlorethylen werden diesem Stabilisator-Zusätze zugefügt, so daß eine Phosgengefährdung kaum entstehen dürfte.

Benzol und auch viele seiner halogenierten Abkömmlinge besitzen ein erhebliches Gesundheitsrisiko. Benzol diente über sehr lange Zeit als Lösungsmittel und wird bei der Benzinverbrennung des Kraftfahrzeugverkehrs in beachtlichen Mengen emittiert, so daß es heute überall in der Umwelt anzutreffen ist. Es vermag Veränderungen im Blutbild bis hin zur Entstehung von Leukämie auszulösen. Als Lösungsmittel ist Benzol heute weitgehend substituiert und beim Kraftfahrzeug wird erst der Katalysator die Kohlenwasserstoffemissionen mindern.

Hexachlorbenzol, ein Weichmacher in der Kunststoffverarbeitung, gehört zu den schwer abbaubaren Chlorkohlenwasserstoffen und findet sich, angereichert durch die Nahrungsketten, in allen Nahrungsmitteln, im menschlichen Depotfett und in der Muttermilch. Beim Verbrennen von Holz, welches mit dem Fungizid Pentachlorphenol behandelt worden ist, kann Hexachlorbenzol entstehen.

Die Aufzählung und Beschreibung der gefährlichen Stoffe in unserer Umwelt sei hier abgebrochen. Man muß sich bewußt sein, daß Grenzwertnennungen für Umweltverträglichkeit das Gefährdungspotential nur relativieren, daß bei entsprechender Prädisposition unter Umständen schon ein einziges Molekül der kanzerogenen Substanzen eine Zelle krebsig entarten lassen kann und daß sich mittlerweile nicht nur jeweils ein, sondern viele verschiedene kanzerogene und darüber hinaus vielleicht sogar noch mutagene und teratogene Stoffe in den Organismen finden und akkumulieren. Manches Unwohlsein, mancher Kopfschmerz oder manche Allergie, die wir durchleiden, kann möglicherweise auf die Stoffwechselstörung durch solche lebensfeindlichen Substanzen zurückgehen, die wir eingeatmet oder mit unserer Nahrung aufgenommen haben, ohne sie gerochen oder geschmeckt zu haben, weil unsere Organe hierfür keine Kennung, kein Wahrnehmungs- und Warnungsvermögen besitzen. Wir und auch manche Ärzte sind dann bei der Ursachenerforschung und auch der Diganose ratlos. Bei Erkennen des Gefährdungspotentials einer solchen Substanz sollte diese - was heute erfreulicherweise auch geschieht - sofort verboten und schnellstmöglichst substituiert werden. Besser wäre es, wenn solche Substanzen gar nicht erst genutzt würden und damit in die Umwelt gelangten.

Verwendete Literatur

FRIEGE, H. u. NAGEL, R.: PCB - das tägliche Gift. BBU-Verlag: Karlsruhe 1982.

KAPFELSBERGER u. POLLMER, U.: Iß und stirb. Kiepenheuer & Witsch: Köln 1982.

KERNER, I. u. MAISSEN, T.: Die kalkulierte Verantwortungslosigkeit, rororo A 4741: Reinbek b. Hamburg 1980.

KORTE, F.: Ökologische Chemie. Hrsg.: Thieme: Stuttgart 1980.

LORENZ, H. u. NEUMEIER, G.: Polychlorierte Biphenyle (PCB). Medizin Verlag: München 1983.

ROHDE, G.: Polychlorierte Biphenyle. Bedeutung, Verbreitung und Vorkommen in Müll- und Müllklärschlammkomposten sowie in den damit gedüngten Böden. ANS-Mitteilungen, Sonderheft 1, 1975.

SCHWENK, M.: Wie gefährlich ist Dioxin wirklich? Bild der Wissenschaft 11 (1984), S. 64-76.

UMWELTBUNDESAMT: Sachstand Dioxine, Berlin 1983.

ZULLEI, N.: Polychlorbiphenyle - Literatur, Analytik, Langsamsandfiltration, Veröffentlichungen des Instituts für Wasserforschung.

3 Fremdstoffe in unserer Nahrung

Viele Fremdstoffe, die durch Bestrebungen der Ertragssteigerung, des Verderbnisschutzes, aber auch durch nicht bemerkten Verderb in Nahrungs- und Genußmittel gelangen, sind nicht nur bedenklich, sondern schlicht gesundheitsgefährdend. Geringe Mengen davon vermag der menschliche Körper oft zu entgiften, größere bringen ihn gelegentlich um. Deshalb gibt es zahlreiche Gesetze und Verordnungen zur Dosierung und zum Höchstmengengehalt, die allerdings Irrtümer und aus Gewinnsucht betriebene Verfälschungen oder Überdosierungen nicht zu verhindern vermögen.

Für manche dieser Stoffe gilt schon die von Paracelsus im 16. Jahrhundert geprägte Feststellung: "Alle Dinge sind Gift und nichts ist ohne Gift; allein die Dosis macht's, daß ein Ding kein Gift ist". Diese Dosis-Wirkungsbeziehung gilt z.B. auch für das von uns als harmlos angesehene Kochsalz, von dem 3 bis 4 g täglich lebensnotwendig sind, aber 30 g schon den Stoffwechsel beeinträchtigen und 300 g tödlich sein können.

Viele unserer Nahrungsmittel enthalten heute, vor allem bedingt durch die Nahrungskettenanreicherung, immer Pflanzenschutzmittel, Umweltchemikalien, Schwermetalle und andere Fremdstoffe, aber in der Regel in tolerierbaren Grenzen, so daß sie nicht als gesundheitsbeeinträchtigend zu bezeichnen sind. Mit Stichprobenuntersuchungen amtlicher Stellen, wie z.B. den chemischen Untersuchungsämtern versucht man den Verbraucher vor Verstößen und Mißbrauch zu schützen. Sie bieten allerdings keine Gewähr, daß diesen gelegentlich doch belastete Nahrungsgüter erreichen.

Der Grad der Kontaminierung unserer Lebensmittel wird bestimmt von der belasteten Umwelt. Diese Nahrungsmittel können nicht besser sein, als der Boden, auf welchem sie heranwachsen, als das Wasser, welches sie dabei aufnehmen und die Luft, die sie umgibt. Die Kontaminierung ist letztendlich ein Spiegelbild der Einstellung der Gesellschaft zur Umweltbelastung.

Übrigens, Produkte aus alternativer Erzeugung bieten noch keine Gewähr einer Schadstofffreiheit. Sie wachsen ebenfalls in der belasteten Umwelt heran und jauche- oder mistgedüngte Gemüse können durchaus einen zu hohen Nitratgehalt aufweisen.

3.1 Nitrat ➞ Nitrit ➞ Nitrosamine

Stickstoffverbindungen gehören zum Stoffwechsel aller Organismen, so z.B. zur Biosynthese von Funktions-, Struktur- und Speicherproteinen. Sie sind eingefügt in ein Stickstoffkreislaufgeschehen, welches durch teilweise üppige Düngergaben in der Landwirtschaft nicht mehr ausgewogen ist und dadurch Umweltprobleme erzeugt.

3.1.1 Überdüngung mit Nitrat schafft Umweltprobleme

In Erwartung ständig steigender Erträge haben die Landwirte in den beiden letzten Jahrzehnten in geradezu verschwenderischer Weise Stickstoffdünger auf ihre Felder ausgestreut (**Abb. 85.1**). Es gibt bei den Kulturpflanzen jedoch Grenzen in der Nutzungsfähigkeit des Stickstoffangebotes, mit der Folge, daß Überschußmengen aus dem Boden ausgewaschen werden, in den Grundwasserkörper und von dort in gefördertes Trinkwasser und in offene Gewässer gelangen (**Abb. 37.1**).

Versuch: ***Adsorption von Stickstoffverbindungen an Ton-Humus-Kolloide***

Zu einer raschen Auswaschung von Nitraten kommt es auch, wenn im Winter auf Feldflächen Tierexkremente und Gülle ausgebracht werden. Die enthaltenen Nitrate können in dieser Zeit der Vegetationsruhe bzw. Vergetationslosigkeit nicht genutzt werden und führen daher ebenfalls zu einer zusätzlichen Belastung des Grundwassers. Als Konsequenz haben inzwischen viele Bundesländer Verordnungen eingeführt, die das Ausbringen in den Wintermonaten untersagen und außerdem bei Tierexkrementen die Menge je Flächeneinheit begrenzen.

Erfreulicherweise hat durch gezielte Aufklärung bei den Landwirten diesbezüglich ein Lernprozeß eingesetzt. Die Düngung wird heute auf den mengenmäßigen und zeitlichen Bedarf der angebauten Kulturpflanzen abgestellt; man versucht nur soviel Dünger auszustreuen, wie von den Pflanzen tatsächlich benötigt wird. Durch eine solche zielgerichtete Düngung kann in Zukunft vielleicht die Belastung der Umwelt mit Nitrat wieder reduziert werden.

Die über Auswaschung und Ausschwemmung in Flüsse und Seen gelangten Nitratmengen haben,

Demonstrationsversuch: *Adsorption von Stickstoffverbindungen an Ton-Humus-Kolloide des Bodens*

Für Stickstoffverbindungen wie für alle Nährsalze gibt es, in Abhängigkeit von der Bodengüte, d.h. den Anteilen von Ton-Humus-Kolloiden und deren Oberflächenladungen, unterschiedliche Adsorptionskapazitäten. Düngergaben, die über die Adsorptionskapazität hinausgehen, führen zur Auswaschung der überschüssigen Nährsalz-Ionen. Sie reichern sich im Grundwasser und darüber hinaus in den Gewässern an und führen zu einer Reihe von ökologischen Belastungen. Um das zu vermeiden, sind Kenntnisse zur Bindungskapazität der Böden für die einzelnen Ionen und auch der Nährsalzansprüche der angebauten Nutzpflanzen erforderlich.
Hier soll das Adsorptionsvermögen eines schwach humosen Lehmbodens für Ammoniumnitrat halbquantitativ getestet werden. Allzu humusreiche Böden sollten für diesen Versuch gemieden werden, weil sie u.U. zu stark mit Nitratverbindungen vorbelastet sind, was die Testaussage mindern könnte.

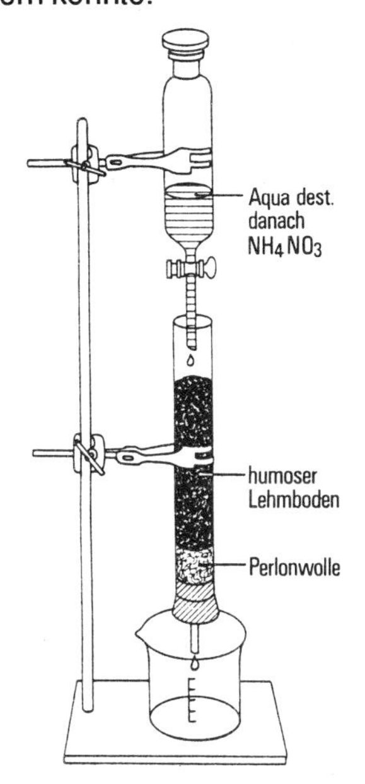

Der Boden wird in einem 40 cm langen Plexiglasrohr von 3,5 cm Durchmesser etwa 30 cm hoch aufgeschichtet. Dieses Rohr ist nach unten mit Perlonwolle und einem einfach durchbohrten Stopfen, in dem ein Glasröhrchen steckt, abgedichtet. Das Rohr wird, ebenso wie der Tropftrichter (mit Meßskala), mit dem die Testflüssigkeiten aufgetropft werden, an einem Stativ festgeklemmt.
Zu Versuchsbeginn werden als erstes etwa 100 ml Aqua dest. zur gleichmäßigen Durchfeuchtung der Bodensäule zügig aufgetropft. Durchsickerndes, in einem untergestellten Becherglas aufgefangenes Wasser dient zum Nachweis des Gehaltes an austauschbarem Ammonium (NH_4^+) und Nitrat (NO_3^-) als leicht lösliche **Bodengrundausstattung.**
Zur Austestung der **Bindungskapazität** werden jetzt 100 ml einer $6 \cdot 10^{-4}$ normalen NH_4NO_3-Lösung (= 480 mg/l) in den Tropftrichter gegeben und auf den Bodenkörper aufgetropft. Nach dem Versikkern der 100 ml Ammoniumnitrat-Lösung werden etwa 100 ml des durchgelaufenen Bodenfiltrates in einem zweiten Becherglas aufgefangen und ebenfalls dem Nachweistest zugeführt.

Zur Prüfung des Ammonium- und Nitratgehaltes in den beiden Bodenlösungen dienen Teststäbchen, über deren Verfärbung, nach Vergleich mit einer angefügten Farbskala, der Gehalt annähernd ermittelt werden kann. Sollte der Testbereich der Stäbchen überschritten sein, muß 1 : 10 verdünnt und hochgerechnet werden.

	Gehalt in mg/l		Adsorption in %	
	NH_4^+	NO_3^-	NH_4^+	NO_3^-
H_2O-Durchlauf				
NH_4NO_3-Durchlauf am Schluß der Versickerung				

Der Vergleich der Ergebnisse wird ergeben, daß der Ammoniumgehalt im Filtrat nicht oder nur unwesentlich ansteigt, während der Nitratgehalt um ein Vielfaches ansteigt. Das bedeutet, daß die positiv geladenen Ammonium-Kationen an den überwiegend negativ geladenen Oberflächen der Ton-Humus-Komplexe fast vollständig adsorptiv gebunden werden, während die Nitrat-Anionen nach Besetzen der wenigen positiven Ladungen höchstens zu einem Drittel zurückgehalten werden.

Fortsetzung auf S. 33

auch zusammen mit den vor allem aus Waschmitteln stammenden Phosphaten, vielfach zu einem derartigen Massenwachstum von Algen geführt, daß der Abbau ihrer organischen Reste über Destruenten soviel Sauerstoff erfordert, daß die betroffenen Gewässer in ein Sauerstoffdefizit geraten, wodurch diese, wie man schlagwortartig sagt, umkippen und tierisches Leben für lange Zeit nicht mehr ermöglichen.

Das vor allem aus dem Grundwasser, aber auch aus Oberflächengewässern geschöpfte Trinkwasser ist heute oft so stark mit Nitrat angereichert, daß der Gesetzgeber Grenzwerte einführen mußte, um den Verbraucher vor einer allzu großen Belastung mit Nitrat zu bewahren. Der gesetzliche Grenzwert liegt gegenwärtig bei 50 mg NO_3^-/l und ist allzuoft nur einzuhalten, wenn nitratärmeres Wasser aus Waldgebieten oder tiefer gelegenen Grundwasserhorizonten zugemischt wird.

Übersteigt die Düngergabe die für den Höchstertrag erforderliche Stickstoffmenge, so führt dies bei manchen Nutzpflanzen zu einer Nitrat-Akkumulation, bevorzugt in Sproßachsen und älteren Blättern, d.h. in denjenigen Pflanzenteilen, die vom Transpirationsstrom mit den darin gelösten Nährsalzen am längsten durchströmt werden.

Dies führt dazu, daß vor allem solche Nahrungspflanzen, deren verzehrte Teile Blätter, Blattstiele und Hypokotylknollen sind, häufig besonders hohe Nitratgehalte (im Mittel über 1.000 mg/kg) aufweisen. Zu diesen Nutzpflanzen gehören Kopfsalat, Spinat, Feldsalat, Endivie, Rote Beete, Radieschen, Rettich, Stielmangold und Chinakohl. Relativ nitratarm (unter 500 mg/kg) sind dagegen Früchte und Samen wie Tomaten, Gurken, Paprikaschoten, Melonen, Rosenkohl, Erbsen, Bohnen, Zwiebeln, Obst und Getreide (**Tab. 32.1**).

Tab. 32.1: Nitratgehalte in Gemüsepflanzen in mg NO_3/kg Frischmasse (nach VENTER 1983)

hohe Nitratgehalte			
Rote Beete	150	-	5.690
Spinat	345	-	3.890
Kopfsalat	382	-	3.520
Radies-Rettich	261	-	1.186
niedrige Nitriatgehalte			
Blumenkohl	62	-	664
Tomaten	10	-	100
Gurken	20	-	300
Bohnen	80	-	822

Mittlere Nitratgehalte (ca. 500 - 1.000 mg/kg) finden sich bei Sellerie, Möhren, Kopfsalat, Blumenkohl, Kohlrabi und Kartoffeln.

Die in **Tab. 32.1** aufgeführten großen Spannbreiten zwischen Minimum-Maximum-Werten des Nitratgehaltes sind in erster Linie auf die Höhe der Stickstoffdüngung, aber auch auf die Anzuchtzeit und Sortenunterschiede zurückzuführen. Gemüse, welches zur Winterzeit im Gewächshaus in überreichlich gedüngten Intensivkulturen angezogen wird, erreicht in der Regel Spitzenwerte. Das liegt auch daran, daß der Nitratreduktionsstoffwechsel in Richtung Aminosäuren Energie erfordert und damit indirekt von der Belichtungsintensität abhängt.

Dem Verbraucher muß man empfehlen, im Verzehr von Salat und Gemüse aus Gewächshauskulturen, das in der lichtarmen Winterszeit angezogen wurde, bedacht umzugehen, um sich nicht zu hoch mit Nitrat zu belasten.

Versuch: ***Schnelltest zum Nitratgehalt in Trinkwasser und in Nahrungspflanzen***

Eine Substitution von Nitratdünger durch NH_4-Dünger würde zwar bei einigen Kulturpflanzen den Nitratgehalt absenken, hätte aber Ertragseinbußen und Qualitätsverschlechterungen zur Folge. Außerdem werden ausgebrachte Ammoniumverbindungen relativ schnell von bestimmten Bodenmikroorganismen nitrifiziert, d.h. in Nitrat überführt. Der von der Pflanze benötigte Stickstoff wird bevorzugt in der Nitratform aus dem Boden aufgenommen und - nach Reduzierung - in organische Verbindungen eingebaut (**Abb. 37.2**).

Die optimale Versorgung mit Nitrat, das als Nährelement in verhältnismäßig großen Anteilen von der Pflanze benötigt wird, ist für den Ertrag und die Qualität der Kulturpflanzen von entscheidender Bedeutung. Nitrat ist unersetzlich. Es ist für den Landwirt gar nicht so einfach, die für den angestrebten Höchstertrag erforderliche Nitratgabe genau zu treffen. Er wird versucht sein, zur Erzielung maximaler Erträge eher mehr als zu wenig Dünger auszubringen.

Nun ist das Nitrat, zumindest in den relativ geringen Mengen, in denen wir es mit unserer Nahrung und unserem Trinkwasser aufnehmen, toxikologisch unbedenklich. Die Nitratzufuhr sollte nach Empfehlung der Weltgesundheitsorganisation (WHO) 220 mg / Tag nicht überschreiten. In

Fortsetzung von S. 31

Bei der Diskussion der Konsequenzen gilt es zu beachten, daß der pflanzenverwertbare Stickstoff von höheren Pflanzen vorwiegend in der Nitrat- und nicht in der Ammoniumform aufgenommen wird. Ammonium muß erst durch nitrifizierende Bodenbakterien aufoxidiert werden, um pflanzenverfügbar zu sein.

$$2\,NH_3 + 3\,O_2 \xrightarrow[\text{z.B. } \textit{Nitrosomonas}]{\text{Nitritbakterien}} 2\,HNO_2 + 2\,H_2O$$

(2 HNO_2: salpetrige Säure)

$$2\,HNO_2 + O_2 \xrightarrow[\text{z.B. } \textit{Nitrobakter}]{\text{Nitratbakterien}} 2\,HNO_3$$

(2 HNO_3: Salpetersäure)

Material:

- Schwach humoser Lehmboden
- Plexiglasrohr 40 cm lang, 3,5 cm ϕ
- einfach durchbohrter Gummistopfen
- Glasröhrchen 10 cm lang
- Tropftrichter mit Meßskala
- Teststäbchen für Nitrat (Merckoquant 10020)
- Teststäbchen für Ammonium (Merckoquant 10024)
- Perlonwolle
- 3 Bechergläser 100 ml
- Meßkolben 1 l
- Aqua dest.
- NH_4NO_3-Lösung (480 mg/l)
- Waage

Versuch: *Schnelltest zum Nitratgehalt in Trinkwasser und in Nahrungspflanzen*

Ein zu hoher Nitratgehalt im Trinkwasser und in unserer Nahrung kann mit dazu beitragen, daß unter bestimmten Umständen über die Nitratreduktion Nitrit und Nitrosamine entstehen, die dann toxikologisch bedenkliche Folgen auslösen können. Aus diesem Grunde hat der Gesetzgeber als Verbraucherschutz Grenzwerte eingeführt, die für Trinkwasser seit 1985 bei 50 mg/l und für Gemüse als empfohlene Richtwerte seit 1986 z.B. für Kopfsalat bei 3.000 mg/kg und für Spinat bei 2.000 mg/kg liegen.

Für den Schnelltest zum Nitratgehalt dienen Teststäbchen der Fa. Merck, die mit den zu prüfenden Substanzen in Kontakt gebracht werden. Über die Verfärbung der Stäbchen läßt sich, nach Vergleich mit einer Farbskala, der Gehalt an Nitrat grob quantitativ ermitteln. Mit Hilfe eines Nitracheck-Gerätes, in das die Stäbchen eingeführt werden, kann über die Intensität der Verfärbung der Nitratgehalt direkt in mg/l ermittelt werden.

In das zu prüfende Trinkwasser und Mineralwasser wird das Teststäbchen nur eingetaucht. Nach etwa 3 Minuten ist die entsprechende Verfärbung auf dem Stäbchen ausentwickelt.

Die Nachweisführung für Nitrat in Gemüse wird mit Preßsaft, den man mit einer kleinen Knoblauchpresse gewinnt, durch Auftupfen auf das Teststäbchen geführt, wobei Chlorophylle unwesentlich, Anthocyane jedoch erheblich stören können.

Als Probepflanzen können das Blatt, der Stengel oder die Speicherwurzel beispielsweise von Rhabarber, der Möhre, der Futter- oder Zuckerrübe, des Salates oder eines Kohlrabis dienen.

Bei den Stengelproben kann der obere Testbereich der Stäbchen von 500 mg/l oft überschritten werden. Hier muß man dann 1 ml des Preßsaftes mit 5 oder 10 ml Aqua dest. verdünnen und den Testwert dann mit dem Verdünnungsfaktor multiplizieren.

Der Test kann ergeben, daß insbesondere die Sproßachsen gegenüber den Blättern einen 3 bis 5fach höheren Gehalt besitzen und Gemüseerzeugnisse aus winterlichen Intensivkulturen relativ hohe Nitratgehalte aufweisen, weil sie in der Regel überdüngt werden.

Material:

- Knoblauchpresse
- Küchenmesser
- Teststäbchen für Nitrat (Merckoquant 10020)
- Nitracheck (Fa. H. Wolf, Kieler Str. 33, Wuppertal 1)

der Bundesrepublik Deutschland liegt die durchschnittliche tägliche Aufnahme gegenwärtig bei etwa 150 mg, wobei 70 % aus dem Verzehr von Salat und Gemüse stammen, 15 % aus dem Trinkwasser und der Rest aus den übrigen Nahrungsprodukten. Erst die 150- bis 200fach höhere Menge, d.h. 8 bis 15 g Nitrat können toxiisch wirken und Magen und Darm reizen.

Der Grund für eine angestrebte Minimierung der Nitratzufuhr liegt vor allem in der toxikologischen Bedenklichkeit des aus dem Nitrat entstehenden Reduktionsproduktes Nitrit.

3.1.2 Nitrit - Gift für rote Blutkörperchen

Bereits kleine Nitritmengen können beim Menschen toxische Folgen herbeiführen wie Gefäßerweiterung, Kreislaufkollaps, Störungen der Darmperistaltik und eine Blockade des Hämoglobins in den roten Blutkörperchen für den Sauerstofftransport. Bei oraler Aufnahme können schon etwas mehr als 2 g zum Tode führen.

Nitrit (NO_2) entsteht im Stickstoffkreislauf vor allem aus der Reduktion von Nitrat (NO_3) durch denitrifizierende Bakterien. Dies kann sowohl im Boden, im Trinkwasser, in Lebensmitteln und endogen im Darm des Menschen geschehen, wo diese Bakterien auch vorhanden sein können. Die Nitratreduktion dient einigen Bakterien wie *Bacillus subtilis, Micrococcus denitrificans* und *Escherichia coli* der Energiegewinnung bei Sauerstoffmangel. Andere Mikroorganismen (Denitrifikanten) vermögen das Nitrit dann über weitere Zwischenstufen bis zum Ammoniak oder zum molekularen Stickstoff zu reduzieren (**Abb. 37.3**).

Versuch: ***Mikrobielle Reduktion von Nitrat zu Nitrit***

Das bakteriell in nitratreichem Gemüse gebildete Nitrit, wie z.B. im Spinat, kann daher zu Lebensmittelvergiftungen führen.

Ins Blickfeld der Öffentlichkeit geriet das Nitrit und auch die Problematik der Stickstoffüberdüngung durch Fälle der sogenannten **Säuglingsblausucht**, die erstmals in den vierziger Jahren bekannt wurde, aber auch heute noch gelegentlich auftreten kann.

Durch Nitrit (KNO_2) wird das Fe-Zentralatom im Hämoglobin der roten Blutkörperchen oxidiert und von der zweiwertigen in die dreiwertige Form überführt.

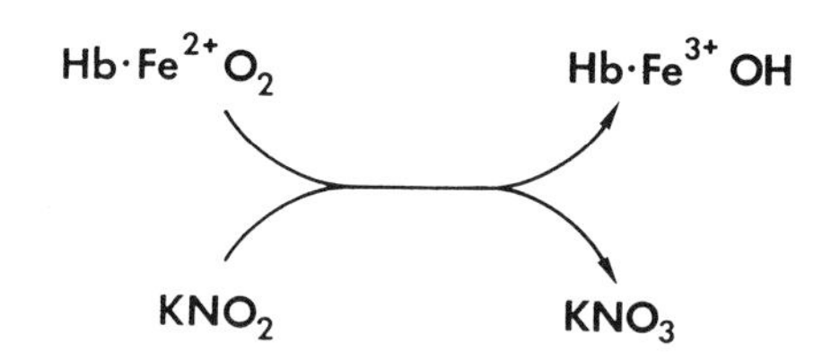

Diese oxidierte Form des Hämoglobins, das Methämoglobin, ist nicht mehr befähigt, Sauerstoff zu transportieren. Es gibt ein Enzymsystem (Reduktasen), das den Fe-Komplex wieder in seine reduzierte, funktionsfähige Form rücküberführen kann. Dieses Schutzsystem ist jedoch bei Neugeborenen bis etwa zum 6. Lebensmonat zunächst unzureichend ausgebildet, mit der Folge, daß schon geringste Nitritspuren in der Nahrung die Blockierung des Sauerstofftransportes auslösen können; diese Blockierung tritt gegenüber Erwachsenen doppelt so schnell ein. Schon bei etwa 10 % Methämoglobin im Blut des Säuglings tritt eine bläuliche Verfärbung von Lippen und Haut auf.

Der Körper des Säuglings wird in dieser Situation dann nicht mehr ausreichend mit Sauerstoff versorgt und im Extremfall kann es zum "inneren Ersticken" kommen. Die bekannt gewordenen, sehr seltenen Fälle von Blausucht ließen sich auf nitratreiches Grüngemüse wie Spinat bzw. nitrathaltiges Trinkwasser, mit dem Milchpulver angerührt wurde, zurückführen. Die Speisen haben in diesen Fällen, und darauf muß ausdrücklich hingewiesen werden, nach der Zubereitung jeweils mehrere Stunden außerhalb des Kühlschrankes gestanden, wobei denitrifizierende Bakterien und Schimmelpilze, die bei wenig sorgfältiger Zubereitung zufällig in die Speisen gelangt waren, sich rasch vermehrten und dann innerhalb kurzer Zeit das Nitrat zu Nitrit umwandelten. Da Nitrit, wie in **Abb. 37.3** dargestellt, weiter zu Stickoxiden und N_2 reduziert werden kann, ist eine Gefährdung nur innerhalb eines begrenzten Zeitraumes möglich.

Eine Nitritbildung kann jedoch außerdem noch endogen im oberen Dünndarm des Säuglings erfolgen, wenn bei einer Darmerkrankung und aufgrund der beim Säugling noch wenig gebildeten Magensäure nach Zufuhr keimhaltiger Nahrung sich Bakterien im Magen und dem oberen Darmabschnitt ansiedeln und in der Nahrung vorhandenes Nitrat reduzieren.

Wohlgemerkt, das Risiko einer Blausucht bei Säuglingen ist aufgrund der heutigen Gehalte an Nitrat im Gemüse gegeben, doch der tatsächlich eintretende Fall hängt von vielen weiteren Voraus-

Demonstrationsversuch: ***Mikrobielle Reduktion von Nitrat zu Nitrit***

Einige Stämme der Coli-Bakterien sind, weil sie über Nitratreduktase verfügen, befähigt, Nitrat in Nitrit zu überführen, der Vorstufe für die Bildung der krebserregenden Nitrosamine. Da Coli-Bakterien im menschlichen Darm vorkommen und gelegentlich auch Nahrungsgüter verseuchen, kann ihr Auftreten, obwohl selbst überwiegend ungefährlich, unter diesem Aspekt gesundheitlich bedenklich sein. Die Nitratreduktion zu Nitrit wird mit dem Stamm 613 von Escherichia coli durchgeführt, der, da er gefriergetrocknet und steril in Ampullen abgepackt angeboten wird, zunächst einmal reaktiviert werden muß. Um Fremdinfektionen zu vermeiden, muß hierbei steril gearbeitet werden. Die hierfür erforderlichen Gerätschaften müssen zuvor im Autoklaven bzw. Dampftopf sterilisiert werden: Pasteurpipetten, Gummihütchen, Ampullensäge, physiologische Kochsalzlösung, Erlenmeyerkolben mit 50 ml Nährbouillon Standard I, Sterikappen.

Die Ampulle mit den E. coli-Bakterien wird mit der Ampullensäge geöffnet und die Öffnung über einer Bunsenbrennerflamme kurz abgeflammt. In die Ampulle wird dann, ohne sie aus der Hand zu legen, 2 ml der physiologischen Kochsalzlösung pipettiert und durch mehrmaliges Hochziehen in der Pipette eine Bakteriensuspension hergestellt. 2 Tropfen davon werden in die Nährbouillon in den Erlenmeyerkolben gegeben, nach Abflammen mit der Sterikappe verschlossen und für 24 Std. bei 35°C im Wärmeschrank bebrütet. Will man die Bakterien für einen späteren Zeitraum verfügbar halten, sollten sie auf Nähragar übergeimpft werden.

Für die Nitratreduktion selbst wird 1 l der sterilen Nährbouillon mit 1,63 g KNO_3 (= 1 g NO_3^- /l) versetzt. Mit dieser Lösung werden 2 (besser 4 als Doppelansatz) Sauerstoffprüfflaschen nach WINKLER (mit schrägem Schliff des Glasstopfens, durch den die Flasche luftfrei verschlossen werden kann) gefüllt. Eine gefüllte Flasche dient als Blindansatz. Die anderen Flaschen werden mit 0,1 ml des aktivierten E. coli-Ansatzes beimpft. Die Flaschen werden 2 bis 3 Tage bei 35°C bebrütet.

Der Nachweis des Nitrat- bzw. Nitritgehaltes wird grobquantitativ mit Teststäbchen geführt. Die Prüfung der **Ausgangslösung** auf Nitrit kann direkt erfolgen, da kein Nitrit vorhanden sein sollte. Für die Prüfung auf Nitrat muß 1 : 10 verdünnt werden (10 ml + 90 ml Aqua dest. im Meßkolben), da der Meßbereich der Stäbchen nur bis 500 mg/l reicht, aber in der Ausgangslösung die doppelte Menge vorhanden ist. Für die Prüfung der nitratreduzierten **Endlösung** auf Nitrit muß zunächst 1 : 100 verdünnt werden (1 ml + 99 ml Aqua dest.), da die obere Nachweisgrenze der Teststäbchen bei 50 mg/l liegt. Der Test dürfte ergeben, daß das Nitrat vollständig in Nitrit überführt wurde, denn die Nachprüfung auf Nitrat dürfte in der Regel negativ ausfallen. Für die Nitratprüfung braucht jetzt nicht verdünnt werden, aber es muß eine Spatelspitze Amidoschwefelsäure zugefügt werden, die das Nitrit bindet, denn dieses würde den Nachweis von Nitrat stören.

Material:
- Autoklav oder Dampftopf
- Pasteurpipette + Gummihütchen
- Physiologische Kochsalzlösung
- Nährbouillon Standard I von Merck
- Kaliumnitrat
- Amidoschwefelsäure
- 4 Sauerstoffflaschen nach WINKLER
- 2 Meßkolben 100 ml
- Meßpipetten 1 ml, 10 ml
- Teststäbchen für Nitrat (Merckoquant 10020)
- Teststäbchen für Nitrit (Merckoquant 10024)
- Escherichia coli-Stamm 613 (Deutsche Sammlung für Mikroorganismen, Griesebachstr. 8, Göttingen)
- Bunsenbrenner
- Erlenmeyerkolben
- Wärmeschrank
- Sterikappe
- Ampullensäge

setzungen ab. Um den Eintritt eines solchen Falles überhaupt zu vermeiden, sollte man auf selbstzubereitetes Grüngemüse als Beikost bis zum 4. oder 5. Lebensmonat besser verzichten und lieber Babyfertiggemüse einsetzen, für das es Nitrathöchstwerte gibt. Diese Konserve sollte aber unmittelbar nach Öffnen verbraucht, nicht aufbewahrt und erneut erwärmt werden. Vorsichtshalber könnte man auch noch nitratarmes Mineralwasser einsetzen.

Auch im Körper des Erwachsenen erfährt das von außen zugeführte und aus anderen Stickstoffverbindungen im Stoffwechsel gebildete Nitrat eine eigene Pharmakokinetik. Das zugeführte, an sich untoxische Nitrat wird zunächst fast vollständig im Dünndarm absorbiert. Die Hälfte davon wird sehr schnell unverändert mit dem Urin ausgeschieden. Aus der anderen Hälfte kann jedoch durch mikrobielle Enzyme an verschiedenen Orten im Körper Nitrit entstehen. So werden beispielsweise etwa 10 % der aufgenommenen Nitratmenge über den Speichel wieder in die Mundhöhle sekretiert. Ein Fünftel der sekretierten Nitratmenge kann dann von Mikroorganismen der Mundhöhle zu Nitrit reduziert werden. Erst im Milieu des sauren Magensaftes wird diese bakterielle Nitratreduktion unterbrochen. Ist die Magensäurebildung gestört, kann die Nitratreduktion im Magen-Darm-Trakt und bei Vorhandensein einer entsprechenden Bakterienflora sogar noch in der Harnblase fortschreiten.

Das gesundheitliche Risiko des aufgenommenen bzw. gebildeten Nitrits besteht bei einem Erwachsenen hauptsächlich in der Möglichkeit der Bildung von krebserzeugenden Nitrosaminen.

3.1.3 Nitrosamine sind hochkanzerogene Substanzen

Nitrosamine gelten neben Dioxin und PCB (vgl. Kap. 2) als die wirksamsten Krebsauslöser, die derzeit bekannt sind. Ihre krebserzeugende Wirkung ist schon seit über 30 Jahren bekannt.

Nitrosamine ist die Sammelbezeichnung für Verbindungen, die aus der chemischen Reaktion von Nitrit oder nitrosen Gasen mit sekundären und tertiären Aminen hervorgehen. Das dabei eigentliche nitrosierende Agens ist das Stickoxid N_2O_3, das sich aus zwei Molekülen salpetriger Säure unter Abspaltung von Wasser bildet. Die Amine entstehen durch Decarboxilierung aus Aminosäuren.

$$R_1R_2NH + N_2O_3 \xrightarrow[-HNO_2]{pH\ 3,5} R_1R_3N{-}N{=}O \qquad (2\,HNO_2 \xrightarrow{-H_2O} N_2O_3)$$

Amin **Stickoxid** **Nitrosamin**

Von den weit über 100 bekannten Nitrosaminen haben sich in Tierversuchen 80 % als kanzerogen erwiesen.

Der am besten untersuchte Vertreter dieser Stoffklasse ist das **Dimethylnitrosamin**, dessen krebsauslösende Kinetik aufgeklärt werden konnte. Das Dimethylnitrosamin bildet jedoch nur ein Präkanzerogen, aus dem in der Leber durch enzymatische Einwirkung erst das eigentliche kanzerogene Methylkation freigesetzt.

$$(CH_3)_2N{-}N{=}O \xrightarrow[\text{verbindungen}]{\text{über zwei Zwischen-}} CH_3{-}N{=}N{-}OH \longrightarrow CH_3^+ + N_2 + OH$$

Dimethylnitrosamin **Methyldiazohydroxid** **Methylkation**

Dieses hochreaktive Methylkation kann durch Molekularbewegung in den Zellkern von Leberzellen gelangen und hier durch Reaktionen mit der DNS u.U. irreversible genetische Schäden setzen. Diese genetisch veränderten Zellen können dann Krebsvorstufen bilden, aus denen durch Einwirkung von zellteilungsanregenden Substanzen wie Hormonen und einigen Medikamenten endgültig transformierte Zellen mit ungehemmtem Wachstum entstehen, die letztendlich zu lebensbedrohenden Lebertumoren werden.

Es wird inzwischen nicht mehr angezweifelt, daß auch beim Menschen durch Nitrosamine Krebs ausgelöst wird, und zwar nicht nur an der Leber, auch an Niere, Blase, Lunge und Speiseröhre.

Wo kommen Nitrosamine vor? Sie sind weit verbreitet und finden sich beispielsweise in gepökelten Fleischwaren, in Fisch und Fischwaren, in Käse, Bier, Malzkaffee, Arzneimitteln, Kosmetika und Pestiziden.

Die Bildung von Nitrosaminen in Lebensmitteln tierischer Herkunft kann durch bakteriellen Befall, aber auch durch lebensmitteltechnische bzw. -chemische Verarbeitungsmaßnahmen eintreten, wie z.B. durch Zugabe von Pökelsalz und anschließendes Räuchern. Sie entstehen allgemein beim Erhitzen, so auch beim Braten und Grillen von Nahrungsmitteln, welche sowohl Nitrit und

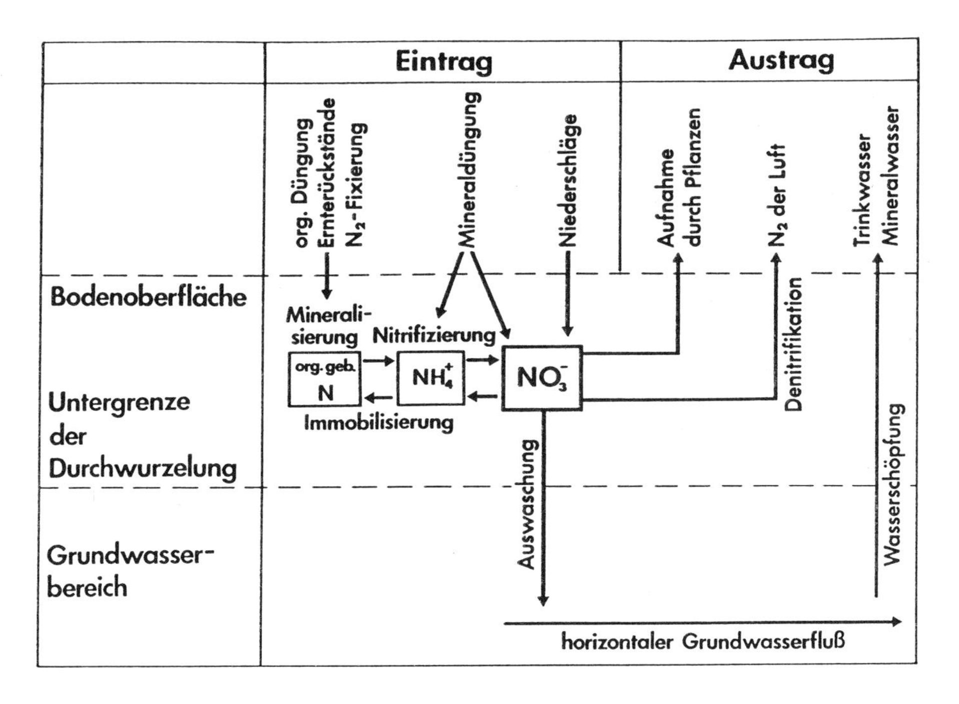

Abb. 37.1: Vektoren im Nitrathaushalt des Bodens

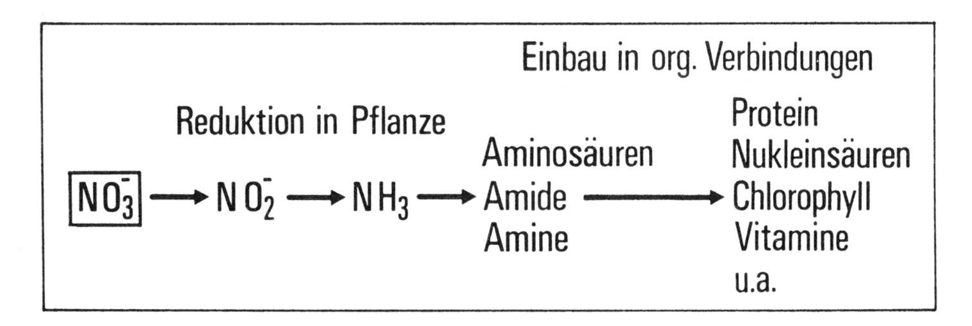

Abb. 37.2: Der Einbau von Nitrat in der Pflanze

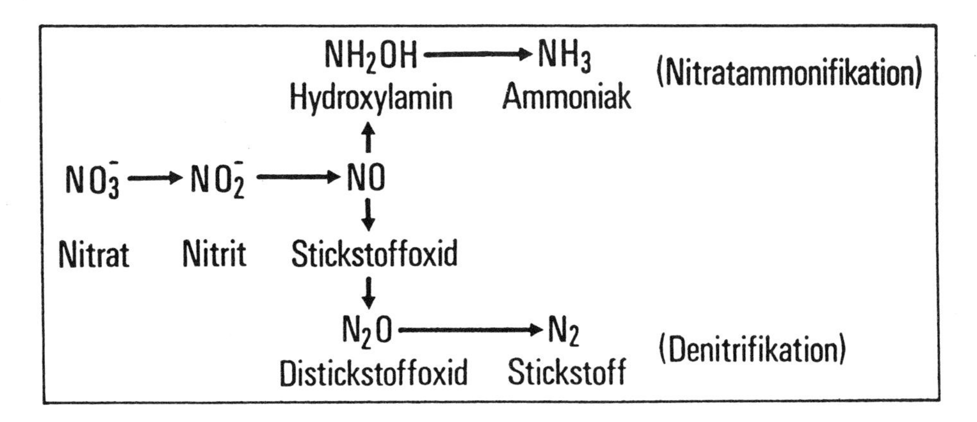

Abb. 37.3: Schritte der Nitratreduktion im Stickstoffkreislaufgeschehen

Amine enthalten wie gepökelte Fleischwaren und wie in der Toast-Mischung aus gekochtem Schinken, der gepökelt ist, und Amine-lieferndem Käse (Toast Hawaii).

Zur Vermeidung einer Nitrosaminbildung in Fleischwaren, die mit Ausnahme von Brühwurst-Erzeugnissen, Hackfleisch, Frikadellen und Fleischklößchen, durchweg alle Nitritpökelsalze enthalten, sollte eine weitere Verringerung des Nitritzusatzes oder unter Umständen sogar ein Verbot des Einsatzes von Nitrit erwogen werden. Die gegenwärtig praktizierte Schwachpökelung muß unterstützt werden durch zusätzliche Konservierungsverfahren wie Räuchern und Kühllagerung. Der gegenwärtig noch praktizierte Zusatz von Nitrit zu Fleischwaren wird hauptsächlich mit der antimikrobiellen Wirkung von Nitrit, insbesondere gegen *Clostridium botulinum* und Salmonellen begründet. Wichtiger ist den Fleischern jedoch eine andere Wirkung des Nitrits, nämlich die sogenannte Umrötung. Durch Einwirkung von Sauerstoff in Verbindung mit Licht und Wärme wird Fleisch nämlich schnell bräunlich-grau. Bei Zugabe von Natriumnitrit ($NaNO_2$) bleibt dagegen der rote Farbeindruck erhalten und erweckt beim Verbraucher die Vorstellung von Frische, was natürlich verkaufsfördernd wirkt. Diese Schönung ergibt sich aus der gegenüber Sauerstoff wesentlich festeren Bindung des aus dem $NaNO_2$ freigesetzten Stickoxids (NO), welches an die Hämkomponente des Muskelfarbstoffes Myoglobin gebunden wird, wobei hitzestabile, rotbleibende Nitrosoverbindungen des Myoglobins entstehen.

Durch einen biochemischen Trick, nämlich durch den Zusatz von Nitrosierungs-Hemmstoffen, zu denen z.B. die Ascorbinsäure (Vitamin C) und Tocopherol (Vitamin E) gehören, läßt sich die Bildung von Nitrosaminen in Lebensmitteln verhindern oder zumindest reduzieren. Auf diese Weise konnte z.B. der bisher sehr hohe Gehalt (bis zu 20 µg/kg) an Dimethylnitrosamin im Frühstücksschinken um 80 % reduziert werden.

Nitrosamine konnten auch in einer Reihe von Kosmetika nachgewiesen werden. So bildet sich z.B. bei Anwesenheit von Triethanolamin, einer Verunreinigung synthetisch waschaktiver Substanzen und den Konservierungsmitteln "Bronopol" (= 2-Brom-2-nitropropan-1,3-diol) und Bronidox (5-Brom-5-nitro-1,3-dioxan) das Nitro-sodiethanolamin. Beide Ausgangssubstanzen können in Haarwaschmitteln und Schaumbädern enthalten sein. Aber auch Formaldehyd und synthetische Parfüms mit Nitrogruppen führen bei Anwesenheit von Aminen zur Nitrosaminbildung.

In Tierexperimenten mit Affen konnte nachgewiesen werden, daß das angeführte Nitrosodiethanol-amin in einer Körperlotion aufgetragen, durch die Haut ins Körperinnere eindringt.

Die Nitrosaminbildung in diesen Körperpflegemitteln kann vermieden werden, wenn das Hinzufügen der Konservierungsstoffe unterbleibt, besser sogar verboten würde. Diese Konservierungsmittel, die den mikrobiellen Verderb verhindern sollen, bilden u.U. ein größeres gesundheitliches Risiko als die eventuell entstehende mikrobielle Verunreinigung.

Dem Raucher muß auch an dieser Stelle wieder gesagt werden, daß er sich mit dem Tabakrauch, in dem insgesamt sehr viele verschiedene gesundheitsgefährdende Stoffe enthalten sind, auch vermehrt Nitrosamine zuführt. Ein Raucher, der 30 Zigaretten am Tag raucht, belastet sich zusätzlich mit 10 bis 20 µg Nitrosaminen, wesentlich mehr, als er in der Regel durch die Nahrung (ca. 1 bis 5 µg/Tag) sowieso aufnimmt. Die typischen Raucherkrebse dürften also durch Nitrosamine mitverursacht werden. Der Nebenstrom der Zigaretten, der entsteht, wenn sie nur glimmen, weist sogar eine noch 10- bis 40fach höhere Konzentration an Nitrosaminen auf. Dieser Nebenstromrauch belastet aber auch anwesende Nichtraucher. Ein Raucher, der in Gegenwart von Nichtrauchern und von unbefangenen Kindern raucht, handelt daher gewissenlos.

Angefügt sei noch, daß aus dem mit der Nahrung aufgenommenen Rest-Nitrit und dem in der Mundhöhle gebildeten Nitrit endogen im sauren Milieu des Magen-Darm-Traktes Nitrosamine entstehen können, deren Menge jedoch schätzungsweise nur ein Zwanzigtausendstel gegenüber derjenigen Menge ergibt, die täglich mit der Nahrung aufgenommen wird. Es gibt epidemiologische Hinweise, daß Magenkrebsentstehung mit dem Nitratgehalt von Trinkwasser und Nahrung korreliert ist.

Die relativ kleinen Mengenangaben zugeführter Stickstoffverbindungen mögen dazu verführen, zu glauben, daß diese möglicherweise bei einem selbst keinen Krebs auslösen werden. Aber anders als bei Giften, wo erst bei Überschreiten einer toxischen Schwellendosis gesundheitliche Beeinträchtigungen zu erwarten sind, kann bei kanzerogenen Substanzen unter Umständen ein einziges Molekül schon die Entstehung von Krebs auslösen.

Daher gilt es, die Nitrosaminbelastung auf ein Minimum zu reduzieren. Um das zu erreichen, müssen die Nitratdüngergaben und Nitritzusätze zu gepökelten Fleischwaren verringert werden.

3.2 Verderb von Nahrung durch mikrobielle toxische Substanzen

Mikrobielle Organismen sind allgegenwärtig und finden sich demzufolge auch auf und in unserer Nahrung, an der sie, teilweise durch Zersetzung, zu partizipieren suchen. Solche mikrobiellen Stoffwechselumsetzungen, wie z.B. Gärungsvorgänge, macht sich der Mensch zur Aufbereitung der Nahrungsmittel, beispielsweise von Brot und Käse, zunutze. Hierbei ist der mikrobielle Besatz sogar erwünscht und wird bewußt herbeigeführt. Bedenklicher wird es, wenn der Befall, den man mit nahrungsmittelkonservierenden Methoden zu verhindern sucht, beim Verzehrer Indispositionen auslöst oder wenn das Nahrungsmittel in seiner Konsistenz, d.h. in Aussehen, Geruch, Geschmack und Festigkeit sich verändert und ungenießbar wird. Nahrungsmittel sind für den menschlichen Verzehr auch verdorben, wenn sie, äußerlich vielleicht nicht erkennbar, aktive Krankheitskeime enthalten und Erkrankungen (= **Infektionen**) auslösen können, wobei das Nahrungsmittel das Überträgermedium bildet (z.B. für Typhus, Amöbenruhr, Bandwürmer u.a.). Ungeeignet für die Ernährung sind auch Nahrungsmittel, wenn in ihnen Befallsorganismen giftige chemische Substanzen (= Toxine) hinterlassen, wobei der Erreger schon abgestorben sein kann (= **Intoxikation**) oder wenn durch übertragene, lebende Keime nach Massenvermehrung im Verzehrer erst solche Toxine gebildet werden (= **Toxinfektion**).

Durch vorbeugende Überwachung (gegen Infektionen und Wurmbefall), äußerste Sauberkeit bei der Nahrungszubereitung (gegen Toxinfektionen) und rigoroses Wegwerfen verdorbener Nahrungsmittel (gegen Intoxikationen) können Beeinträchtigungen beim Konsumenten vermieden werden. Hier sollen exemplarisch einige durch Toxine bedingte Gefährdungen angesprochen werden.

3.2.1 Aflatoxin - ein krebsauslösendes Schimmelpilztoxin

Der Befall von Nahrungsgütern durch Schimmelpilze ist jedem vertraut und viele sind versucht, scheinbar nicht befallene Teile der Nahrung für den Verzehr zu retten. Das sollte man tunlichst unterlassen, denn unter den zwar vielfach harmlosen Schimmelpilzen gibt es einige, die gefährliche **Mycotoxine** bilden. Dazu gehören *Aspergillus flavus* und *A. glaucus*, die Aflatoxine bilden, die chemisch Abkömmlinge des Cumarins sind und in ihrer Giftigkeit dem Strychnin oder Zyankali gleichen. Das Aflatoxin-Molekül verbindet sich in den Zellen, insbesondere in denen der Leber (= zentrales Entgiftungsorgan im Körper), leicht mit den chromosomalen Proteinen und den Nukleo-Basen der DNS. Dies kann zu Mißregulationen der Informationsweitergabe von den Chromosomen in das Cytoplasma führen und mutagene Änderungen verursachen, welche u.U. zu ungehemmtem Zellwachstum führen. Aflatoxine lösen bei Ratten in der Leber regelmäßig Nekrosen und Tumore aus. Sie müssen daher aufgrund von Testuntersuchungen als hochkanzerogene Substanzen eingestuft werden.

Schon ein sehr geringer Befall von *Aspergillus flavus* kann aufgrund der hohen Toxizität und Kanzerogenität des Aflatoxins für den Verzehrer gefährlich werden. Einzelne Mycelfäden des Pilzes können nämlich weite Teile des Nahrungsmittels durchwachsen haben, ohne daß sie makroskopisch wahrnehmbar sind. Außerdem diffundieren die ausgeschiedenen Aflatoxine in das Lebensmittel hinein und dies um so weiter, je wasserhaltiger es ist. Die Aflatoxine sind darüber hinaus hitzestabil und können durch Kochen nicht zerstört werden. Daher besteht die Forderung, verschimmelte Lebensmittel vollständig wegzuwerfen, zu Recht.

Ein Befall mit *Aspergillus flavus* ist wiederholt bei Nüssen, Sesam, Mohn und Getreide aufgetreten, die längere Zeit warm und feucht (bei 30 °C und 75 % rel. Luftfeuchtigkeit), d.h. unter nicht angemessenen Lagerbedingungen in den Erzeugerländern aufbewahrt wurden. Darüber hinaus wurde der Pilz aber auch auf Hülsenfrüchten, Gewürzen (z.B. Pfeffer), Kakao, Kaffee, Tabak, Dauerwürsten und Trockenfisch gefunden. Er kontaminiert dann oft auch die verarbeitenden Lebensmittelbetriebe. Nach in der Bundesrepublik Deutschland geltender Verordnung darf der Gehalt von Aflatoxin B_1 die Menge von 5 µg/kg Nahrungsmittel nicht überschreiten. Es kann aber auch passieren, daß über die tierische Nahrung Aflatoxine an den Menschen herangetragen werden, denn Nutztiere zeigen bei Futterkontaminationen von 100 µg/kg (z.B. in verdorbenem Erdnußmehl) noch keine pathologischen Veränderungen. Das Aflatoxin geht dann teilweise unverändert in Milch, innere Organe und Muskelfleisch über. Die kritische Grenze von 5 µg/kg in Nahrungsmitteln wird allerdings erst erreicht, wenn die Aflatoxinmenge im Futter über 1 mg/kg lag. Man kennt über das Aflatoxin hinaus etwa 100 weitere Mycotoxine, die von ca. 240 verschiedenen Pilzarten gebildet werden.

Hinzugefügt sei, daß nicht jede Art von Schimmel auf Nahrungsmitteln toxisch ist, ja manchmal sogar für die Spezifität der Zubereitung erwünscht ist, wie im Falle von *Penicillium camemberti, P. roqueforti* für Käse oder *P. nalgiovensis* für Wurstwaren ungarischer und italienischer Herkunft.

3.2.2 Salmonellen-Infektion, die relativ häufigste Lebensmittelvergiftung

Am verbreitetsten sind Lebensmittelvergiftungen durch Salmonella-Bakterien. Nicht alle Salmonellen sind Erzeuger toxischer Substanzen. Von den pathogenen Salmonellen treten *Salmonella typhimurium* und *S. enteritidis* am häufigsten auf. Ihr Toxin löst Fieber, verbunden mit Leibschmerzen und Brech-Durchfall aus. Die Erkrankung bleibt auf den Darm beschränkt. Bei toxin- und salmonellenverseuchter Nahrung tritt die Wirkung schon nach 6 bis 12 Stunden nach Nahrungsaufnahme ein. Bei einer Infektion mit wenigen, aktiven Salmonellen, die sich dann erst im Körper vermehren, setzen Erkrankungserscheinungen nach einer Inkubikationszeit von mehreren Tagen ein. Die Salmonella-Erkrankungen verbreiten sich manchmal seuchenartig, wobei der infizierte Mensch durch Ausscheidung der Erreger über Abwässer und Reinfektionen über Nahrungsprodukte zur Verbreitung beitragen kann. Für Magen-Darm-Erkrankungen mit Leibschmerzen und Durchfall kommen neben den Salmonellen aber noch weitere Erreger in Frage.

Toxisch relevant sind darüber hinaus noch *Salmonella typhi* (Typhus) und *S. paratyphi* (Paratyphus B), bei denen u.U. schon Einzelkeime zur Auslösung der Infektion ausreichen. Die durch sie ausgelösten schweren, über die Darmbetroffenheit hinausgehenden Erkrankungen können bei vorgeschwächten Menschen zum Tode führen.

Ausgangsquelle für Salmonella-Infektionen sind oft verseuchte Lebens- und Futtermittelimporte. Geflügelbestände, die solches Futter erhalten, sind oft salmonellenverseucht. Beim Schlachten dieser Tiere, die vor dem Tiefgefrieren sehr oft noch in Eiswasser (bildet Infektionsquelle) getaucht werden, kann es vorkommen, daß sie oberflächlich mit Salmonellen besetzt sind. Das Tiefgefrieren schadet den Salmonellen nicht. Beim Verarbeiten aufgetauten Geflügels, kann es dann durch Schmierinfektionen zur Verbreitung der Salmonellen, vor allem über andere Nahrungsmittel, kommen. Durch Erhitzen beim Grillen oder Kochen werden Salmonellen abgetötet.

Infektionsquellen für Salmonellen können aber auch Hackfleisch, Wurstwaren, Konditorerzeugnisse, Feinkost- und Kartoffelsalate, Milch- und Eiprodukte und auch ein allzu enger Streichelkontakt zu infizierten Haustieren sein. Eine Darminfektion läßt sich sehr oft auf befallenes Hackfleisch zurückführen. Eier von Enten und Gänsen sind aufgrund der Nahrungssuche dieser Tiere in verschlammten und oft auch salmonellenverseuchten Gewässern häufiger infiziert (vorwiegend mit *S. typhimurium*). Enteneier müssen daher als solche deutlich gekennzeichnet werden und dürfen nicht roh (z.B. für Salatmayonnaise oder Speiseeis), sondern nur über den Weg der Erhitzung verbraucht werden. Bei einer, bei uns verbotenen Kopfdüngung von Gemüse mit Fäkalien ist mit einer fast hundertprozentigen Verseuchung zu rechnen. Daher muß die Warnung, bei Auslandsaufenthalten ungewaschenes Obst und Gemüse nicht zu verzehren, ernst genommen werden. Infektionsquelle für die recht häufigen Darminfktionen bei Auslandsaufenthalten kann aber auch Trinkwasser sein, das aus Brunnen und Quellen stammt, in das Fäkal- und Abwasser gelangt. Bei Einzelwasserversorgung in abgelegener, ländlicher Lage ist dies aber auch noch bei uns möglich.

In Großküchen von Kantinen und Gaststätten ist das Risiko für Salmonellen-Infektionen größer, weil die Speisen oft längere Zeit vor dem Verzehr vor- und zubereitet und dann auch noch oft unter Bedingungen aufbewahrt werden, die eine Vermehrung der Bakterien begünstigen. Schon aus diesem Grunde ist allgemein in solchen Küchen Sauberkeit oberstes Gebot. Sie wird von Aufsichtsbehörden gelegentlich überprüft. Durch spezielle, gegen Salmonellen gerichtete Konservierungsstoffe (z.B. PHB-Ester, vgl. Kap. 3.3) kann solch eine mögliche Inkubationsphase überbrückt werden. Der Zusatz des Konservierungsmittels in den Speisen muß deklariert werden.

Es ist möglich, daß Menschen dauerhaft Salmonellen beherbergen, ohne daß ein Anzeichen der Salmonellenerkrankung auftritt und sie sich krank fühlen. Sie scheiden dann laufend Salmonellen aus. Wenn diese Dauerausscheider in Küchen- und Lebensmittelbetrieben arbeiten, können durch sie die Nahrungsgüter infiziert werden. Durch Stuhluntersuchungen läßt sich dieser Personenkreis erfassen. Salmonella-Erkrankungen sind meldepflichtig.

3.2.3 Botulinus-Toxin, die überhaupt giftigste Substanz

Das Botulinus-Toxin wird von dem Bakterium *Clostridium botulinum* gebildet. Glücklicherweise ist diese Lebensmittelvergiftung äußerst selten. Das Bakterium, das anaerob von toter Substanz lebt, scheidet das Toxin in seine Umgebung (= Exotoxin) aus. Diese Umgebung kann gelegentlich unsere Nahrung sein. Vergiftungssymptome deuten sich schon nach 8 bis 12 Stunden nach Aufnahme der verdorbenen Nahrung mit Übelkeit, Kopfschmerzen, Doppelsichtigkeit, Koordinationsstörungen, Schluck- und Sprachstörungen an. Es können schließlich Blasen- und Darmlähmungen auftreten; nach letztendlicher Atemlähmung tritt Herzstillstand ein. Die Mortalitätsrate im Falle der Vergiftung liegt bei 25 bis 50 %, d.h. nicht jede Vergiftung durch Botulin führt immer zum Tode, weil es verschiedene Clostridium-Stämme mit unterschiedlicher Botulinus-Toxizität gibt. Das Botulin ist ein Neurotoxin, das die Ausscheidung von Acetylcholin hemmt und damit die Synapsen der Nervenendigungen blockiert. Dadurch wird eine Reizübertragung auf den Muskel verhindert; es kommt mit der Zeit zu Lähmungserscheinungen. Von dieser giftigen Substanz genügen bei oraler Verabreichung schon 10 µg (= 10^{-5} g), um einen Menschen qualvoll zu Tode kommen zu lassen. Botulinus-Vergiftungen treten nicht nur beim Menschen ein, sondern können auch Tiere treffen, z.B. Rinder, die Rattenkadaver belecken oder Hühner, die toxinhaltiges Futter erhalten. Bei ihnen erschlafft dann zuerst die Halsmuskulatur, was typischerweise als Schiefhals bezeichnet wird.

Durch 30minütiges Erhitzen auf über 80 °C können die Botulinus-Toxine zerstört werden; sie sind hitzelabil. Ein saures Medium (< 5,4 pH) lassen dem Erreger keine Entwicklungsmöglichkeit. Konserven, insbesondere eiweißhaltige Fleisch-, Erbsen- und Bohnenkonserven, bieten Clostridium, dessen Sporen die hitzeresistesten aller bekannten pathogenen Mikroorganismen sind, gute Entwicklungsmöglichkeiten. Für die Konservenindustrie gelten daher strenge Sterilisationsbedingungen. Eine Botulinus-Vergiftung kommt daher heute höchstens noch bei nachlässiger Sterilisation von im Haushalt hergestellten Konserven vor. Gasbildung mit gewölbtem Deckel kann ein Anzeichen für eine Botulinus-Toxinbildung sein. Bei Glaskonserven löst sich in der Regel der Deckel. Solche verdächtigen Konserven sollten unbedingt verworfen werden.

Geräucherte Wurstwaren, roher Schinken, geräuchertes und gepökeltes Fleisch, konservierter Fisch und Fischwaren werden nur äußerst selten von Clostridium befallen. Unter Umständen ist dann nur die anaerobe Kernzone eines großen rohen Schinkens befallen. Dies erklärt, daß gelegentlich nur einzelne Verzehrer erkranken, während andere gesund bleiben. Es gibt Antisera, mit denen die Mortalitätsrate bei frühzeitiger Gabe auf etwa 15 % gemildert werden kann.

Abschließend zu diesem Kapitel sei noch angeführt, daß auch von Natur aus in einigen Nahrungspflanzen toxische Stoffe vorkommen können. So sollte jeder Hausfrau bekannt sein, daß unsere Gartenbohnenarten (*Phaseolus vulgaris*) und auch andere exotische Bohnen toxische Stoffe enthalten. Schon bei Genuß von 5 bis 6 rohen grünen Bohnen können bei Kindern schwere, evtl. tödliche Folgen auftreten. Durch die Bohnen-Toxine kommt es zur Verklebung (Agglutination) von Blutkörperchen. Die hämagglutinierende Wirkung resultiert aus einer Antikörperbildung gegen diese toxischen Substanzen, zu denen Protease-Inhibitoren (für Trypsin), Phytohämagglutinine und mit Phasin ein Blausäureglycosid gehören. Ein viertelstündiges Kochen zerstört die Toxine und machen Bohnen erst unbedenklich genießbar. Ein kurzes Überwellen dürfte nicht reichen.

Blausäuregefährdungen durch Genuß größerer Mengen roher Mandeln oder von Kirsch- und Pflaumenkernen sind allgemein bekannt. Heranwachsende sollten darauf hingewiesen werden.

Lebensmittelvergiftungen sind bei uns, bei dem relativ hohen Sauberkeitsstandard bei der Nahrungszubereitung und der fast durchgängigen Trinkwasseraufbereitung selten. Global gesehen, stehen sie jedoch in der gesundheitlichen Beeinträchtigung im Zusammenhang mit der Nahrungsaufnahme nach Unterernährung, Überernährung und einseitiger Fehlernährung an 4. Stelle, noch vor den gesundheitlichen Risiken durch chemische Rückstände und Zusatzstoffe. Mit den Zusatzstoffen in Nahrungsmitteln soll sich das nächste Kapitel beschäftigen.

3.3 Zusatzstoffe in unseren Lebensmitteln

Zu den Fremd- und Zusatzstoffen für Nahrungsgüter zählt man Substanzen, die beispielsweise zur Verbesserung von Aussehen und Konsistenz, des Geschmacks und Geruches, der Konservierung, aber auch zur Verbesserung des ernährungsphysiologischen Wertes (durch Zusatz von Vitaminen, Mineralstoffen u.a.) zugefügt werden. Sie dürfen nach Bestimmungen des Lebensmittelgesetzes nur in festgelegten Mengen zugesetzt und müssen nach der Kennzeichnungsverordnung von 1983 deklariert werden. Grundvoraussetzungen für die Verwendung dieser Zusatzstoffe ist die Gewährleistung der gesundheitlichen Unbedenklichkeit. Darüber hinaus ist ihr Einsatz aus nahrungstechnologischen Gründen und zur Abwehr von Nahrungsmittelverderb notwendig.

Es gibt nahezu 150 zugelassene Nahrungsmittelzusatzstoffe, die - und da war man sich in der EG auf dem Nahrungsmittelsektor ausnahmsweise einmal einig - eine Zahlencode-Einteilung bekommen haben (vgl. **Tab. 43.1**). Der Lebensmittelhersteller braucht, wenn er will, nur die Schlüsselnummer anführen. Der Verbraucher wird dadurch aber, da er in der Regel nicht weiß, was dahinter steckt, im Unklaren gelassen, und er dürfte, gewarnt durch Lebensmittelverfälschungen - in diesem Fall jedoch unbegründet - mißtrauisch werden.

Es sei noch einmal wiederholt: Bei ordnungsgemäßer Verwendung und unter Berücksichtigung vorgegebener Höchstmengen sind bei allen diesen Zusatzstoffen beim Verbraucher keine gesundheitlichen Beeinträchtigungen zu erwarten.

3.3.1 Konservierung von Lebensmitteln ist notwendig

Jeder Erzeuger von Nahrungsgütern möchte seine Produkte möglichst verlustfrei zum Verbraucher bringen. Man schätzt aber, daß selbst in entwickelten Ländern immer noch nahezu 20 % der erzeugten Nahrungsgüter nicht den Tisch des Verbrauchers erreichen, sondern durch Nagetiere, Insekten und Mikroorganismen vernichtet werden. In Entwicklungsländern liegt der Wert bei 50 %. Außerdem ist der Verbraucher bei uns gewohnt, daß ihm - unabhängig von der Jahreszeit und dem Erzeugerort - seine Nahrungsgüter fast immer zur Verfügung stehen. Dies verlangt Maßnahmen der Vorratshaltung, der Verlängerung der Haltbarkeit und des Nahrungsgüterschutzes, kurz Konservierung.

Konservierung in Form von chemischem Verderbnisschutz wird schon seit Jahrtausenden betrieben. Dazu dienten der Zusatz von Salz, Zucker und natürlichen Säuren wie Milch- und Essigsäure sowie das Räuchern und Pökeln (vgl. **Tab. 45.1**).

Diese alten Konservierungsverfahren wirken unspezifisch und breit. Man war daher bestrebt, spezifisch wirkende Mittel zu finden und einzusetzen. Zu ihnen gehören z.B. die schweflige Säure und die Sorbinsäure. Unterstützt und bedingt ersetzt werden kann die chemische Konservierung durch physikalische Verfahren, die sich der Hitze wie beim Sterilisieren und Pasteurisieren, der Kälte wie beim Kühlen und Gefrieren, dem Wasserentzug durch Trocknen, dem Sauerstoffentzug in der Vakuumverpackung oder der Bestrahlung durch UV- und ionisierende Strahlen oder von Ultraschall bedienen.

Ziel der Konservierung ist vor allem der Schutz der Lebensmittel vor Verderbnis durch Mikroorganismen wie Bakterien, Hefen und Schimmelpilze. Dabei kann das Konservierungsmittel die Mikroorganismen in ihrem Wachstum und ihrer Vermehrung unter Umständen nur hemmen. Dann handelt es sich um Bakterio- bzw. Fungistatica. Es muß sie nicht abtöten, wie durch Bakterio- bzw. Fungizide geschehend.

Die Wirkung der Konservierungsstoffe kann einmal über eine pH-Wert-Verschiebung und zum anderen über eine Stoffwechselstörung erzielt werden. Die pH-Wert-Absenkung kann durch Zugabe oder auch durch eine metabolische Entstehung von Säuren, d.h. der dissoziativen Freisetzung von Wasserstoffionen, erfolgen, die vor allem Bakterien nicht behagt. Die den Lebensmitteln zugefügten Säuren wie Essig-, Zitronen-, Milch- oder Weinsäure sind daher Bakteriostatica. Die Milchsäuregärung bei der Herstellung von Sauerkraut und sauren Gurken läßt die Milchsäurebakterien nach Erreichen bestimmter Konzentrationen und nach Verschieben des pH-Wertes in Bereiche zwischen 3,2 bis 4,0 sozusagen an den eigenen Stoffwechselprodukten absterben.

Die Behinderung des Mikroorganismenwachstums über Stoffwechselstörungen erfolgt über die Hemmung gewisser Enzymreaktionen oder von Enzymsynthesen in den Mikrobenzellen, seltener über die Zellwandzerstörung bzw. der Hemmung der Zellwandsynthese (z.B. durch Antibiotika). Die Sorbinsäure gehört zu diesem Typ der Konservierungsstoffe. Aufgrund seiner Lipidlöslichkeit ver-

Tab. 43.1: Beispiele der in der Bundesrepublik Deutschland zugelassenen Nahrungsmittelzusatzstoffe

Farbstoffe

E-Nr.	Name	Farbe	E-Nr.	Name	Farbe
E 100	Kurkumin	gelb	E 150	Zuckercouleur	braun
E 101	Lactoflavin	gelb	E 151	Brillantschwarz BN	schwarz
E 104	Chinolingelb	gelb	E 160	Carotinoide	orange
E 110	Gelborange S	orange	E 161	Xanthophylle	orange
E 120	Echtes Cochenille	rot	E 162	Beetenrot, Betanin	rot
E 122	Azorubin	rot	E 163	Anthocyane	blau, violett
E 123	Amaranth	rot	E 170	Calciumcarbonat	grau-weiß
E 127	Erythrosin	rot	E 171	Titandioxid	weiß
E 131	Patentblau	blau	E 172	Eisenoxide und -hydroxide	gelb, rot
E 140	Chlorophylle a und b	grün	E 180	Rubinpigment BK	rot

Konservierungsstoffe

E-Nr.	Name	E-Nr.	Name
E 200	Sorbinsäure und Verbindungen	E 230	Biphenyl
E 210	Benzoesäure und Verbindungen	E 236	Ameisensäure
E 211	Natriumbenzoat	E 260	Essigsäure
E 214	pHB-Ester und Verbindungen	E 270	Milchsäure
E 220	Schwefeldioxid und Verbindungen	E 280	Propionsäure
E 227	Calciumhydrogensulfit	E 290	Kohlendioxid

Antioxidantien

E-Nr.	Name	E-Nr.	Name
E 300	L-Ascorbinsäure	E 330	Citronensäure
E 306	Tocopherole natürlichen Ursprungs	E 334	L(+) Weinsäure
E 310	Propylgallat	E 337	Natrium-Kaliumtartrat
E 322	Lecithine	E 338	Orthophosphorsäure

Bindemittel

E-Nr.	Name	E-Nr.	Name
E 400	Alginsäure	E 410	Johannis-Brotkernmehl
E 402	Kalium-Alginat	E 412	Guakern-Mehl
E 406	Agar-Agar	E 413	Tragenth
E 407	Carrageen	E 414	Gummi Arabicum

Sonstige

E-Nr.	Name	E-Nr.	Name
E 420	Sorbit	E 466	Carboximethylcellulose
E 421	Mannit	E 470	Salze der Speisefettsäuren
E 440a	Pektine	E 1414	Acetyliertes Distärke-Phosphat
E 460	Cellulose	E 1420	Stärkeacetat

mag der undissoziierte Anteil der Sorbinsäure durch die semipermeable Zellmembran der Mikroorganismen hindurchzuwandern und im Zellinneren dann seine enzymhemmende Wirkung zu entfalten.

Die Bedenken von kritischen Verbrauchern gegenüber Konservierungssubstanzen als Zusatzstoffe zu Lebensmitteln resultieren aus dem Einwand, daß diese u.U. die Funktion der menschlichen Körperzellen ähnlich hemmen und beeinträchtigen können. Dieses Mißtrauen resultiert aus gewachsenen Erfahrungen von Lebensmittelverfälschungen oder anderen Umweltchemikalien, die unsere Lebensmittel gelegentlich belastet haben. Es sollte selbstverständlich sein, daß der Mensch in seiner Gesundheit durch Konservierungszusatzstoffe nicht beeinträchtigt werden darf; diese müssen toxikologisch unbedenklich sein. Das ist z.B. der Fall bei Sorbinsäure, die im Intermediärstoffwechsel abgebaut und wie eine Fettsäure genutzt wird. bei anderen Konservierungsstoffen liegt die Hemmkonzentrationsschwelle bei Mikroben erheblich unter der der menschlichen Zellen, so daß die geringen Anwendungsmengen toxikologisch nicht relevant werden. Stoffe, die sich allerdings anreichern, weil sie nicht abgebaut oder ausgeschieden werden, wie Borsäure oder Fluoride, sollten als Lebensmittelkonservierungsstoff keine Verwendung finden. Für Kosmetika sind sie allerdings oft noch zugelassen. Konservierungsstoffe mit einer gewissen toxikologischen Bedenklichkeit wie SO_2 (vgl. folgendes Kapitel) sind bis jetzt noch zugelassen, weil harmlosere Ersatzmittel nicht zur Verfügung stehen und ihre Anwendung gerechtfertigt erscheint.

Der Verbraucher sollte sich bei der Diskussion über Konservierungsstoffe bewußt sein, daß ein Einsatz von relativ harmlosen Substanzen geringere Risiken mit sich bringt als die Nichtanwendung, welche Lebensmittel eher verderben, ungenießbar und sogar giftig werden läßt, wie z.B. durch die Bildung von bakteriellen Toxinen und Mycotoxinen (siehe Aflatoxin, Kap. 3.2.1). Die sogenannten "naturbelassenen" und "chemikalienfreien" Lebensmittel müssen nicht gesünder sein als die nach modernen Methoden konservierten Produkte, oft ist es eher umgekehrt. Hier gilt es, eine Schaden-Nutzen-Abwägung zu betreiben.

Durch eine Kombination mit physikalischen Methoden der Lebensmittelkonservierung läßt sich die Zufügung von chemischen Mitteln verringern. Beachtet werden muß, daß bei alkoholischen Getränken und bei unverpackten Wurstwaren eine Kennzeichnung von Zufügungen nicht verlangt wird.

Nachfolgend sollen exemplarisch ein toxikologisch nicht ganz unbedenklicher und zwei völlig harmlose Konservierungsstoffe behandelt werden.

3.3.1.1 Sulfite noch unersetzlich im Wein

Der Gebrauch von Schwefeldioxid als Konservierungsmittel ist im späten Mittelalter allgemein verbreitet gewesen und führte, wie oft üblich, insbesondere über das Schwefeln des Weines, zu einem gesundheitsbedenklichen Mißbrauch, so daß sogar mehrere Reichstage (1497 zu Lindau und 1498 in Freiburg/Breisgau) Mißbilligungen aussprechen mußten.

Trotzdem blieb die aus SO_2 sich bildende schweflige Säure auch in den nachfolgenden Jahrhunderten ein viel genutzter Konservierungsstoff für Lebensmittel, und er ist, trotz einer Reihe toxikologischer Vorbehalte, auch heute noch für die Konservierung mancher Lebensmittel unentbehrlich.

Der Schwerpunkt des Einsatzes von Schwefeldioxid liegt auch gegenwärtig noch bei der verfahrenstechnischen Aufbereitung von Wein und bei der Konservierung von zur Weiterverarbeitung bestimmten Obstprodukten.

Der große Vorzug von Schwefeldioxid bei der Weinbereitung besteht in der Unterdrückung von Essigsäurebakterien, wilden Hefen und Schimmelpilzen während der Gärung, wobei die Kulturhefen nicht beeinträchtigt werden, so daß es im Most zu einer reintönigen, zügigen Gärung kommen kann. Die Obstprodukte, bei denen Sulfit als temporärer Konservierungsstoff dient, sind Roh- oder Halbfabrikate wie beispielsweise ganze oder zerteilte Früchte, die weiterverarbeitet werden, ferner Trockenobst, Obstrohsäfte, Obstsaftkonzentrate und Obstmark. Die Zugabe von schwefliger Säure soll bei diesen Produkten hauptsächlich chemische Veränderungen, wie Bräunungsreaktionen, Farb- und Vitaminzersetzungen verhindern.

Versuch: ***Unterbinden von Bräunungsreaktionen bei Obst durch Sulfit***

In den verarbeiteten Endprodukten finden sich von der zugefügten schwefligen Säure, deren Zugabemengen hier höher sind als zur mikrobiologischen Haltbarmachung notwendig wären, jedoch geringere, nicht mehr mikrobiell wirksame Mengen,

Tab. 45.1: Historische Daten zur Lebensmittelkonservierung

Urzeit	Kochsalz, Räuchern
altes Ägypten	Essig, Öl, Honig
altes Rom	schweflige Säure zur Stabilisierung von Wein
vor 1400	Pökeln
1775	Empfehlung von Borax
1810	Empfehlung von H_2SO_3 zur Fleischkonservierung
1833	Empfehlung von Buchenholz-Kreosot zur Fleischkonservierung
1858	Entdeckung der antimikrobiellen Wirkung von Borsäure
1859	Isolierung der Sorbinsäure aus Ebereschenfrüchten
1865	Entdeckung der antimikrobiellen Wirkung von Ameisensäure
1875	Entdeckung der antimikrobiellen Wirkung von Benzoesäure
1907	Empfehlung von Formaldehyd und H_2O_2 zur Milchkonservierung
1938	Empfehlung von Propionsäure zur Backwarenkonservierung
1939	Entdeckung der antimikrobiellen Wirkung von Sorbinsäure
ab 1950	weltweite Revision der Zulassung neuer Konservierungsstoffe
1956	Synthetische Herstellung von Sorbinsäure in Deutschland

Anmerkung zu Tab. 45.1: Unter den Konservierungsstoffen in der Geschichte der Lebensmittelkonservierung gab es auch solche, die nicht nur die Mikroorganismen, sondern auch die Gesundheit des Menschen schädigten. Dies geschah aber aus Unkenntnis der toxikologischen Wirkung, und außerdem war man der Meinung, daß die geringen Mengen, die zur Konservierung nötig schienen, für den Menschen nicht schädlich sein könnten. Erst ab 1950 trat hier eine gründliche Revision ein. Man suchte jetzt nach toxikologisch harmlosen Substanzen und fand sie z.B. in der Benzoe-, Propion- und Sorbinsäure und deren Derivaten.

Demonstrationsversuch: *Unterbinden von Bräunungsreaktionen bei Obst durch Sulfit*

Bräunungsreaktionen bei Kern- und Steinobst und deren Produkten können durch enzymatisch-oxidative Umsetzungen von Pflanzenphenolen zu o-Chinonen in zerstörten Pflanzenzellen unter Sauerstoffzutritt und auch ohne enzymatische Beteiligung aus Reaktionen zwischen Aminosäuren und organischen Säuren, insbesondere in länger lagernden Obstsäften, entstehen. Die Bräunung läßt sich durch Zufügen von Sulfiten unterbinden.

Die enzymatische Bräunung kann auch durch die gesundheitlich unbedenkliche Zufügung von Ascorbinsäure unterbunden werden, denn diese reduziert entstehende o-Chinone.

Das Unterbinden der Bräunungsreaktionen wird mit folgenden Versuchsansätzen demonstriert:
1. Zur Demonstration der Bräunung wird ein Drittel eines Apfels offen liegengelassen. Die Bräunung dürfte nach ca. 30 Minuten eintreten.
2. Ein weiteres Drittel wird mit einer Ascorbinsäurelösung bestrichen. Die Bräunung tritt verzögert ein.
3. Das letzte Drittel wird mit $KHSO_3$-Lösung bestrichen. Eine Bräunung unterbleibt. Getrocknete Apfelringe in Trockenobst bleiben durch solch eine Behandlung ungebräunt.

Die Apfeldrittel werden in Petrischalenuntersätze eingelegt, die möglicherweise abtropfende Nachweislösungen auffangen.

Material:		
	1 Apfel	$KHSO_3$-Lösung
	1 Petrischalen	Ascorbinsäurelösung

weil sie einmal durch Hitze- und Vakuumeinwirkung und zum anderen durch chemische Bindung an lebensmitteleigene Inhaltsstoffe wie Zucker zu toxikologisch unbedeutenden Restmengen reduziert werden.

Dies ist wichtig zu wissen, denn der Mensch besitzt gegen SO_2 und seine verschiedenen Verbindungen eine, wenn auch individuell unterschiedliche Unverträglichkeit. Aufgrund ihrer guten Ausscheidbarkeit aus dem Organismus bilden die Sulfite in den normalerweise eingesetzten Konzentrationen für den Menschen kein ernstes gesundheitliches Risiko, denn Sulfite sind ein reguläres Zwischenprodukt im Metabolismus beim Abbau von Cystein, und sie werden enzymatisch oxidiert. Der für Sulfitverbindungen zu akzeptierende Wert, bei dem keine toxikologischen Effekte entstehen, liegt bei maximal 0,70 mg/kg Körpergewicht. Bei gegen Sulfit besonders empfindlichen Personen stellen sich u.U. schnell Kopfschmerzen, Übelkeit, Durchfall, Völlegefühl und Erbrechen ein.

Bei Wein, welcher mit der in den meisten Ländern maximal zugelassenen Höchstmenge von 200 mg SO_2/l versetzt wurde, ist die höchstzulässige Tagesdosis (ADI-Wert) u.U. schon nach dem Genuß von 168 ml Wein erreicht. Wein ist also auch von dieser Seite her, ganz abgesehen von den schlimmen Panschereien, ein nicht ganz unbedenkliches Getränk, und ausgesprochene Weintrinker sind eine durchaus gefährdete Verbrauchergruppe.

Untersuchungen zur chronischen Toxizität relativ hoher Gaben (0,5 - 2 % $NaHSO_3$) haben an Versuchstieren Schädigungen an den Fortpflanzungsorganen, dem Knochengewebe, den Nieren und am Nervensystem entstehen lassen. Bei Gaben unter 0,25 % entstanden keine pathologischen Erscheinungen.

3.3.1.2 Propionsäure, ein Mittel gegen Verschimmeln von Backwaren

Die Propionsäure (CH_3-CH_2-COOH) ist, im Gegensatz zu dem zuvor behandelten Schwefeldioxid, ein völlig harmloses Mittel, welches im Stoffwechsel des Menschen rückstandslos abgebaut wird. Die Propionsäure entsteht sogar im Intermediärstoffwechsel beim Abbau einer Reihe von Aminosäuren und ist daher keine körperfremde Substanz. Sie ist deshalb ein toxikologisch unbedenkliches Konservierungsmittel.

Für eine Reihe von Mikroorganismen besitzt die Propionsäure eine wachstumshemmende Wirkung. Bei Backwaren läßt sie sich vor allem gegen Schimmelpilzbefall erfolgreich einsetzen. Bei Schnittbrot und Kuchen aller Art, welche für gewöhnlich einen längeren Zeitraum aufbewahrt werden, dient Calciumpropionat als Verderbnisschutz. Auch Käse wird, damit er während der Reifung vor Schimmelbildung geschützt ist, mit Propionaten behandelt.

Die antimikrobielle Wirkung beruht in der Aufkonzentrierung der Propionsäure in den Zellen der Mikroorganismen, wo sie durch Enzymhemmung den Stoffwechsel blockiert und darüber hinaus noch in Konkurrenz zu den das Wachstum fördernden Stoffen wie Alanin und anderen Aminosäuren tritt. Die antimikrobielle Wirkung der Propionate ist im Vergleich zu anderen Konservierungsstoffen gering; sie müssen daher verhältnismäßig hoch dosiert werden.

3.3.1.3 Sorbinsäure wird wie eine Fettsäure metabolisiert

Sorbinsäure kommt in der Natur u.a. in den Früchten der Eberesche (*Sorbus aucuparia*) vor.

Die Sorbinsäure ist eine ungesättigte aliphatische Monocarbonsäure (CH_3-CH=CH-CH=CH-COOH) und daher den Fettsäuren ähnlich. Sie wird im menschlichen Stoffwechsel wie eine solche metabolisiert und ist physiologisch völlig unbedenklich. Sie wird wegen ihrer Geschmacksneutralität anderen Konservierungsstoffen immer mehr vorgezogen.

Ähnlich wie bei der Propionsäure beruht die antimikrobielle Wirkung auf der Blockierung von Enzymen der Mikroben, wobei sich ihr Wirkungsspektrum hauptsächlich gegen Schimmelpilze und Hefen, weniger gegen Bakterien richtet. Aufgrund ihrer physiologischen Harmlosigkeit hat die Sorbinsäure weltweit eine Reihe bedenklicher Konservierungsstoffe verdrängt und ein weites Anwendungsspektrum gefunden.

Versuch: ***Sorbinsäure als Verderbnisschutz gegen Pilze***

Sorbinsäure besitzt für solche Fettprodukte, die, wie Margarine und Mayonnaise, eine Emulsion aus Fett und Wasser bilden, eine geradezu ideale Konservierungswirkung, denn sie ist sowohl fett- als auch wasserlöslich und verteilt sich daher auch auf die mikrobiologisch besonders anfällige Wasserphase.

Versuch: *Sorbinsäure als Verderbnisschutz gegen Pilze*

Die Sorbinsäure und ihre Salze sind zur Zeit die idealsten Konservierungsmittel, weil sie viele Nahrungsgüter vor Verderb durch Schimmelpilzbefall zu schützen vermögen und für den Menschen toxikologisch völlig unbedenklich sind, weil sie im Intermediärstoffwechsel metabolisiert werden. Außerdem sind sie geschmacksneutral.

Der Nachweis der fungistatischen Wirkung soll mit einem Hefegäransatz geführt werden. Dazu werden etwa 8 g Hefe (= 1/5 eines Bäckerhefewürfels) zur Feinverteilung mit 150 g Zucker in einem Mörser verrieben und dann in ein Becherglas mit 500 ml Wasser überführt. Von dieser Gäransatzmischung werden jeweils 20 ml in 5 numerierte Bechergläser abgefüllt.

Zum Austesten der Konservierungswirkung werden abgestufte Mengen einer 10%igen Kaliumsorbatlösung (5,5 g auf 50 ml Aqua dest.) zu der Hefe-Zucker-Mischung gegeben.

zu Ansatz	1	gibt man	4 ml	dies entspricht	2 %	Kalium-
	2		2 ml		1 %	sorbat
	3		1 ml		0,5 %	in der
	4		0,2 ml		0,1 %	Gesamt-
	5		0,0 ml		0,0 %	lösung

Diese Testmischungen werden luftblasenfrei in Einhornkölbchen eingefüllt. Nach einer Inkubationszeit von 10 Minuten werden die Ansätze noch einmal gasblasenfrei gemacht. Die sich jetzt bildende CO_2-Gasmenge, die nach weiteren 60 Minuten abgelesen wird, soll als relatives Maß der Konservierungswirkung in Abhängigkeit von der zugefügten Sorbatmenge gelten. Zur Absicherung der Ergebnisse empfiehlt sich ein Doppelansatz mit 2 x 5 Einhornkölbchen.

Sorbat-Konzentration	0 %	0,1 %	0,5 %	1 %	2 %
ml CO_2-Gas					
% CO_2-Gas	100				

Der Test wird ergeben, daß die Hefen in ihrer Gäraktivität mit steigender Konzentration von Sorbat beeinträchtigt werden, was als Maß der fungistatischen Wirkung gelten kann.

Material:
- Bäckerhefewürfel
- 150 g Zucker
- Becherglas 500 ml
- 5 Bechergläser 100 ml
- Meßkolben 50 ml
- Pipetten 20 ml, 5 ml, 1 ml
- 5,5 g Kaliumsorbat
- Mörser
- Waage
- Aqua dest.
- 10 Gärröhrchen (Einhornkölbchen)
- Stoppuhr

Sorbate haben in der Käseherstellung die Propionate häufig abgelöst. Sie sind hier heute die wichtigsten Konservierungsstoffe, insbesondere gegen Schimmelpilze mit Mycotoxinbildung, und zwar sowohl in der Reife- als auch der Erhaltungsphase. Selbst auf Hart- und Brühwürsten läßt sich durch eine Oberflächenbehandlung mit Kaliumsorbat Schimmelbildung unterdrücken.

Da die Sorbate eine stärkere fungistatische Wirkung als Propionate besitzen, ist ihr Einsatz insbesondere bei Dauerbackwaren angezeigt. Gärverzögerungen bei hefegetriebenen Backwaren durch Sorbate können durch eine Erhöhung des Hefezusatzes um 25 Prozent ausgeglichen werden.

Versuch: ***Schimmelpilzbefall bei Brot mit und ohne Konservierungsstoff***

Eine solche Gärbehinderung ließe sich durch den Einsatz der aus Sorbinsäure und Palmitinsäure gebildeten Verbindung Sorboylpalmitat umgehen, welches selbst keine antimikrobielle Wirkung entfaltet. Im Backprozeß wird die Verbindung dann wieder hydrolytisch gespalten; die freigesetzte Sorbinsäure vermag dann das fertige Brot gegen Schimmel zu schützen. Das Sorboylpalmitat ist zur Zeit leider noch sehr teuer.

Bei Zugabe der bei uns gebräuchlichen Dosierung von 2 - 2,5 g Kaliumsorbat/l Schüttwasser zum Brotteig ergibt beim fertigen Brot folgende Schutzdauer gegen sichtbaren mikrobiellen Verderb:

- Toastbroat 7 - 9 Tage
- Weizenmischbrot 9 - 11 Tage
- Roggenmischbrot 12 - 14 Tage
- Roggenschrotbrot 13 - 15 Tage

Das dem Wein zugefügte Sulfit schützt diesen, wegen der relativ geringen Wirksamkeit gegen Hefen, nicht gegen eine hefebedingte Nachgärung. Dies ist erst in Kombination mit Sorbaten möglich. Mit Zufügungen von 270 mg Kaliumsorbat und 20 bis 40 mg freiem Sulfit bleibt Wein vor nachträglichen Veränderungen geschützt. In dieser Kombination ist die Sulfitzugabe reduziert.

Obstpulpen und auch Obstsäfte können durch Zusatz von 0,1 % Kaliumsorbat ebenfalls vor Gärungen geschützt werden, nicht jedoch gegen Oxidationen und enzymatische Veränderungen wie Bräunungen. Dies ist nur möglich mit zusätzlichen Gaben kleiner Anteile von Sulfitverbindungen.

Weitere Gruppen von Zusatzstoffen seien nur kurz angesprochen.

3.3.2 Antioxidantien verhindern Ranzigwerden

Eine Art Konservierung bildet das Hinzufügen von Antioxidantien. Wenn z.B. Fettsäuren mit Luftsauerstoff reagieren, entstehen Aldehyde, Ketone und niedere Fettsäuren, die mit zum Rangzigwerden beitragen. Durch Zugabe von Stoffen, die der oxidativen Umsetzung entgegenwirken (= Antioxidation), kann das Verderben von Fetten verhindert werden. Zu diesen Antioxidantien gehören beispielsweise die Ascorbinsäure (Vitamin C), Tocopherol (Vitamin F), Citronensäure und Gallussäure (ein synthetischer Gerbstoff).

In Fetten pflanzlicher Herkunft ist der Gehalt an Tocopherol, d.h. natürlichen Antioxidantien, um Zehnerpotenzen höher als in tierischen Fetten. Ihnen bräuchte man eigentlich keine antioxidativen Substanzen hinzufügen. Leider wird durch produktionstechnische Prozesse (z.B. Raffination) ein Teil davon herausgeholt. Bei tierischen Fetten kommt man im Interesse der Haltbarkeit ohne das Hinzufügen nicht aus. Da Weizen- und Maiskeimöl einen sehr hohen Tocopherol-Gehalt aufweisen, kann man diese als natürliches Antioxidans anderen Fetten beifügen.

3.3.3 Lebensmittelfarbstoffe schönen nur

Die Lebensmittelfarbstoffe sind ein umstrittener Zusatzstoff. Ihr Hinzufügen verbessert den sensorischen Eindruck, erbringt aber keinen ernährungsphysiologischen Vorteil. Gelegentlich werden sogar Qualitätsschwächen verdeckt, d.h. Alterung und Verderb kaschiert oder eine höhere Wertigkeit vorgetäuscht.

Ein Beispiel dafür sind Kakaoprodukte, bei denen durch Hinzufügen eines braunen Farbstoffes ein hoher Kakaogehalt optisch vorgetäuscht wird. Da aber bei Kakaoprodukten der Gehalt deklariert werden muß,kann sich der Verbraucher zumindest über den Wert des Produktes informieren.

Der Volksmund sagt treffend: "Das Auge ißt mit", und danach handeln auch die Lebensmittelhersteller. Gefärbt, geschönt werden z.B. Seelachs, Zuckerwaren, Marmeladen, Obstkonserven, Konfitüren, Puddinge, Schnittkäse, Limonaden und Eis.

Bei der Verarbeitung von Früchten zu Konfitüren und Marmeladen kann durch Kochen oder Ste-

Demonstrationsversuch: ***Schimmelpilzbefall bei Brot mit und ohne Konservierungsstoff***

Brot ist ein Nahrungsmittel, welches durch Verschimmeln relativ schnell verdirbt, wenn es frei zugänglich aufbewahrt wird. Schnittbrot, dessen Anteil am Brotverbrauch immer mehr zunimmt, würde aufgrund der größeren zugänglichen Oberflächen noch schneller verderben. Da Brot außerdem heute nicht mehr so schnell verbraucht wird, fügt man ihm die gesundheitlich unbedenklichen Konservierungsstoffe Propion- und Sorbinsäure zu, die einen längeren Verderbnisschutz gewähren. Da aber viele Verbraucher ihr Brot oft schon im Kühlschrank aufbewahren, ist Brot auch ohne Konservierungsstoffe für längere Zeit vor Verderb schützbar und wird folglich auch so angeboten.

Zum Austesten des Verderbniseintritts bei Brot **mit** und **ohne Konservierungsstoffe** (vgl. Nachweis dieser Stoffe weiter unten) wird mit einem Petrischalenuntersatz aus der jeweiligen Brotscheibe ein Stück Krume ausgestochen, mit Leitungswasser befeuchtet und mit Pilzsporen infiziert. Zur Infektion wird die offene Petrischale mit dem Brot im Sommer, wenn in der Atmosphäre reichlich Schimmelpilzsporen vorhanden sind, für 24 Stunden im Freien aufgestellt. Man kann aber auch mit einer Zwiebelaußenschale von unbehandelten Zwiebeln, an der in der Regel immer Sporen vorhanden sind, das Brot überstreichen. Möchte man ganz exakt arbeiten, so sollte man von einem Pilzansatz auf Agar von Mucor, Aspergillus oder Penicillium Sporen überimpfen. Es empfiehlt sich ein Doppelansatz.

Die geschlossene Petrischale wird jetzt bei 30°C in den Wärmeschrank oder an der Heizung aufgestellt und die Zeitabstände der Infektionsausbreitung durch tägliche Kontrolle vergleichsweise ermittelt.

Material: 4 Petrischalen
Brot mit und ohne Konservierungsstoff
Wärmeschrank

Man kann ergänzend einen qualitativen Nachweistest auf Vorhandensein von Konservierungsstoffen im Brot führen.

Für **Sorbinsäure** wird dazu mit einer Glaspetrischalenhälfte aus der Krume einer Brotscheibe ein Kreisstück ausgestochen, dieses mit einer schwach schwefelsauren 1%igen Kaliumdichromatlösung getränkt, wobei die enthaltene Sorbinsäure zu Malondialdehyd oxidiert wird. Nach Erwärmen auf 60 bis 80°C auf einer Wärmeplatte wird 2%ige Thiobarbitursäurelösung mit einer Pipette aufgetropft. Bei Vorhandensein von Sorbinsäure entsteht ein stabiler roter Farbstoff, der die Krume rotbleibend verfärbt.

Für Propionsäure gibt es keinen entsprechend einfachen spezifischen Nachweistest.

Material: Brotscheibe mit Sorbinsäure
Glaspetrischalenhälfte
1%ige $K_2Cr_2O_7$-Lsg.
2%ige Thiobarbitursäure-Lsg. (in heißem Wasser lösen)
Pipette
Wärmeplatte bzw. Wärmeschrank

rilisation die eigentliche natürliche Farbtönung verlorengehen. Erdbeeren oder Kirschen dunkeln oder verblassen; ihr sensorischer Wert wird vermindert. Unansehnliche Lebensmittel sind für den Verbraucher aber unappetitlich, während ansprechende, d.h. der Farbe der Ausgangsfrucht entsprechende Produkte, die Sekretion der Verdauungssäfte anregen.

Hier helfen die Lebensmittelhersteller nach, indem sie z.B. die rot-violett-blauen, wasserlöslichen Anthocyan-Farbstoffe aus Säften der Roten Beete, der Brombeere oder Heidelbeere gewinnen und dann hinzufügen.

Eine Margarine ohne zugesetztes Carotin würde grau aussehen und keine Assoziation des Butterersatzes erzeugen. Marmeladen wären unansehnlich braun.

Die Zugabe von natürlichen Farbstoffen wie Carotin oder Anthocyanen braucht nicht deklariert werden, ist also nicht kennzeichnungspflichtig, wenn diese im Ausgangsprodukt enthalten waren und lediglich durch das Bearbeitungsverfahren zerstört worden bzw. im Endprodukt in für die Verbraucheransprüche nicht ausreichender Menge vorhanden sind.

Diese natürlichen Farbstoffe sind - wie auch die künstlichen - gesundheitlich unbedenklich, obwohl gerade die künstlichen Lebensmittelfarbstoffe in billigen Zuckerwaren oder Süßspeisen aufgrund ihrer grellen "Warnfarbe" manchen vor dem Verzehr zurückschrecken lassen. Kinder assoziieren mit diesen Farben immer Süßigkeiten und bekommen bekanntlich davon nie genug.

Erwähnt sei noch, daß die natürlichen roten Farbstoffe des afrikanischen Bixa-Strauches oder der Cochenille-Schildlaus auch heute noch als Farbstoffe in Lippenstiften Verwendung finden.

3.3.4 Aromastoffe prägen ein Lebensmittel

Die Aromastoffe sind unverzichtbarer Teil für die spezifische Ausprägung eines Lebensmittels. Sie tragen ganz wesentlich mit dazu bei, daß das Lebensmittel sensorisch wiedererkannt wird und seine Wertschätzung erfährt. Die typischen Aromastoffe eines Produktes entwickeln sich beispielsweise erst in der Fruchtreife, durch mikrobielle Prozesse, z.B. bei Käse, oder durch technologische Bearbeitung wie Brotbacken, Kaffeerösten oder Fleischbraten.

Die vermeintlich typischen Aromen bestehen aber u.U. aus einem breiten Spektrum von abgrenzbaren Einzelaromastoffen. So resultiert beispielsweise der Erdbeergeschmack aus 251 verschiedenen Einzelverbindungen, der des Kaffeearomas aus ca. 370 und der des Brotes aus 211 identifizierbaren Einzelsubstanzen. Aus diesem Grunde lassen sich diese Aromen nur schwerlich nachahmen. Dies ist bei denjenigen anders, die nur von einer oder wenigen Verbindungen gebildet werden, wie bei Vanillin, Himbeere, Kümmel oder Knoblauch. Sie lassen sich leicht nachahmen und synthetisch herstellen. Man kennt bisher insgesamt etwa 3.000 natürliche und synthetische Aromastoffanteile.

Der Vanillegeschmacksstoff wird als Naturerzeugnis aus den Früchten einer Orchidee gewonnen. Sein aktueller Bedarf für Milchprodukte und Süßwaren kann aber aus ihnen bei weitem nicht gedeckt werden. Er wird daher heute ersatzweise durch chemische Abwandlung der Eugenol-Fraktion des Nelkenöles oder aus einem Anteil des Holzes unserer Bäume, dem Lignin, das als Abfallprodukt in großen Mengen bei der Papiererzeugung anfällt, gewonnen und vom Verbraucher akzeptiert.

Milchmixprodukte sind in der Regel mit einer Fruchtzubereitung aus natürlichen und naturidentischen Aromen versetzt. Die naturidentischen sind synthetisch erzeugte Aromaverstärker. In aromatisierten Teesorten sind meist synthetische Aromastoffe enthalten. Viele Fruchteissorten und manche Erfrischungsgetränke werden nur mit Farb- und Aromastoffen aufgebaut, ohne möglicherweise etwas von der Frucht selbst zu enthalten. Der Verbraucher muß wissen, daß hierbei Fruchtechtheit nur vorgegaukelt wird.

Tiere lassen sich auch täuschen. In der Intensivtierhaltung ist es heute üblich, daß dem Futter Aromastoffe zugefügt werden, um das Tier zur gesteigerten Futteraufnahme zu veranlassen, was in der Folge zu verstärktem Fleischansatz oder höherer Legeleistung führen kann.

Suppenwürfel und Fertiggerichten wird häufig Glutamat als Geschmacksverstärker zugefügt. In China-Restaurants gelangt dieses vor allem über Sojasoßen in die Speisen und kann bei manchen Gästen im nachhinein Kopfschmerzen und Nakkensteife auslösen. Diese Erscheinung wird von Medizinern typischerweise als "*China-Restaurant-Syndrom*" bezeichnet.

Es ist davon auszugehen, daß die zugelassenen Zusatzstoffe zu Lebensmitteln überprüft und - in angemessenen Mengen genossen - unbedenklich sind. Bei natürlichen Stoffen setzt man das fast als selbstverständlich voraus. Daß das nicht der Fall sein muß, beweist der Aromastoff des Waldmeisters, das Cumarin, der im Verdacht steht, Krebs auslösen zu können. In diesem Fall sollte man besser auf den unbedenklichen künstlichen Waldmeistergeschmack für Bowle, Erfrischungsgetränke und Puddinge ausweichen.

Zu den geschmacksverstärkenden Substanzen gehören auch die allgemein bekannten Süßstoffe wie Saccharin und Cyclamat, deren Inanspruchnahme als Zuckerersatz für Diabetiker und beschränkt auch für Übergewichtige, zu befürworten ist.

Für diesen "Zuckerersatz" bestehen insbesondere bei übergroßen Dosierungen erhebliche Toxizitätsbedenken. Sie sind für Cyclamat größer als für Saccharin. Die Weltgesundheitsorganisation empfiehlt daher, im Schnitt nicht mehr als 40 Saccharin-Tabletten bzw. 4 Cyclamat-Tabletten pro Tag zu sich zu nehmen.

Das Cyclamat ist derjenige Süßstoff, der am zuckerähnlichsten schmeckt, während Saccharin einen bitterlichen Nachgechmack hinterlassen kann. Gegenüber Saccharose, dem Rohr- oder Rübenzukker, besitzt Cyclamat eine 30fach, das Saccharin eine 550fach gesteigerte Süßkraft. Es erscheint am angebrachtesten, wenn beide Substanzen, nämlich das Cyclamat mit dem zuckerähnlichsten Geschmack und das Saccharin mit den geringeren Toxizitätsbedenken, gemischt in möglichst geringsten Dosen als Zuckerersatz dienen, und zwar streng genommen nur beim Diabetiker, der aus Gesundheitsgründen auf Zucker verzichten muß, während der Übergewichtige sich besser beim Nahrungsverzehr disziplinieren sollte.

In jüngster Zeit drängt ein anderer Süßstoff auf den Markt (unter den Markennamen Nutra Sweet bzw. Sunett), der aus naturgleichen Eiweißbausteinen besteht, genau wie Zucker schmeckt, aber 180 mal süßer ist. Ernstzunehmende Nebenwirkungen sind bis jetzt nicht nachgewiesen. Er wird schon in den sogenannten "light"-Getränken, in Kaugummi, Joghurt, Schokolade und Puddingpulver eingesetzt.

Erwähnt sei noch, daß es eine Vielzahl weiterer synthetischer, aber auch natürlicher Süßstoffe gibt. Von ihnen besitzt z.B. der L-Aspartyl-Aminomalonsäure-fenchyl-methyl-diester, ein Peptid, gegenüber Saccharose eine 33.000fach höhere Süßkraft. Einige dieser Süßstoffe sind aber gesundheitlich bedenklich.

Verwendete Literatur

BÖHLMANN, D.: Pökeln - ein lebensmittelchemisches Problem. In: Wirtschaftsbiologische Aspekte im Biologieunterricht. Metzler'sche Verlagsbuchhandlung: Stuttgart 1985.

BRÜMMER, J.-M. u. H. STEPHAN: Maßnahmen zur Schimmelbekämpfung bei Brot. - Getreide, Mehl und Brot 34 (1980) 6, S. 159-163.

DRÄGER, H.: Salmonellosen, ihre Entstehung und Verhütung. Akademie-Verlag: Berlin 1971.

GRIESSHAMMER, R.: Chemie im Haushalt. Rowohlt: Reinbek b. Hamburg 1984.

GÜNTHER, J.: Landwirte anerkennen Nitratgefahr. Bild der Wissenschaft Heft 1 (1985), 16-17.

HÖLSCHER P. und J. MATZSCHKA: Methämoglobinämie bei jungen Säuglingen durch nitrathaltigen Spinat. Dtsch. med. Wschr. 89 (1964) 1751.

KARPELSBERGER, E. und U. POLLMER: Iß und stirb - Chemie in unserer Nahrung. Kiepenheuer & Witsch: Köln 1982.

LINDNER, E.: Toxiokologie der Nahrungsmittel. Georg Thieme Verlag: Stuttgart 1974.

LÜCK, E.: Chemische Lebensmittelkonservierung. Springer-Verlag: Berlin, Heidelberg, New York 1977.

MÜHLEISEN, I. und I. BERZIUS: Nitrat in Wasser und Gemüse. Verbraucherzentrale Nordrhein-Westfalen, 1985.

PHILIPPEIT, U. und S. SCHWARTAU: Zuviel Chemie im Kochtopf. Rowohlt: Reinbek b. Hamburg 1982.

ROSIVAL, L.; ENGST, R. und A. SZOKOLAY: Fremd- und Zusatzstoffe in Lebensmitteln. VEB Fachbuchverlag: Leipzig 1978.

SCHMIDT, H.: Eine spezifische colorimetrische Methode zur Bestimmung der Sorbinsäure. Z. Anal. Chem. 178 (1960) 173-180.

SCHUPHAN, W.: Der Nitratgehalt von Spinat (Spinacia oleracea) in Beziehung zur Methämoglobinämie der Säuglinge. Z. Ernährungsw. 6(1965) 207.

SCHWENK, M.: Nitrosamine als Gesundheitsrisiko. Umschau 85 (1985) 24-27.

SPICHER, G.: Über das Auftreten von Aflatoxinen bei Getreide und Getreideerzeugnissen. In: Mühlen- und Mischfutterjahrbuch 1983.

STRAHLMANN, B.: Lebensmittelzusatzstoffe in historischer Sicht. Alimenta 15 (1976) 101-109.

WEHRMANN, J. und H.-C. SCHARPF: Nitrat im Grundwassser und Nahrungspflanzen. Auswertungs- und Informationsdienst für Ernährung, Landwirtschaft und Forsten (AID) Nr. 136, 1984.

4 Pflanzenschutz - eine ökologische und toxikologische Zeitbombe

Der intensiv wirtschaftende Landwirt, der zur Ertragsoptimierung maximale Düngemittelmengen und zur Vorbehandlung seiner Äcker und Kulturen zum Teil persistente Schädlingsbekämpfungs- und Pflanzenschutzmittel ausbringt, handelt, ohne daß er es will, als Trinkwasserverderber und Nahrungsmittelvergifter.

Die von ihm erzeugten Nahrungsgüter enthalten in der Regel Spuren von Pestizidrückständen, die beim Verzehrer bei lebenslanger Aufnahme Gesundheitsrisiken auslösen können. Die Folgen der Aufnahme niedriger Pestiziddosen über lange Zeiträume sind toxikologisch noch völlig unbekannt und schwer zu prüfen.

Dieses Wirtschaften wird dem Landwirt wohlgemerkt vom Gesetzgeber erlaubt, obwohl es schon heute verboten gehörte, denn die Belastung des Trinkwassers mit Nitraten (vgl. Kap. 3.1.1) und Pestiziden deutet sich heute zwar erst an, aber in fünf bis zehn Jahren, wenn diese Substanzen voll in das Grundwassser durchgesickert sein werden, weil die hohen Düngergaben von den Pflanzen nicht vollständig genutzt werden und die Pestizide und ihre Metaboliten nicht abgebaut sind, wird es schwer sein, rückstandsfreies und toxikologisch unbedenkliches Trinkwasser zu gewinnen und dem Verbraucher zur Verfügung zu stellen.

Landwirtschaft ist dadurch gekennzeichnet, daß sie aus Gründen der Ertragsoptimierung und aus produktionstechnischen Gründen nur Reinkulturen einer einzigen Pflanzenart betreiben kann. In der Forstwirtschaft, die zeitweilig ebenfalls Monokulturen einzelner weniger Wirtschaftsbaumarten bevorzugte, hat ein Umdenken stattgefunden. Hier werden heute nach Möglichkeit standort- und naturgemäße Mischwälder aufgebaut. Auf die prophylaktische Ausbringung von Pestiziden verzichtet man gänzlich, setzt vielmehr auf die Regulationsfähigkeit eines ausgewogenen Ökosystems und benutzt Insektizide nur im Notfall bei eingetretenen Kalamitäten, weil sich die Feinde dieser Schädlinge in der Regel nicht gleichschnell zu vermehren vermögen (vgl. Kap. 4.2.1). Sicher läßt sich im landwirtschaftlichen Bereich ähnliches Handeln nicht so ohne weiteres nachvollziehen. Die Landwirte werden jedoch ebenfalls umdenken und die Feldbewirtschaftung hin zu einer etwas extensiveren, wenn auch kostenaufwendigeren alternativen Landwirtschaft umstellen müssen. Das wäre zweifelsohne ein (Rück-)Gewinn für unsere Umwelt und Gesundheit.

Die Monokulturen unserer Felder begünstigen eine oft massenhafte Vermehrung von Schädlingen und Krankheiten (ausgelöst durch den Befall von Pilzen, Bakterien und Viren), weil ihnen in den Reinbeständen der Nutzpflanzen ihre Nahrungsquelle großflächig geradezu in idealer Weise präsentiert wird. In natürlichen Ökosystemen wird jede Zunahme einzelner Schadorganismen durch das Vorhandensein der von ihnen lebenden Organismen in der natürlichen Nahrungskette gedämpft. Die natürlichen Gegenspieler der Schädlinge unserer Nutzpflanzen finden in den durch Herbizide gesäuberten, begleitflorafreien Monokulturen oft nicht die geeigneten Nahrungsbedingungen, da sie zu ihrer Entwicklung oft anderer Pflanzen bedürfen.

Unsere Nutzpflanzen sind zudem hochgezüchtete Kulturpflanzen, die zwar hohe Erträge bringen, aber oft auch eine erhöhte Anfälligkeit gegen Krankheiten aufweisen. Durch den Züchtungsprozeß verlieren sie teilweise die natürliche Resistenz ihrer Stammformen. Um diese hochgezüchteten Kulturpflanzen vor ihren Schädlingen zu bewahren, ist Pflanzenschutz leider notwendig.

Bei Verzicht auf jeglichen Pflanzenschutz können die global ständig wachsenden Menschenmassen nicht ernährt werden. Man wird vor allem den Schutz der geernteten Nahrungsgüter verbessern müssen, denn noch immer wird rund ein Viertel der Ernte durch Vorratsschädlinge vernichtet und dies gerade in solchen Ländern, in denen oft Hunger herrscht, wie in der Dritten Welt. Hier fehlen oft die finanziellen Mittel und Möglichkeiten für eine Bevorratung.

Der Einsatz von Schädlingsbekämpfungsmitteln birgt - über den Nutzen der Nahrungssicherung hinaus - beträchtliche Risiken für die Gesundheit des Menschen und für das Überleben vieler anderer Organismen, die aus der Sicht des Menschen nützlich oder auch indifferent und harmlos sind. In großen Agrarregionen sind vielfach drei Viertel aller Tier- und Pflanzenarten vom Aussterben bedroht, weil sie gegen Pflanzenschutzmittel und Flurbereinigung kaum Überlebenschancen haben. Pflanzenschutz mit chemischen Bekämpfungsmitteln, den Pestiziden, betrieben, darf in dieser Form nicht weiter ausgeübt werden. Es bedarf alternativer Formen, die schonender mit den Organismen in unserer Umwelt umgehen.

4.1 Pestizide, ihre Nutzanwendung und ihre Problematik für unsere Umwelt

Zu den Pestiziden gehören chemische Bekämpfungsmittel wie Insektizide (Insektenbekämpfungsmittel), Herbizide (Unkrautvernichtungsmittel), Fungizide (Pilzbekämpfungsmittel), Nematizide (Nematodenbekämpfungsmittel), Bakterizide u.a., alles Mittel, die der Mensch einsetzt, um auf den von ihm zur Erzeugung von Nahrungsprodukten unterhaltenen Kulturflächen in Land-, Garten- und Forstwirtschaft gelegentlich massenhaft auftretende Organismen abzutöten, damit der Erfolg seiner Bemühungen nicht aufgefressen oder zerstört wird.

Dem Begriff "Pestizid" haftet assoziativ ein verbaler Makel an. Er leitet sich von dem englischen "*pest*" = Seuche, Plage und dem latenischen "*caedere*" = töten ab und erfaßt Stoffe zur Abtötung von schädlichen Tieren, Pflanzen und Mikroorganismen. Es gibt kein deutsches Wort mit gleich umfassender Bedeutung. Bei uns wird gelegentlich noch der Begriff "*Biozide*" benutzt, welcher soviel wie "Leben töten" bedeutet, und neuerdings sprechen die Pestiziderzeuger oft von Pflanzenschutzmitteln, womit ein positiver Eindruck vermittelt werden soll.

Die Pestizide sollen in der Regel unerwünschte tierische und pflanzliche Organismen beeinträchtigen und töten. Ihre toxische Wirkung wird auf den Zielorganismus hin optimiert. Sie sollten daher nach Möglichkeit andere Organismen nicht beeinträchtigen, auch nicht über Rückstandsanreicherungen in der Nahrungskette. Pflanzenschutzmittel, die sich anreichern, wie beispielsweise persistente chlorierte Kohlenwasserstoffe, werden seit Jahren nicht mehr zugelassen. Diese wirken jedoch noch als alte Hypothek umweltbelastend (vgl. Kap. 4.1.1.1). Es wird wiederholt versichert, daß der Mensch mit hoher Wahrscheinlichkeit durch Rückstände aus in der Bundesrepublik Deutschland zugelassenen Pflanzenschutzmitteln nicht gefährdet sei. Die im Tierversuch sich einstellenden teratogenen, mutagenen und kanzerogenen Wirkungen getesteter Präparate traten nur bei weit überhöhten Dosierungen ein. Für den Menschen soll - geregelt auch über die Höchstmengenverordnung - diesbezüglich keine Gefährdung bestehen. Spuren dieser Substanzen können aber, lange bevor sie überhaupt körperliche Schäden auslösen, beim Menschen psychische Indispositionen wie Schlafstörungen, Konzentrationsschwächen, gesteigerte Aktivität und Übelkeit auslösen.

Trotz der Unbedenklichkeitsversicherungen herrscht jedoch aufgrund vieler Umweltskandale und gelegentlich aufgetretener Unfälle in weiten Bevölkerungskreisen Skepsis. Eine Reihe von Substanzen, die nach früheren Maßstäben als ausreichend untersucht und harmlos galten, müssen nach Verdachtsmomenten und aufgrund moderner Testergebnisse gelegentlich vom Markt genommen werden. Es beruhigt auch nicht, wenn darauf verwiesen wird, daß natürliche Inhaltsstoffe von Pflanzen, die durchaus auch krebsauslösend sein können, in Nahrungsmitteln in weit höheren Dosen vorkommen können. Beunruhigend wirken auch die Feststellungen, daß unser Trinkwasser, welches nach EG-Maßstäben nur die extrem niedrige Rückstandsmenge von 0,1 µg/l (auf vertrautere Entfernungsmaßstäbe umgesetzt, bedeutet dies ein Zehntel Millimeter auf 1.000 km) für einen einzelnen Stoff und 0,5 µg/l in der Summe mehrerer Substrate enthalten darf, zunehmend weit höhere Pestizidmengen aufweist und damit für die Trinkwassernutzung ausfällt.

Viele Pestizide werden heute als Kombinationspräparate mehrerer Wirkstoffe angeboten (es gibt etwa 250 Pestizidwirkstoffe in 1.500 bis 1.600 zugelassenen Präparaten), deren Wirkung sich synergistisch steigert, so daß die eingesetzte Wirkstoffmenge reduziert werden kann. Geprüft wird jedoch im Tierexperiment jeweils nur die Wirkung eines Stoffes, so daß über die Kombinationswirkung bis jetzt nicht viel gesagt werden kann. Es gibt Pflanzenschutzmittel, die sich in Kombination in ihrer Wirkung nicht nur addieren, sondern potenzieren. Unbekannt und nicht untersucht sind die zweifellos bestehenden Kombinationswirkungen zu anderen Umweltchemikalien und -schadstoffen wie den Schwermetallen Cadmium und Blei, ferner den Arzneimitteln, Lebensmittelzusätzen und Genußmitteln. Das Wenige, was bis heute dazu bekannt ist, ist alarmierend genug. Auch über die Wirkung der Abbauprodukte, der Metabolite und ihr Verhalten in den Organismen und im Boden ist noch vieles unbekannt. Man geht davon aus, daß die Abbauprodukte weniger schädlich sind. Das ist aber gelegentlich nicht der Fall (vgl. **Abb. 57.2**), und dann wird es kritisch, wenn diese Metabolite in das Grund- und Trinkwasser gelangen. Wenn diese dazu noch langlebig sind, gelangen sie über die Flüsse in die Meere. Sie liegen hier zwar verdünnt vor, werden aber über die Nahrungskette wieder angereichert (vgl. **Abb. 58.1**).

Die strengen Vorschriften unserer Pflanzenschutz- und Lebensmittelgesetze einschließlich der Höchstmengenfestlegungen sind dann nutzlos, wenn der größte Teil der Nahrungsgüter ohne jede Untersuchung den Verbraucher erreichen kann. Diese Nahrungsgüter können dann, wenn beispielsweise bei plötzlicher schneller Reife die Wartezeit nach der letzten Spritzung nicht eingehalten werden kann, durchaus erhöhte Rückstände aufweisen. Sie sind auch dann nutzlos, wenn wir mit Lebensmittelimporten aus Ländern mit weniger strengen Vorschriften eine kräftige Dosis Gift verpaßt bekommen. Zwar gibt es für diese Importe eine häufigere Stichprobennahme, doch ehe die Ergebnisse der Untersuchung vorliegen, sind viele Lebensmittel, vor allem solche, die den Verbraucher schnell erreichen müssen, wie Salat, Obst und Gemüse, längst verzehrt, oder wenn ein Verdacht ruchbar wird, auch schnellstens in andere Länder abgeschoben. Es soll vorkommen, daß die Höchstmengenverordnung bei Importen dadurch umgangen wird, daß mit verschiedenen Pflanzenschutzmitteln gespritzt wird, wobei die einzelne Substanz unter der Höchstmenge bleibt, aber aufsummiert zu große Rückstandsmengen vorhanden sind.

Der analytische Aufwand ihrer Kontrolle ist kompliziert und teuer. Erforderliche Apparaturen, z.B. Massenspektrographen, sind teuer. Die staatlichen Untersuchungsämter haben nicht immer die aktuelle Ausstattung und qualifizierte Kräfte. So manches belastete Nahrungsgut erreicht daher den unwissenden Verbraucher, der eigentlich darauf vertraut, daß der Staat ihn schützt. Permanent betriebener Mißbrauch wird oft genug eher zufällig entdeckt (vgl. Kälbermasthormonspritzungen). Wen wundert es, wenn aufgeklärte Verbraucher heute nach ungespritzten Nahrungsmitteln in Form der Biokost verlangen, obwohl hier, wie der Volksmund sagt, auch nicht alles "koscher" ist. Es kann vorkommen, daß durch Windverdriftung bei Hubschrauberausbringung oder durch Auswaschung, verbunden mit Wassertransport und Erosion, auch die benachbarte "ungespritzte Kultur" Pestizide abbekommt.

Die Höchstmengenfestlegungen bieten nur einen scheinbaren Schutz, denn Langzeitspätfolgen lassen sich nicht ausschließen. Mutagene und kanzerogene Spätfolgen von einwirkenden Umweltchemikalien, die Pestizide eingeschlossen, lassen sich wegen der Vielfalt von Belastungssituatioen nur schwer erfassen bzw. zwingend ableiten. Nach genügend langer Belastung kann schon ein einziges Molekül eines entsprechend potenten Schadstoffes krebsauslösend wirken. Zwischen Auslösung und Sichtbarwerden der Läsion können zudem noch Jahre liegen.

Von den bei uns jährlich ausgebrachten 30.000 Tonnen Pflanzenschutzmitteln entfallen etwa 40 % auf Herbizide, ca. 23 % auf Insektizide und 13 % auf Fungizide. 8 % der Mittel werden gegen Nagetiere und 3 % gegen Schnecken eingesetzt.

Man muß sich bewußt sein, daß die Organismen, gegen die alle diese Mittel eingesetzt werden, zur natürlichen Nahrungs- und Abbaukette organischer Stoffe gehören, ohne die der Stoffwechselkreislauf in der Natur nicht funktioniert. Der Mensch unterbricht diesen Kreislauf, um seine Nahrung herauszuziehen und versucht, durch Einsatz von diversen Pflanzenschutzmitteln, von denen einige nachfolgend besprochen werden, den Ertrag nicht schmälern und möglichst hoch ausfallen zu lassen.

4.1.1 Insektenbekämpfung mit toxikologisch bedenklichen Substanzen

Mit den Insektiziden werden heute etwa 250 für den Menschen und seine Wirtschaft sich nachteilig bemerkbar machende Insektenarten bekämpft. Sie treffen allerdings oft auch viele andere der bis zu einer Million Insektenarten, unter denen sich mit den Bienen und Hummeln auch ausgesprochen nützliche Insekten befinden. Die Breitbandtoxikologie und die Persistenz früherer Insektizide hat wesentlich mit zum Verruf aller Pflanzenschutzmittel beigetragen.

Die Insektizide zielen darauf ab, die Insekten durch Störung von Körperfunktionen wie der Atmung, der Nervenreizleitung oder der Hemmung stoffwechselwichtiger Enzyme zu töten. Dazu müssen diese chemischen Verbindungen an die zu treffenden Insekten herangebracht und von diesen aufgenommen werden. Dies kann direkt oder indirekt geschehen.

Insektizide, die vom Schädling durch Fraß oder Kontakt von der Pflanzenoberfläche aufgenommen werden, **wirken direkt** auf das Insekt **ein**. Sie müssen dafür möglichst gleichmäßig über die Pflanze verteilt sein.

- **Fraßgifte** gelangen mit der Nahrung in das Insekt und durch Resorption über den Darmtrakt an Wirkorte des Stoffwechsels.
- **Kontaktgifte** dringen nicht etwa durch den Chitinpanzer ein, sondern über die Intersegmentalhäute und die Sinnesorgane wie Anten-

nen und Tasthaare, die sowieso zur Aufnahme chemischer Reizstoffe bestimmt sind. Diese Stoffe müssen aber fettfreundlich, lipidlöslich sein.

- **Atemgifte** gelangen, gas- oder aerosolförmig ausgebracht, über die Stigmen, den Atemöffnungen, in das Tracheensystem in die Insekten.

Die Insektizide mit **indirekter Einwirkung**, die über das Pflanzeninnere an das Insekt herangeführt werden, gelangen durch die Wurzel oder auch die Oberfläche der Blätter in die Pflanzen und werden über das Gefäßsystem in ihnen verteilt. Durch Saugen oder Fraß werden die Giftstoffe von den Insekten aufgenommen und zeitigen dann ihre Wirkung. Der Vorzug dieses Insektizidtyps ist, daß Nutzinsekten durch den "Einschluß" des Giftstoffes innerhalb der Pflanze mit diesem keinen Kontakt bekommen können und geschont werden. Diese Insektizide sind dadurch z.B. bienenfreundlich. Der Anwendung dieser sogenannten **systemischen Insektizide** gehört die Zukunft, weil sie nur vorübergehend wirken und dann im Zellstoffwechsel der Pflanzen umgewandelt (metabolisiert) und in der Regel entgiftet werden. Die toxikologische Wirkung einiger chemischer Stoffgruppen von Insektiziden soll nachfolgend exemplarisch vorgestellt werden.

4.1.1.1 Persistenz macht chlorierte Kohlenwasserstoffe gefährlich

Die Epoche der synthetisch-organischen Schädlingsbekämpfungsmittel begann um das Jahr 1940, nachdem 1938 der Schweizer Chemiker PAUL MÜLLER als Mitarbeiter von GEIGY (Basel) die insektizide Wirkung des an und für sich schon seit siebzig Jahren bekannten Dichlordiphenyltrichlorethans (**DDT**) entdeckt hatte und hierfür - man mag es kaum glauben - 1948 mit dem Nobelpreis ausgezeichnet wurde, denn das DDT ist inzwischen zum Inbegriff für lebensgefährdende synthetische Schädlingsbekämpfungsmittel geworden, die nicht mehr rückholbar in der Umwelt verstreut wurden. Am DDT soll exemplarisch der Nutzen, aber auch die Gefährlichkeit der Insektizide aufgezeigt werden.

Vor dieser Zeit wurden anorganische Quecksilber-, Kupfer- und Arsenverbindungen zur Bekämpfung von Schadorganismen eingesetzt, die für Wirbeltiere und den Menschen ebenso hochgiftig waren.

Die neu entwickelten organischen Pestizide der Chlorkohlenwasserstoffe wurden damals als für den Menschen völlig unschädlich gehalten. Daraus resultiert auch das zunächst völlig unbekümmerte und massenweise Ausbringen. Die Folgen für die Umwelt und die menschliche Gesundheit wurden erst viel später erkannt.

Das DDT wurde damals geradezu euphorisch zu Bekämpfung uralter, die Menschheit geißelnde Krankheiten und Seuchen eingesetzt. Daraus erklärt sich auch die Nobelpreisverleihung.

Vor Einsatz des DDT zur Bekämpfung der Anopheles-Mücke, als der Überträgerin des Malaria-Erregers, war beinahe die Hälfte der Menschheit mit dieser Fiebererkrankung infiziert. Durch gezielte Bekämpfung der Anopheles-Mücke mit DDT konnte die Malaria in vielen Gebieten stark zurückgedrängt werden. Nachdem DDT fast weltweit nicht mehr angewandt wird, ist die Malaria wieder auf dem Vormarsch, wie beispielsweise in Sri Lanka und Indien.

In Sri Lanka gab es 1950, als man mit dem Einsatz im Kampf gegen die Anopheles-Mücke begann, mehr als zwei Millionen registrierte Malaria-Kranke. 1963 zählte man nur noch 17 Neuerkrankungen. Ein Jahr später wurde der DDT-Einsatz gestoppt. 1966 gab es dann schon wieder 500 Erkrankungen. 1967 waren es 3.466, 1968 mehr als eine Million Malaria-Fälle. 1969 begann man notgedrungen wieder ein Spritzprogramm mit DDT und anderen Mitteln. Inzwischen ist die Anopheles-Mücke als Malaria-Überträger gegen DDT und auch gegen neuere Mittel resistent geworden.

Große Erfolge erzielte man mit DDT, welches ein Insektizid mit großer Breitenwirkung ist, auch bei der Bekämpfung von Bettwanzen, Flöhen, Kopf- und Kleiderläusen, die z.B. Überträger von Flecktyphus sein können.

Im Pflanzenschutz wurde DDT, oft in Kombination mit weiteren Chlorkohlenwasserstoffen wie Lindan, zur Bekämpfung des Kartoffelkäfers weltweit eingesetzt. Der Maikäfer wurde so erfolgreich bekämpft, daß er eine zeitlang selten geworden war. Man setzte DDT fast gegen jeden Schädling ein und erwischte dabei auch die Nützlinge, was zu erheblichen Störungen im Artenbestand und im natürlichen Gleichgewicht führte. Die Anfangserfolge und die Hoffnung, Schädlinge und Krankheiten zum Erlöschen zu bringen, erwiesen sich jedoch bald als Fehleinschätzung.

Bei Stubenfliegen bemerkte man zuerst, daß sich eine Resistenz gegen DDT eingestellt hatte. In Laborversuchen konnte man nachweisen, daß die

Fliegen nach 20 bis 50 Generationen sogar die tausendfache Giftdosierung überstanden.

Die erhebliche Variabilität unter den Individuen einer Population bedingt Unterschiede in der Reaktion auf Umwelteinwirkungen. Hochempfindliche sterben, widerstandsfähige überleben und vererben ihre Anlage, und unter diesen stellen sich bei einzelnen dann noch Mutationen ein, die eine Resistenz gegen ein oder auch mehrere Pestizide bedingen. Diese besteht im Fall des DDT in der Bildung eines Enzyms, welches das DDT durch HCl-Abspaltung in das ungiftige und insektenunwirksame DDE überführt (**Abb. 57.1**). Durch Zugabe eines Hemmstoffes für dieses Enzym zum Insektizid kann dessen Wirkung unter Umständen wieder hergestellt werden.

Diese Organismen, und das sind über die Stubenfliege hinaus inzwischen viele hundert Insektenarten, sind gegen zahlreiche Insektizide resistent und können sich daher ungestört vermehren, was oft zu Kalamitäten (Massenvermehrung) führt.

Solange die Insekten und Milben noch nicht resistent waren, griffen die chlorierten Kohlenwasserstoffe, welche als Kontaktinsektizide vor allem über die Sinnesorgane der Taster und Antennen und die Intersegmentalhäute der Gelenkspalten aufgenommen werden, an den Zwischenräumen der axonalen Lipid-Protein-Membranen der Nervenfaserrinde an. Hierbei wird die Ionenpermeabilität für Kalium und Natrium verändert und in der Folge die Erregungsleitung durch ständig sich wiederholende Entladungen der Nervenfasern gestört; es kann sich kein Aktionspotential aufbauen, Muskeln können nicht innerviert werden, was Lähmung bedeutet. Es kommt zu Bewegungsstörungen (Ataxie), Übererregungen (Hyperexzitabilität) und Krämpfen (Konvulsionen), an denen die Insekten schließlich zugrunde gehen.

Für Warmblüter galt DDT lange Zeit als ungefährlich, denn bei den für Insekten üblichen und wirksamen Anwendungskonzentrationen stellten sich keine unmnittelbar akuten Toxizitätswirkungen ein. Erst in den fünfziger Jahren kam man dahinter, daß sich diese Substanz in Organismen anreichert, akkumuliert und möglicherweise chronische Schäden setzt. Als sich dann tatsächlich bei Warmblütern mit hoher DDT-Anreicherung teratogene, mutagene und sogar kanzerogene Defekte einstellten, handelte man und verbot 1972 Herstellung und Anwendung des DDT in der Bundesrepublik Deutschland und nachfolgend in vielen, aber noch nicht in allen Ländern. In Ländern mit hoher Belastungsrate mit Malaria und Nagana-Seuche kann es noch immer eingesetzt werden. Von dort (über importierte Nahrungs-, Genuß- und Futtermittel), aber auch über hiesige Nahrungsketten können wir immer noch Spuren von DDT zugeführt bekommen, denn DDT und fast alle chlorierten Kohlenwasserstoffe sind Substanzen mit einer hohen Persistenz, die in den Organismen nur langsam um- oder abgebaut und ausgeschieden werden. Die mittlere Persistenz für DDT beträgt 10 Jahre, d.h. in dieser Zeit ist erst die Hälfte des DDT metabolisiert, in andere chemische Stoffe überführt, die, mit Ausnahme von DDD und Dicofol, ungefährlich sind (**Abb. 57.2**).

Im Boden können bis zum fast vollständigen Abbau (95 %) bis zu 30 Jahre vergehen. Das bis 1972 bei uns ausgebrachte DDT wird also erst nach dem Jahre 2000 vollständig verschwunden sein. Das DDT findet sich, aus dem Boden ausgewaschen und vom Wind verdriftet, auf der ganzen Erde. Es ist auch dort anzutreffen, wo es nie ausgebracht wurde wie in Wüsten, den Ozeanen und an den Polen; es ist allgegenwärtig (ubiquitär).

Neben der Persistenz besitzt das DDT noch eine weitere gefährliche Eigenschaft, nämlich eine gute Fettlöslichkeit. Es kann daher - in den Fettdepots von Tieren und Menschen gespeichert - über die Nahrungsketten angereichert und dabei um etwa je eine Zehnerpotenz in der jeweils höheren Konsumentenstufe aufkonzentriert werden (**Abb. 57.3**).

Besonders gut funktioniert die Akkumulation in aquatischen Ökosystemen. Wenn durch Auswaschung der Pestizide beispielsweise in einer Meeresbucht eine weit unter der Toleranzgrenze liegende Konzentration von 0,000003 ppm (= mg/kg) DDT angetroffen wurde, so enthalten die Planktonkrebse bald 0,04 ppm, wobei die passive Aufnahme über die Kutikula mit zur Anreicherung beiträgt. Die am Ende dieser Nahrungskette stehende fischfressende Möwe enthält schließlich das Zehnmillionenfache der Ausgangskonzentration in ihren Fettgeweben (**Abb. 59.1**). Ähnlich ergeht es auch anderen Endgliedern in Nahrungsketten, wie z.B. den Pinguinen der Antarktis, den Vögeln der Tropen, dem Fischadler und auch dem Menschen.

Bei Überschreiten der für die Tierart betreffenden Toxizitätsgrenze setzen diese Rückstände Schäden und führen unter Umständen zum Tod des Individuums oder seiner Nachkommen.

So wird beispielsweise bei Vögeln durch DDT der Östrogenhaushalt und damit die Kalzium-Bereitstellung gestört, mit der Folge, daß dünnschalige Eier gelegt werden, die den Brutbeanspruchun-

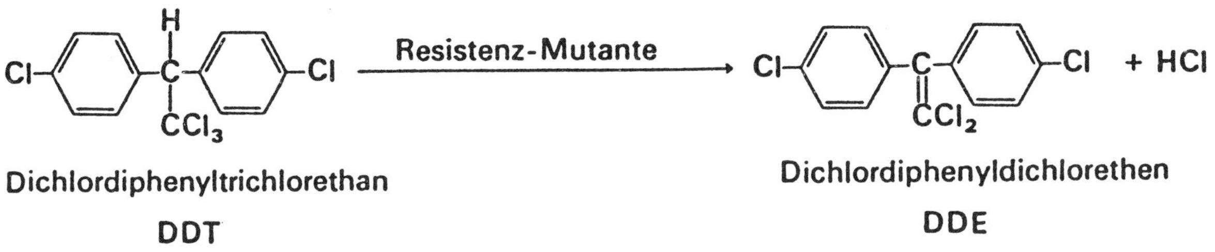

Cl–C₆H₄–CH(CCl₃)–C₆H₄–Cl → Resistenz-Mutante → Cl–C₆H₄–C(=CCl₂)–C₆H₄–Cl + HCl

Dichlordiphenyltrichlorethan

DDT

Dichlordiphenyldichlorethen

DDE

Abb. 57.1: DDT-resistente Organismen überleben durch Überführen des giftigen DDT in ungiftiges DDE mit einem HCl-abspaltendem Enzym.

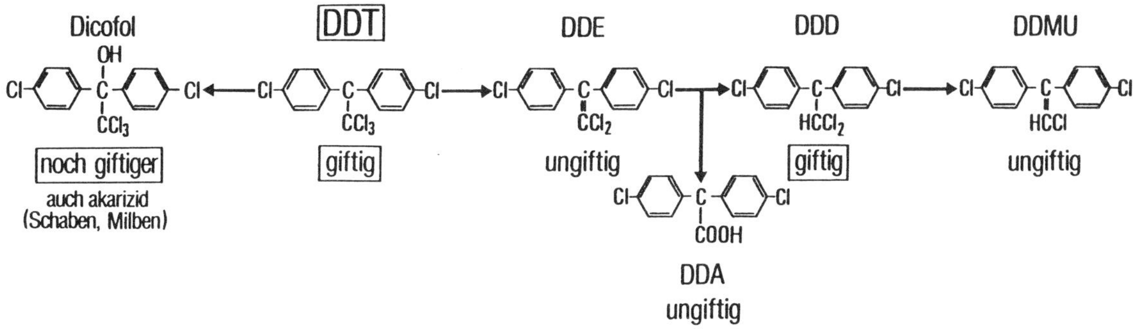

Dicofol (OH, CCl_3) – noch giftiger – auch akarizid (Schaben, Milben) ← DDT (CCl_3) – giftig → DDE (CCl_2) – ungiftig → DDD ($HCCl_2$) – giftig → DDMU ($HCCl$) – ungiftig

DDE → DDA (COOH) – ungiftig

Abb. 57.2: Einige Schritte in der Metabolisierung von DDT im Stoffwechsel. Die Abbauprodukte sind, mit Ausnahme von DDD, ungiftig für Insekten. Bei Hydroxilierung kann mit Dicofol eine für Insekten toxischere Substanz entstehen, welche sogar Schaben und Milben zu töten vermag.

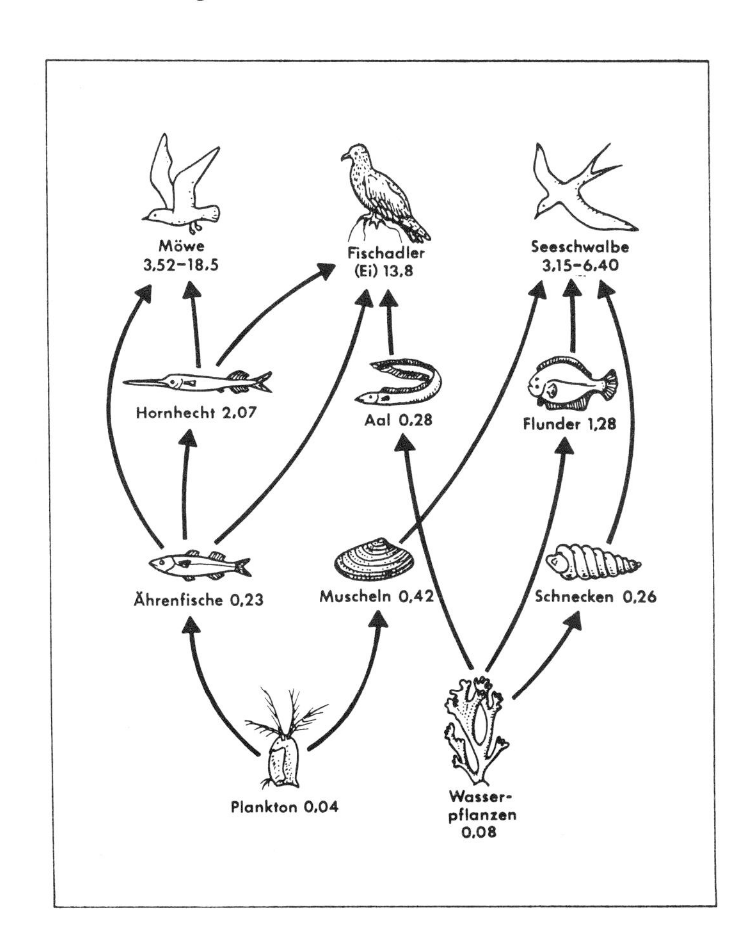

Abb. 57.3:

DDT-Anreicherung in ppm im Nahrungsnetz der Konsumenten. Muscheln weisen einen zehnfach höheren Gehalt als die von ihr verzehrten Kleinkrebse auf. Gleiches gilt im Verhältnis zwischen Ährenfisch und Hornhecht und zwischen Hornhecht und Möwe.

gen nicht standhalten und zerbrechen. Diese Folge hat zeitweilig See- und Fischadlerpopulationen an den Rand des Aussterbens gebracht.

Fledermäuse reichern durch Insektenfraß während des Sommerhalbjahres ihn ihrem Körperfett Pestizidrückstände an. Das Körperfett wird während der Winterruhe aufgezehrt und dabei die gespeicherten Giftstoffe freigesetzt. Sie können jetzt den Tod der Fledermäuse herbeiführen. Dies hat mit zum so argen Schrumpfen der Fledermauspopulationen beigetragen.

Auch beim Menschen besteht bei schneller Auflösung von Fettpolstern die Gefahr der Mobilisierung von DDT-Rückständen, beispielsweise bei Krankheiten, Abmagerungskuren oder gar beim Stillen von Säuglingen. Im Fettanteil von Muttermilch konnten wiederholt Konzentrationen nachgewiesen werden, die über den zumutbaren Höchstwerten lagen. Deshalb werden Müttern zeitlich beschränkte Stillempfehlungen gegeben (vgl. Kap. 2.1.4), damit der Säugling nicht zu sehr belastet wird. Das Kleinkind nimmt ja in Relation zu seinem Körpergewicht sehr große Nahrungsmengen zu sich und damit auch mobilisierte Organochlorverbindungen. Da die Placenta für diese Verbindungen durchlässig ist, kann sogar schon der Embryo im Mutterleib mit diesen belastet werden.

Amerikanische Wissenschaftler ermittelten, daß viele Menschen, die an Gehirntumoren, Hirnblutungen, Bluthochdruck, Leberzirrhose und verschiedenen Krebserkrankungen starben, in ihren Fettgeweben zwei- bis dreimal soviel DDT aufwiesen als andere gleichaltrige Verstorbene. Sowjetische Forscher nehmen an, daß bestimmte Formen von Migräne, Schlafstörungen und Erkrankungen des Zentralen Nervensystems auf unterschwellige Vergiftungen von nach und nach im Körper freigesetzten DDT's beruhen können.

Genau wie DDT sind inzwischen die meisten chlorierten Kohlenwasserstoffe verboten bzw. vom Markt genommen. Verblieben und für Spezialzwecke bei uns eingesetzt werden lediglich noch Lindan und Metoxychlor.

Lindan ist der Handelsname (nach dem Holländer van der Linden benannt, der es 1912 rein darstellte) von Hexachlorcyclohexan, abgekürzt HCH, von dem es die drei Isomere α-, β- und γ-HCH gibt, wobei bei uns nur die γ-Variante mit einem Reinheitsgrad von 99 % als das Pflanzenschutzmittel Lindan eingesetzt werden darf (**Abb. 59.2**). Das Lindan wurde als breitenwirksames Atem-, Kontakt- und Fraßgift oft in Kombination mit DDT, später mit Nikotin oder Pyrethrum im Acker-, Gemüse-, Obst- und Weinbau sowie im Vorratsschutz, gegen Hausschädlinge, zur Bodenbehandlung und in der Humanhygiene gegen Kopfläuse und Krätze beim Menschen eingesetzt. Heute ist das Lindan nur noch zur Borkenkäferbekämpfung im Forst zugelassen. Aufgrund der großen Breitenwirkung wurden in der Regel auch alle Nutzinsekten und die Bienen getroffen. Es besitzt eine hohe Fischtoxizität. Es wird betont, daß bei sachgemäßer Anwendung von Lindan für den Menschen keine Gesundheitsrisiken gegeben seien, daß jedoch bei Unachtsamkeit und Mißbrauch als akute Vergiftungserscheinungen Übelkeit, Kopfschmerzen, Erbrechen, Krampfanfälle und Atemlähmung (das bedeutet ja Tod) auftreten können. Teratogene und kanzerogene Folgeerscheniungen konnten noch nicht festgestellt werden. Da es ebenfalls eine hohe Persistenz besitzt und sich im Fettgewebe anreichern kann (Summationsgift), wird empfohlen, während der Schwangerschaft und Stillzeit auf Produkte wie Arzneimittel oder Salben, die Lanolin oder Wollwachs von Schafen in ihrer Grundsubstanz aufweisen, zu verzichten, denn sie könnten HCH enthalten.

Eine wesentliche Zufuhrquelle für HCH-Verbindungen können importierte Futtermittel sein, denn einmal gibt es hierfür noch keine gesetzlichen Höchstmengenregelungen und zu wenig Kontrollen. Außerdem wird in der Dritten Welt oft das ungereinigte, billigere Gesamtgemisch von HCH eingesetzt, welches das giftigere β-Isomer enthält. In der Bundesrepublik Deutschland wurde der Einsatz des ungereinigten, technischen HCH 1978 verboten. Würde die angestrebte EG-Norm für Höchstmengengehalte angewandt, müßten 10 % aller Importfuttermittel, vornehmlich Kleie, zurückgewiesen werden.

Das **Metoxychlor (Abb. 59.2)** besitzt unter den Organochlorverbindungen die geringste Toxizität, Persistenz und Fettlöslichkeit; es ist bienenverträglich, besitzt jedoch noch die für alle Organochlorverbindungen typische Fischtoxizität.

Man schätzt, daß der Mensch heute pro Tag 10 µg (= 10^{-6} g) Organochlorverbindungen mit seiner Nahrung und dem Trinkwasser aufnimmt.

Schwierigkeiten im Pflanzenschutz aufgrund wachsender Resistenzerscheinungen vieler Schadinsekten gegenüber den Organochlorverbindungen konnten mit der Entwicklung der Wirkstoffgruppe der Phosphorsäureester bewältigt werden.

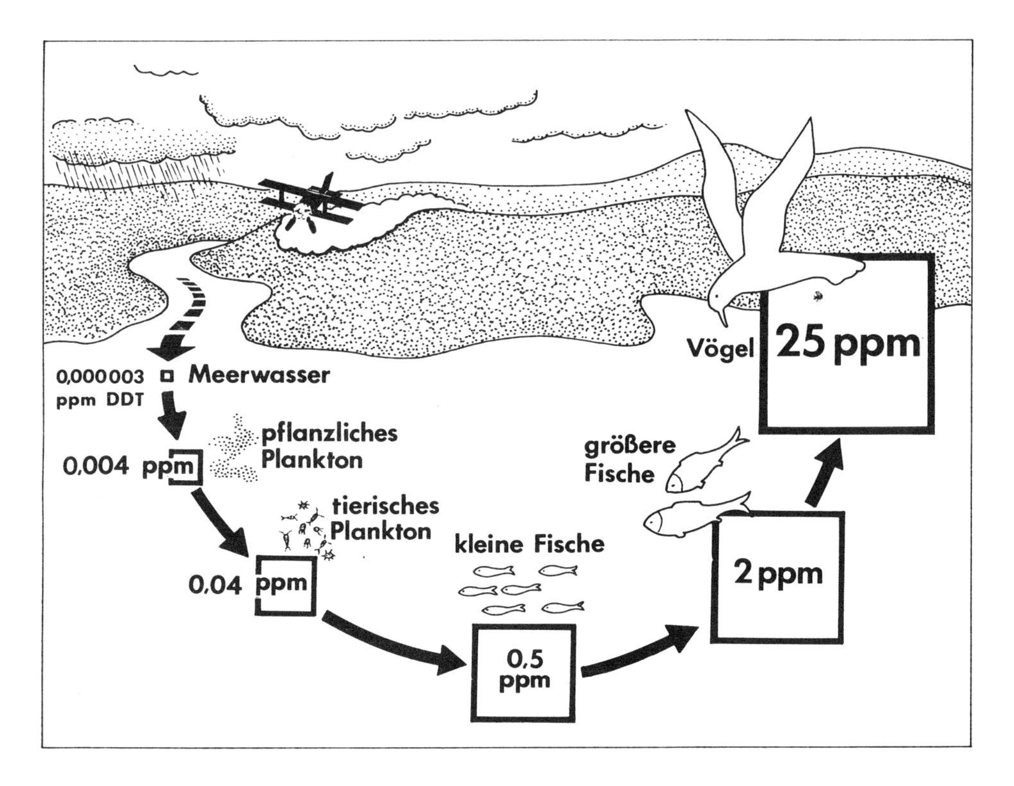

Abb. 59.1: Anreicherung von DDT in der marinen Nahrungskette

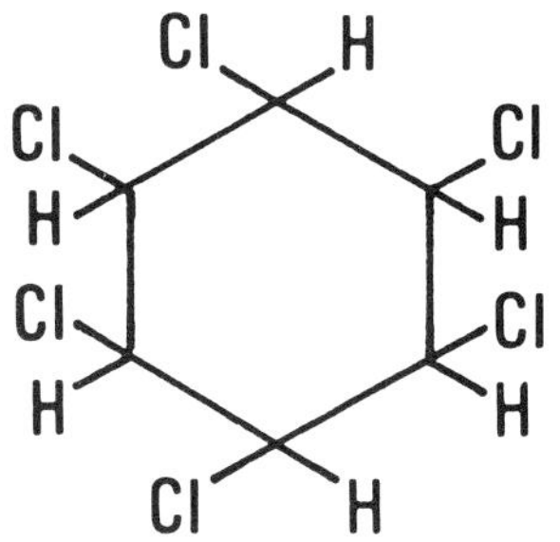

Cl H
Cl Cl
H H
Cl Cl
H H
Cl H

Abb. 59.2: Strukturformeln von Lindan, dem γ-Isomer des Hexachlorcyclohexan (oben) und dem Metoxychlor (unten)

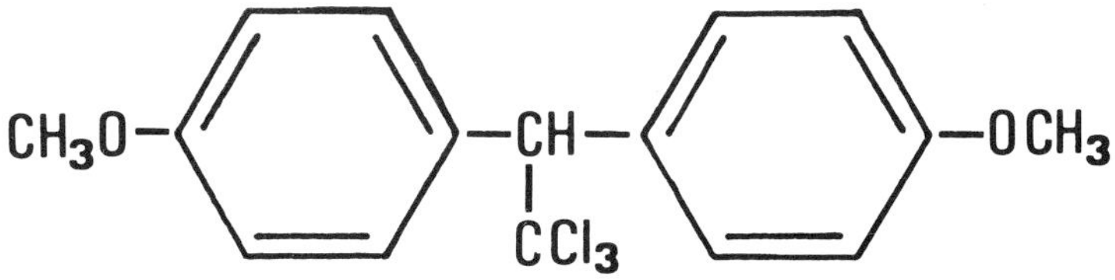

CH_3O—CH—OCH_3
CCl_3

4.1.1.2 Die systemischen Insektizide der organischen Phosphorsäureester

Vor etwa 50 Jahren wurden bei den Farbenfabriken BAYER in Leverkusen die ersten Phosphorsäureester mit insektizider Wirkung entwickelt. Die Eigenheit dieser Insektizidklasse ist, daß viele von ihnen von Pflanzen aufgenommen, mit dem Saftstrom in ihr verbreitet und vorübergehend (mindestens 7 Tage) in insektizidwirksamen Dosen gespeichert werden können, ohne den Pflanzen zu schaden. Sie können auf diese Weise an saugende Schädlinge wie Blattläuse und Milben herangeführt werden, ohne deren räuberische und parasitierende Feinde direkt zu treffen.

Die Beobachtung, daß Weizen, der auf selenhaltigem Boden wuchs, über das Wurzelsystem wasserlösliche Selensalze, insbesondere Natriumselenat (Na_2SeO_4), aufgenommen hatte, nicht von saugenden Insekten befallen wurde, war Anlaß, die organischen Phosphorverbindungen mit systemischen Eigenschaften zu entwickeln. Die hohe Toxizität von Selenverbindungen für Menschen und Säugetiere und vor allem ihr langer Verbleib in der Pflanze verbot ihre Anwendung als Insektizid.

Auf der Suche nach weniger giftigen Insektiziden dieser Ausbreitungsart kam man über fluorhaltige Phosphorsäuren schließlich zu den Organophosphorsäure-Verbindungen, welche gegenüber den fluorhaltigen Verbindungen leichter in die Pflanze einzudringen vermögen. Sie werden außerdem, ganz im Gegensatz zu den persistenten und sich akkumulierenden chlorierten Kohlenwasserstoffen, relativ schnell abgebaut und ausgeschieden. Für Warmblüter gehören sie allerdings mit zu den akut giftigsten chemischen Verbindungen (vgl. E 605). Durch den "Einschluß" in die Pflanze ist jedoch die Gefahr verringert, daß andere Organismen mit den Mitteln Kontakt bekommen. Auf diese Weise können Nützlinge ebenfalls geschont werden. Außerdem bleiben die Mittel von Witterungseinflüssen unberührt, d.h. sie können z.B. nicht abgewaschen werden.

Die Aufnahme der Phosphorsäureester erfolgt über Wurzeln und Blätter, sogar über die Rinde holziger Gewächse. Das günstigste Pflanzenorgan zur weitgehenden Aufnahme der Organophosphorsäure-Verbindungen ist die Wurzel. Da die Phorphorsäureester auch eine Kontaktgiftwirkung ausüben, kann bei Applikation über das Blatt eine Initialtoxizität eintreten, wobei ein großer Teil der pflanzensaugenden und blattfressenden Insekten schon getroffen werden kann. Der Rest wird dann über die aufgenommenen Pflanzensäfte bzw. gefressenen Pflanzenteile, die den Wirkstoff jetzt enthalten, getötet.

Demonstrationsversuch: ***Wirkung eines Kontakt-Insektizids***
Demonstrationsversuch: ***Wirkung eines systemischen Insektizids***

Die Verfrachtung der Organophosphat-Verbindungen erfolgt in den Leitbahnen hauptsächlich im Xylem über den Transpirationsstrom. Ein Übergang in den basipetal gerichteten Assimilatstrom des Phloems ist nur gering, so daß hauptsächlich Xylem- weniger Phloemsauger getroffen werden. Da aber ein Großteil der Blattläuse im Phloem saugen, muß die Dosierung des systemischen Präparates entsprechend höher sein, damit beim Schädling etwas ankommt.

Der Vorteil der Organophosphatester wie auch der Carbamate ist ihre relativ schnelle Abbaubarkeit (**Abb. 63.2**). Durch Oxidation und weitere Hydrolisierung führt der Abbau schließlich zur Phosphorsäure, welche im Stoffwechsel der Pflanze benötigt und verwertet wird. Die entstehenden Metabolite sind toxikologisch unwirksam. Das Abbautempo ist pflanzenabhängig. In grünen Bohnen können innerhalb eines Tages bereits drei Viertel der Präparate umgewandelt sein. Im Vergleich zur Baumwolle verläuft der Abbau bei Tomaten dreimal schneller.

Die modernen aktuellen Phosphorsäureester sind Derivate der Phosphorsäure, der Thiophosphorsäure und der Di-thiophosphorsäure (**Abb. 63.2**). Durch Variationen der drei möglichen Substituenten (R_1-R_3, vgl. **Abb. 63.2**) können Wirkungsänderungen herbeigeführt und Resistenzerscheinungen überwunden werden.

Wichtige Organophosphat-Präparate sind beispielsweise Parathion (= E 605), Malathion und Metasystox. Ihre Wirkung resultiert aus der Störung der Erregungsleitung im Nervensystem.

Dazu muß man wissen, daß an den Synapsen der Neuronen cholinergischer Nervenzellen der ankommende Reiz chemisch durch Acetylcholin, einem Neurotransmitter, übertragen wird. Das Acetylcholin wird dabei aus den synaptischen Bläschen in den Synapsenspalt abgegeben (**Abb. 65.1**, links), wobei einströmende Ca-Ionen durch Poten-

Demonstrationsversuch: *Wirkung eines Kontakt-Insektizids*

Bei Kontakt-Insektiziden führt schon die Berührung mit dem Gift zu einem Eindringen über die Intersegmentalhäute und die Sinnesorgane wie beispielsweise den Tastern. Durch die Aufnahme eines Kontaktinsektizides mit organischen Phosphorsäureverbindungen kommt es im Nervensystem des Insekts zur Hemmung der Cholinesterase und damit zu einer Anreicherung von Acetylcholin in den Synapsen. Als Folge kommt es zu einer motorischen Übererregung, wobei die hier eingesetzten Korn- oder Mehlkäfer auf den Rücken fallen und intensiv strampeln; es kommt zur Lähmung und zu histologischen Veränderungen der Nervenzellen und Sinnesorgane. Zum Tode tragen auch noch Störungen im Wasserhaushalt bei.

Zum Nachweis dieser Wirkung werden in Petrischalen eingelegte Filterpapierscheiben mit einer Insektizidlösung der Präparate Parathion oder Malathion unterschiedlicher Konzentrationsabstufung (0,04-, 0,4-, 1,0-, 2,0-, 4,0%ig) getränkt und im Trockenschrank getrocknet.

Die Seitenwand des Petrischalenuntersatzes wird mit Talkum versehen (Spatelspitze Talkum wird durch seitliches Drehen der Petrischalenhälfte auf Seitenwand verteilt), damit die eingesetzten Korn- oder Mehlkäfer (10 Stück) auf dem Boden der Petrischalen verbleiben und mit dem Insektizid in Berührung kommen.

Die Sterberate der Käfer wird in Abhängigkeit von der Konzentration nach etwa einer Stunde ermittelt.

	Konzentrationen der Insektizidlösung				
Sterberate	0,04	0,4	1,0	2,0	4,0
in Zahlen					
in Prozent					

Dieser Versuch soll ein Kontrastversuch zu dem folgenden mit der Anwendung systemischer Insektizide sein. Das Ziel des Versuches ist es, das negative Sterbebild einmal zu demonstrieren und dadurch zu erreichen, daß Insektizide nur im Notfall angewendet werden, ihre Ausbringungsmengen zu minimieren sind, u.U. auf Kosten eines nicht totalen Letalerfolges und unter Akzeptanz einer gewissen tragbaren Schadensschwelle.

Material:
- 5 Petrischalen
- Talkum
- 5 Filterpapierscheiben
- 5 Meßkolben für Insektizidlösungsansätze
- Kontakt-Insektizid (Parathion oder Malathion)
- 50 Korn- oder Mehlkäfer

Demonstrationsversuch: *Wirkung eines systemischen Insektizids*

Die Wirkung von systemischen Insektiziden besteht darin, daß nur bestimmte Insekten eine Vergiftung erfahren, andere dagegen verschont bleiben. Das ist wichtig für nützliche Insekten, beispielsweise für unsere Bienen. Das systemische Insektizid Metasystox (R) ist ein solches weitverbreitetes Bekämpfungsmittel für saugende Insekten und Spinnmilben. Dieser Wirkstoff wird über die Wurzeln und die Blätter der Pflanzen schnell aufgenommen und über Xylem und Phloem in den Leitbündeln, aber auch durch Diffusion von Zelle zu Zelle in der Pflanze verbreitet.

Fortsetzung auf S. 63

tialänderungen Hilfestellung leisten. Durch Anlagerung des Acetylcholins an Rezeptorproteine der postsynaptischen Membran wird deren Permeabilität verändert und der für die Erregungsleitung notwendige Ionendurchschnitt ermöglicht (Na^+-Einstrom, K^+-Ausstrom). Durch Spaltung des Acetylcholin-Transmitters mit Hilfe des Enzyms Cholinesterase in Cholin und Acetat wird die Permeabilität wieder herabgesetzt und die Ionenschleuse geschlossen. Der Ausgangs- oder Ruhezustand ist wieder hergestellt. Die Spaltprodukte des Acetylcholins diffundieren in den Synapsen-Endknopf und können in den synaptischen Bläschen wieder zu Acetylcholin zusammengefügt werden. Diese Bläschen enthalten enthalten bis zu 5.000 Acetylcholin-Moleküle.

Die Störung der Erregungsleitung erfolgt durch Belegen der Cholinesterase durch Phosphorsäureester des Insektizids, welche strukturähnlich sind (**Abb. 65.2**), Diese können aber nicht bzw. schwer gelöst werden. Dadurch wird die Übernahme vom Rezeptor und die Spaltung des Acetylcholins blokkiert. Die Ionenschleusen an der postsynaptischen Membran (**Abb. 65.1**, rechts) werden nicht geschlossen, und es kommt zu einer Dauererregung, zu einer Überreizung des Nervensystems mit Lähmungserscheinungen, die letztendlich den Organismus erschöpfen und zum Tode führen.

Die Aufnahme der Organophosphatester mit der Nahrung durch Saugen oder Fressen führt bei den Arthropoden zunächst einmal zu Vergiftungssymptomen am Verdauungstrakt. Die Zellen des Darmepithels werden zerstört und für die Resorption von Nahrung funktionsunfähig. Das aufgenommene Gift wird an die Hämolymphe abgegeben und zu den Nervenendplatten geleitet, wo die Cholinesterease gehemmt wird. Es kommt bei der quergestreiften Muskulatur zu Kontraktionszuständen, welche im Endstadium die Organismen nach einer exzessiven Erregung lähmen und sterben lassen. Die Aufnahme und Verteilung des Insektizids erfolgt mit großer Geschwindigkeit, denn Blattläuse können schon nach 3 Stunden Saugzeit gelähmt von der Pflanze abfallen (vgl. Demonstrationsversuch).

Diese Phosphorsäureester besitzen auch für Wirbeltiere eine hohe akute Toxizität. Sie gelangen rasch über Haut und Atemwege in den Körper und verursachen ebenfalls Störungen in der Nervenerregungsleitung, die sich je nach Aufnahmemenge, beim Menschen in Kopfschmerzen, Schwächegefühl, Schweißausbrüche, Atembeklemmung, Übelkeit, Erbrechen bis hin zu Muskelschwäche, Blutdruckveränderung und einem Kollaps äußern. Um durch unsachgemäße Handhabung solche Vergiftungserscheinungen zu vermeiden, gibt es eine Pflanzenschutzanwendungsverordnung.

Man sollte bemüht sein, an Stelle der doch problematischen, synthetisch erzeugten Insektizide entweder natürliche Präparate zu verwenden oder noch besser einer durch ökologisches Handeln bestimmten Schädlingsunterdrückung Vorrang einzuräumen.

Es gibt durchaus wirksame Insektizide pflanzlicher Herkunft, bei denen kaum die Gefahr einer Rückstandsbildung besteht und die im Warmblüter schon im Magen-Darm-Trakt hydrolytisch gespalten werden. Zu diesen Insektiziden gehören das Nikotin und vor allem das Pyrethrum.

4.1.1.3 Natürliche Pflanzeninhaltsstoffe mit insektizider Wirkung - eine Alternative?

Wie oft in der Natur zu beobachten, haben Pflanzen im Verlauf ihrer Evolution chemische Inhaltsstoffe gegen permanente Fraßschädlinge entwikkelt, die diese davon abhalten sollen an der Pflanze zu fressen oder zu saugen. Diese Inhaltsstoffe sind so angelegt, daß den dennoch fressenden Tieren mehr oder minder unwohl wird, daß sie jedoch nicht sterben und mit dieser "Erfahrung" an diesen Pflanzen nicht mehr fressen.

Derartige Pflanzenstoffe finden sich in den Stoffklassen der Alkaloide, Tannine, Phenole, Glykoside, ätherischen Ölen u.a. Diese Substanzen wirken nicht auf alle Tiergruppen toxisch. Für den Menschen sind es z.T. wohlschmeckende bzw. wohlriechende Würz- und Duftstoffe.

So können ätherische Öle aus der Petersilie, der Orange und der Anispflanze Getreidemotten (*Sitotroga cerealella*) zu mehr als der Hälfte abtöten, während Extrakte des Kümmels, der Melisse, des Eukalyptus und der Pfefferminze diese vollständig abtöten können.

Einige Arthropoden haben es im Verlaufe der Evolution auch geschafft, die Toxizität der Inhaltsstoffe zu überbrücken und die jeweilige Pflanze zu ihrer speziellen Wirtspflanze zu machen, welche sie an diesen Inhaltsstoffen als Erkennungsstimulus wiederfinden.

Lange vor den modernen synthetischen Insektiziden nutzte man beispielsweise die Giftwirkung von **Nikotin** als wäßrigen Extrakt aus Tabakblättern. Dieses Mittel hat sich gegen viele Insekten und Blattläuse bewährt. Wegen seiner Flüchtigkeit

Fortsetzung von S. 61

Zur Demonstration der Wirkung werden blattlausverseuchte Pflanzen im Freiland ausgehoben und in einen Blumentopf verpflanzt bzw. hierfür extra angezogen wie z.B. die Pferdebohne (*Vicia faba*), welche mit Blattläusen, z.B. der Schwarzen Bohnenlaus (*Aphis fabae*), besetzt werden. Hierzu wird ein befallener Trieb abgeschnitten und an die zu besetzende Pflanze gebunden; die Blattläuse wandern dann über. Die Töpfe mit den befallenen Pflanzen werden in große Untersetzer gestellt und in diese die Insektizidlösung gegossen. Zur Kontrolle wird ein Blumentopf mit einfachem Gießwasser gewässert.

Mit dem aus dem Boden aufgenommenen Wasser wird das Insektizid in die Pflanzen eingeschleust und gelangt erst im abwärts führenden Assimilatstrom in den Siebröhren zu den Blattläusen, die ihren Rüssel mehr oder minder ständig in den Siebteil der Leitbahnen eingestochen haben und mit den aufgesogenen Assimilaten auch das Gift aufnehmen. Sie zeigen danach ähnliche Lähmungserscheinungen wie die Kornkäfer im voraufgegangenen Versuch, ziehen ihren Rüssel heraus und fallen zu Boden, wo sie sterben.

Der metabolische Abbau des Insektizids erfolgt in der Pflanze innerhalb von 2 bis 3 Wochen. Damit erlischt dann die Warmblütertoxizität.

Material: mind. 2 blattlausbesetzte Pflanzen
Blumentöpfe
Untersetzer
systemisches Insektizid (z.B. Metasystox oder Roxan)

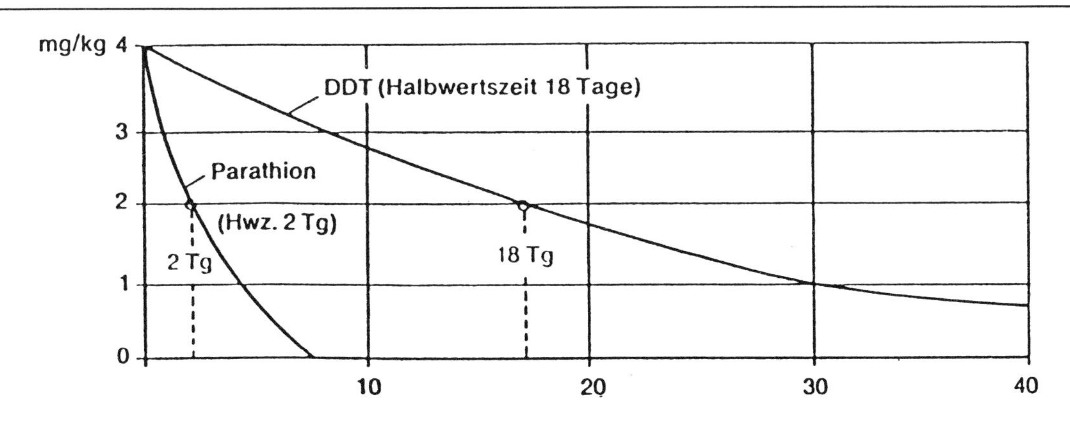

Abb. 63.1: Abbau eines Chlorkohlenwasserstoffes (DDT) und eines Organophosphatesters (Parathion) bei Kirschen (nach MAIER-BODE)

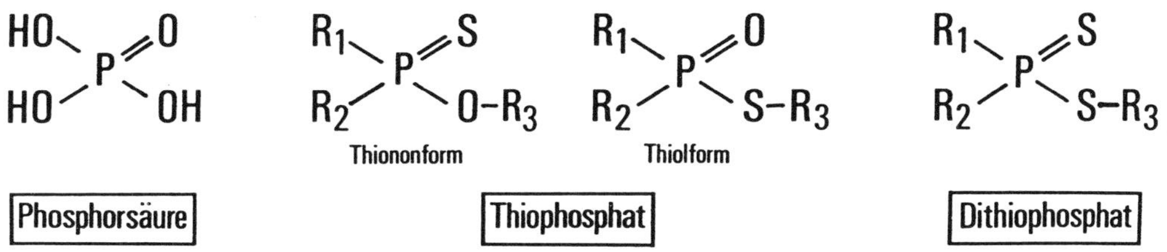

$(HO)_2P(=O)OH$ — Phosphorsäure

$R_1R_2P(=S)–O–R_3$ (Thiononform), $R_1R_2P(=O)–S–R_3$ (Thiolform) — Thiophosphat

$R_1R_2P(=S)–S–R_3$ — Dithiophosphat

Abb. 63.2: Abwandlung der Phosphorsäure zu den insektiziden Organophosphatestern

besitzt es allerdings nur eine geringe Wirkungsdauer, aber eine hohe akute Toxizität sowohl gegen Insekten als auch gegen Warmblüter. Daher ist bei seiner Anwendung Vorsicht geboten. Bei oraler Aufnahme wirkt es giftiger als die meisten Insektizide. Bereits 60 mg reine Nikotinbase können einen Menschen töten. Diese Menge kann in einer halben Zigarette enthalten sein. Der Raucher kommt nur deshalb davon, weil ein Teil beim Verglimmen verdampft und erhebliche Anteile im Stummel verbleiben. Die mit dem Zigarettenrauch aufgenommenen Nikotinteile werden im Körper laufend abgebaut. Nur diesem Umstand verdanken Raucher ihr Überleben. Der Wirkort des Nikotins sind die Synapsen; es ähnelt dem Acetylcholin und in der Wirkung den Organophosphatestern. Die einzigen Vorteile des Nikotins sind seine schnelle Abbaubarkeit und geringe Persistenz. Wegen der hohen Toxizität kann von der Nutzung eher abgeraten werden. Bei Einsatz einer aus Tabakrückständen selbst gebrauten Spritzbrühe bestehen erhebliche Vergiftungsgefährdungen. Nikotin ist deshalb nur eine bedingte Alternative.

Die insektizide Wirkung von **Pyrethrum** ist genauso lange bekannt wie die des Nikotins. Es wird aus den Blüten und Blättern verschiedener Kompositen der Gattung Chrysanthemum gewonnen, Pflanzen, welche unserer Marguerite ähneln.

Während man früher die Blätter und Blütenköpfe fein zermahlen und als Staub gegen Schädlinge im Haushalt eingesetzt hat, extrahiert man heute die Inhaltsstoffe. Durch Zusatz von Antioxidantien kann den Konzentraten eine längere Wirksamkeit erhalten werden. Anbaugebiete für Pyrethrum-Pflanzen wie *Chrysanthemum cinerariaefolium, Chr. roseum* und *Chr. marshallii* finden sich in Japan, Ostafrika (insbesondere Kenia, Tansania), Kongo, Brasilien, Ecuador, aber auch in Jugoslawien, Italien und der UdSSR.

Das Pyrethrum wirkt nur als Kontaktgift und wird in seiner Sofortwirkung, dem sogenannten "know-down-Effekt",von keinem anderen Insektizid übertroffen. Die Pyrethrine werden nach Eindringen über die Sinnesorgane sehr schnell entlang der Lipoidhülle der Nervenbahnen geleitet und lösen massive Entladungen aus. Die betroffenen Insekten fallen in der Regel unter Krümmungsbewegungen recht schnell wie gelähmt um, haben aber die Chance, sich wieder zu erholen. Der Exitus kann nur durch Hinzufügen chemischer Insektizide erzielt werden. Dadurch geht jedoch der große Vorteil der Ungiftigkeit für Warmblüter verloren. Häufiger fügt man jedoch natürliche Synergisten wie **Rotenon** hinzu, welche die Wirksamkeit erhöhen.

Die Pyrethrine werden im Magen-Darm-Kanal der Warmblüter schnell hydrolisiert, schneller als bei Insekten, so daß es bei oraler Aufnahme ungefährlich ist. Daher konnte es früher sogar als Wurmmittel eingesetzt werden. Auf Fische kann es dagegen hochtoxisch wirken. Es kann sich gegen Pyrethrine allerdings eine Allergie einstellen, daher sollte bei Anwendung von Pyrethrum-Präparaten eine direkte Kontamination vermieden werden.

Die Pyrethrum-Präparate wurden zur Bekämpfung von Fliegen und anderen Haushalts- und Vorratsschädlingen eingesetzt. Sie können als Körperpuder gegen Läuse benutzt werden. In Bäckereien können z.B. die Wespen bekämpft werden, ohne daß die Ware erst ausgeräumt werden muß. Da ihre Wirkung nicht hundertprozentig ist und die Produktionskosten recht hoch sind, waren sie vom Markt lange Zeit durch die synthetischen Insektizide verdrängt. Erst als die Problematik dieser Insektizide bekannt wurde, besann man sich wieder der Pyrethrum-Wirkstoffe. Da sie aber leicht photooxidabel sind, sind ihrem Einsatz im Freiland Grenzen gesetzt. Daher suchte man durch chemische Abwandlungen die **Pyrethrine** beständiger zu machen und ihnen eine breitere Wirksamkeit zu verschaffen. Inzwischen ist man in der Lage, sie synthetisch nachzuahmen.

Diese **Pyrethroide** haben als "naturidentische" Substanzen mit geringer Warmblütertoxizität schon eine relativ weite, im Pflanzenschutz vielleicht noch zu geringe Verbreitung gefunden. Als Antimückenmittel können sie relativ bedenkenlos eingesetzt werden. Die Bestimmungen zu Rückstandstoleranzen in Milchproduktionsbetrieben lassen lediglich Insektizide mit Wirkstoffen der Gruppe der synthetischen Pyrethroide zu, um Rindern vor lästigen Insekten Erleichterung zu verschaffen. Die Pyrethroide haben eine relativ große Wirkungsbreite, daher können auch Nützlinge getroffen werden. Rückstandsprobleme bestehen nicht. Bei Einsatz im Pflanzenschutz sind die Aufwandsmengen mit ca. 6 Gramm pro Hektar sehr gering, und die Wirkung hält relativ lange an.

Die Pyrethroide sollten dort, wo sie eine ausreichende Wirksamkeit haben, heute immer den Vorzug vor den traditionellen chemischen Insektiziden erhalten.

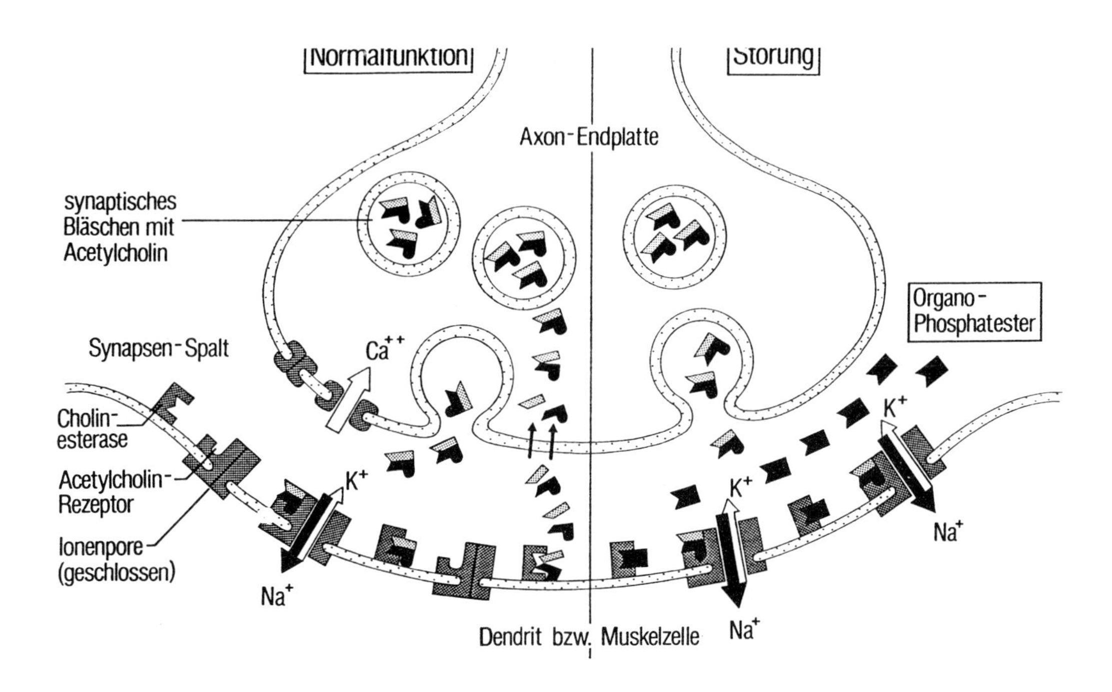

Abb. 65.1: Erregungsübertragung an der Synapse mit Acetylcholin (links) und die Störung der Acetylcholin-Spaltung durch Blockierung der Cholinesterase durch Organophosphatester (rechts)

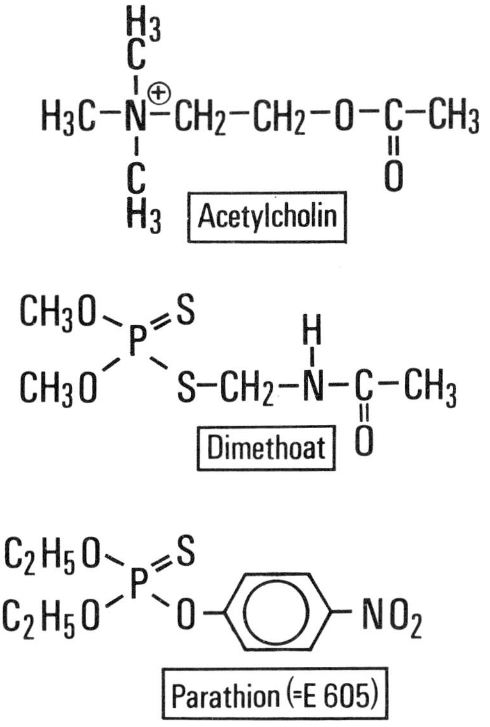

$$H_3C-\overset{\oplus}{N}(CH_3)_2-CH_2-CH_2-O-C(=O)-CH_3$$

Acetylcholin

$$(CH_3O)_2P(=S)-S-CH_2-NH-C(=O)-CH_3$$

Dimethoat

$$(C_2H_5O)_2P(=S)-O-C_6H_4-NO_2$$

Parathion (=E 605)

Abb. 65.2: Strukturähnlichkeiten zwischen Acetylcholin und Organophosphatester, die daher auch in die Bindungsstellen der Cholinesterase passen, diese aber dann blockieren

4.1.2 Herbizide bedrohen Wildkräuterbestand

Nahezu zwei Drittel der eingesetzten Pflanzenschutzmittel sind Herbizide. Durch ihr Ausbringen sollen Wildkräuter zurückgehalten bzw. vernichtet werden, um das Nutzungsziel der bestellten Agrarfläche zu realisieren. Durch Ausschaltung der Konkurrenz der Wildkräuter versucht man, das Leistungspotential der Nutzpflanzen voll auszuschöpfen. Feldarbeit war früher zu einem großen Teil Unkrautbeseitigung mit Hand und Hacke. Dies will man sich heute ersparen bzw. erleichtern.

Die Masse der Herbizide wird auf Ackerflächen ausgebracht; nur kleine Anteile entfallen auf Forstflächen zur Rückhaltung von Gräsern und Farnen auf frisch angelegten Baumkulturen, zur Unterhaltung von Verkehrswegen und Wasserläufen und zur Unkrautrückhaltung in Hausgärten und Parkanlagen.

Mit Totalherbiziden versucht man beispielsweise Bahnkörper und ungepflasterte öffentliche Wege pflanzenfrei zu halten. In der Regel werden aber selektive Herbidzide eingesetzt, die die Nutzpflanzen schonen, die Wildkräuter in ihrer Entfaltung aber stören oder abtöten. Diese Spezifität ihrer Wirkung ergibt sich hauptsächlch aus biologischen Unterschieden bezüglich der Entwicklungszeit, Bewurzelungsintensität und der Zugehörigkeit zu monokotylen Gräsern oder dikotylen Blattpflanzen. Diese Pflanzen oder deren Keimlinge können durch Störung lebenswichtiger Prozesse, der Wachstumssteuerung oder des strukturellen Aufbaus beeinträchtigt werden.

Dies erreicht man beispielsweise mit Hilfe von

- **Photosynthesehemmer** (Harnstoff-Präparate); sie blockieren den Elektronentransport im Photosyntheseprozeß; die Pflanzen "verhungern".
- **Atmungshemmer** (Pentachlorphenol, Dinitrokresole, Gelbspritzmittel); sie verhindern den Elektronentransport in der Atmungskette; sie verätzen die Blattspreiten, die gelb-braun werden.
- **Mitosehemmer** (Carbamate, Aniline); sie hemmen die Zellteilungen und dadurch das Wachstum.
- **Wachstumsstörer** (auxinähnliche Wuchsstoffe wie Phenoxi-Essigsäuren u.a.); es handelt sich um synthetisch erzeugte, auxinartige Herbizide, die bewirken, daß sich die behandelten Pflanzen sozusagen zu Tode wachsen. Die 2,4-Dichlorphenoxiessigsäure (2,4-D) ist solch ein chemisch hergestelltes Selektivherbizid, welches dikotyle Pflanzen im Getreidefeld durch abnormes Wachstum zum Absterben bringt, während die monokotylen Getreidepflanzen ungestört weiterwachsen. Die Wirkung von 2,4-D beruht auf übersteigerten Wachstumsvorgängen, die normalerweise von Auxin-Phytohormonen ausgelöst werden. Die Blätter wachsen mit ihren Blattstielen epinastisch nach unten gekrümmt; die Sproßachse bildet apikal, also spitzenwärts, Verdickungen und Verkrümmungen. Auch die Wurzeln verdicken sich und bilden vermehrt Seitenwurzeln. Es werden neue Wachstumszentren angelegt, welche den Phloemstrom mit seinen Assimilaten auf sich lenken, während andere Teile sozusagen verhungern und geschwächt werden. Die letale Schädigung ist eine Folge des Zusammenbruchs des korrelativen Gefüges der Pflanze, des nicht mehr ausgewogenen Phytohormonhaushaltes und des nicht mehr bestehenden ausbalancierten morphologischen Aufbaus. Die Pflanze stirbt nach wenigen Wochen.

Versuch: ***Herbizidwirkung auf mono- und dikotyle Keimlingspflanzen***

- **Enzymhemmer** (Trichloressigsäure); diese chemisch einfache Substanz führt über verschiedene Enzymausfälle zur Verringerung der Wachsschicht der Cuticula. Durch Herabsetzung des Verdunstungsschutzes können Schäden im Wasserhaushalt entstehen.
- **Keimhemmer** (Carbamate); sie beeinträchtigen keimende Wildkräuter.

Selektiv wirken die Herbizidsubstrate auch durch Unterschiede in ökologischer, morphologischer, physiologischer und bearbeitungstechnischer Hinsicht.

- **Keim- und Wurzeltiefe**; flach liegende Samen von Wildkräutern, die zudem oft Lichtkeimer sind, werden von dem Bodenherbizid getroffen, während die tiefer eingesäten Kulturpflanzensamen und tieferwurzelnden Bäume nicht erreicht werden und damit geschützt bleiben.
- **Lage des Vegetationspunktes**; der an der Sproßspitze mehr oder minder freiliegende Vegetationskegel dikotyler Pflanzen kann von den Wirkstoffen besser getroffen und beeinflußt werden als die von den Blattscheiden eingeschlossenen Wachstumszonen der Getreidepflanzen (**Abb. 69.1**).

Versuch: *Herbizidwirkung auf mono- und dikotyle Keimlingspflanzen*

Herbizide sind Unkrautbekämpfungsmittel, die heute in der großflächig wirtschaftenden, modernen Landwirtschaft überall eingesetzt werden. Unter den Herbiziden gibt es Totalvernichter, aber auch spezifisch wirkende Herbizide, die wie die unten getesteten Wuchsstoffherbizide, auf die Wachstumsprozesse hauptsächlich der dikotylen Pflanzen störend einwirken.

Hier soll die systemische Wirkung eines Herbizids gegen zweikeimblättrige Pflanzen getestet werden. Für den Test werden im **Winterhalbjahr** Kresse (als Vertreter zweikeimblättriger Pflanzen) und Weizen (als Vertreter einkeimblättriger Pflanzen) in jeweils zwei mit Rundfilter ausgelegten hohen Petrischalen (Alternativen vgl. Versuch mit Stauchemitteln) zum Auskeimen gebracht. Der Weizen muß wegen der längeren Keimzeit etwa 5 Tage früher ausgesät werden. Das Filterpapier wird dazu angefeuchtet, 15 bis 20 Samen aufgestreut und zunächst mit dem Petrischalendeckel verschlossen. Nach Erscheinen der Keimlingspflänzchen werden diese in einem der beiden Ansätze mit dem Herbizid übersprüht. Die andere Petrischale bleibt als Kontrolle unbehandelt. Die weitere Entwicklung der Keimlingspflanzen wird beobachtet.

Material: 4 hohe Petrischalen
Rundfilter
Erlenmeyerkolben für Herbizidansatz
des Herbizids "Hedomat" oder "Banvel-M" 1 g/l
Kressesamen
Weizensamen

Während der **Sommerzeit** kann man den Versuch auf eine mit dikotylen Pflanzen wie Gänseblümchen, Wegerich, Löwenzahn, Klee u.a. besetzte Rasenfläche verlegen.

Dazu wird eine etwa 1 m^2 große Testfläche, deren Pflanzenbesatz festgehalten wird, abgesteckt und etwa zwei Liter des Herbizidansatzes mit einer Gießkanne über die Testfläche verteilt. Für den Normal-Vergleich dient die umgebende Rasenfläche (solch eine Rasenfläche ist in der pflanzensoziologischen Verteiung einem Getreideacker vergleichbar).

Das verwendete Herbizid "Hedomat", welches als Wirkstoffe Phenoxyfettsäure und Benzoesäure enthält, wird hauptsächlich über die Blätter, weniger über die Wurzel aufgenommen (daher aufsprühen bzw. mit der Gießkanne verteilen). Es stört die Wachstumsprozesse und hier speziell den Nucleinsäurestoffwechsel und die Proteinbiosynthese dikotyler Pflanzen. Bei Leguminosen, wie beispielsweise beim Klee, wird zusätzlich die Stickstoffbindung in den Wurzelknöllchen gestört.

Material: Gießkanne
Rasenfläche 1 m^2
4 Grenzpflöcke
Systemisches Herbizid "Hedomat" 1 g/l

- **Metabolisierungsfähigkeiten der Pflanzen**; selektive Wirkung ist auch dann gegeben, wenn die Kulturpflanze den Wirkstoff zu metabolisieren, zu inaktivieren vermag, das unerwünschte Wildkraut aber nicht. So kann beispielsweise Mais Simazin abbauen, die dikotylen Wildpflanzen nicht; sie akkumulieren das Herbizid bis zur toxischen Konzentration. Es gibt aber auch den umgekehrten Fall, nämlich daß sich die Phytotoxizität eines ungiftigen Substrates erst über den Metabolismus entwickelt. So können manche Wildpflanzen die schwach herbizide 2,4-Dichlorphenoxibuttersäure durch ß-Oxidation zu dem hochtoxischen 2,4-D abbauen und sich selbst schädigen; die zur ß-Oxidation unbefähigte Kulturpflanze überlebt.
- **Ausbringungtechnische Verfahren**; zwischen den hohen Maispflanzenreihen lassen sich die Wirkstoffe durch entsprechende Düseneinstellung und seitlich begrenzende Schutzschirme gezielt auf die dazwischen wurzelnden Wildkräuter ausbringen (**Abb. 69.2**).

Durch die Wahl des richtigen Zeitpunktes in der Pflanzenentwicklung, der richtigen klimatischen Gegebenheit (Temperaturabhängigkeit, Niederschläge mit Abwaschungs- bzw. Ausdünnungseffekten), der richtigen Aufwandsmenge kann gezielt vernichtet oder viel verdorben werden (ohne Wirkung bzw. unselektive Wirkung mit Schäden auch an den Kulturpflanzen).

Das Ziel des Herbizideinsatzes und der Forschung ist das selektive "Ein-Pflanzen-Präparat", welches z.B. nur die Brennesseln oder den Adlerfarn (in Forstkulturen) trifft.

Wie bei den Insektiziden haben auch Wildkräuter schon Resistenzerscheinungen gegen gängige Herbizide entwickelt. So erfordern Kamille, Quekke, Klettenlabkraut und Knöteriche wesentlich höhere Herbizidmengen bzw. die Suche nach anderen Wirkstoffgruppen.

Welches Ausmaß der Pflanzenschutz mit den verschiedenen Pestiziden bei der bei uns intensiv betriebenen Landwirtschaft heute schon lange angenommen hat, mag der Behandlungsplan für den Weizenanbau zeigen:

- **Saatgutbeizung:** Mit Fungiziden, Insektiziden, Vogelabwehrstoffen (Repellents)
- **Vor der Aussaat:** Herbizid
- **Nach der Aussaat:** Herbizid 1, Herbizid 2, Wachstumsregler 1 zur Halmverkürzung; Fungizid gegen Halmbruchkrankheit; Wachstumsregler 2 zur Halmverkürzung; Fungizide gegen Blattmehltau und Geteiderost; Fungizide gegen Ährenmehltau und Spelzenbräune; Insektizid gegen Blattläuse und Gallmücken.
- **Nach der Ernte:** Weiteres Herbizid als Vorbereitung für Fruchtfolge

Zusammen mit wiederholten Kunstdüngergaben sichert dies die hohen, man möchte fast sagen die überhöhten Erträge der Landwirtschaft. Die Aufbewahrung und der Absatz der erzeugten Agrarüberschüsse kosten die Gesellschaft ungeheure, eigentlich verschwendete Geldsummen.

Der Einsatz der Herbizide erspart der Landwirtschaft das zeit- und kostenaufwendige Unkrautjäten. Die Herbizide sind sozusagen der chemische Ersatz der früher mechanisch betriebenen Unkrautbekämpfung (Pflügen, Eggen, Hacken). Mit ihrer Hilfe vermag die moderne Landwirtschaft vollmechanisiert, großflächig und zeitsparend die Monokulturen von "Hack"-Früchten wie Kartoffeln und Zuckerrüben und Getreide zu produzieren.

Die Negativfolgen des Intensivaufwandes von Herbiziden werden erst sehr zögerlich zugestanden und anerkannt. Der Herbizideinsatz hat zu einem erschreckenden Rückgang von Wildkräutern geführt. Klatschmohn, Kornblume, Kornrade, Akkerrittersporn und viele weitere Wildkräuter der offenen Feldflur sind in ihr schon weitflächig verschwunden. Durch Einführung des unbehandelten Ackerrandstreifen und der Brache ganzer Felder zur Minderung der Agrarüberschüsse versucht man, diesen Wildkräutern eine Chance zum Überleben zu geben, denn wenn aus einer Biozönose nur ein einziges Glied, eine Pflanze veschwindet, so pflanzt sich deren Verlust fort. Der Verlust einer Wildpflanze entzieht in der Regel den Raupen eines oder mehrerer Insekten die Nahrungsgrundlage. Wenn diese Raupen ausbleiben, fehlt die Nahrungsbasis für Schlupfwespen und weiteren Nützlingen, die ihrerseits u.U. Nahrung für Vögel bilden. Vielfach können Jungvögelbruten nicht groß werden, weil die Altvögel auf den leergeräumten Feldern keine Gliedertiernahrung mehr finden. Der Rückgang von Rebhuhn, Wachtel und Hänfling auf unseren Feldern resultiert u.a. auch aus dem Fehlen von Samennahrung der nicht mehr vorhandenen Wildkräuter. Der gebietsweise starke Rückgang des Feldhasen ist möglicherweise auch auf das Fehlen von geeigneten Futterkräutern zurückzuführen. Den Honigbienen und auch Solitärbienen fehlen Nektarspender. Die Imkerei ver-

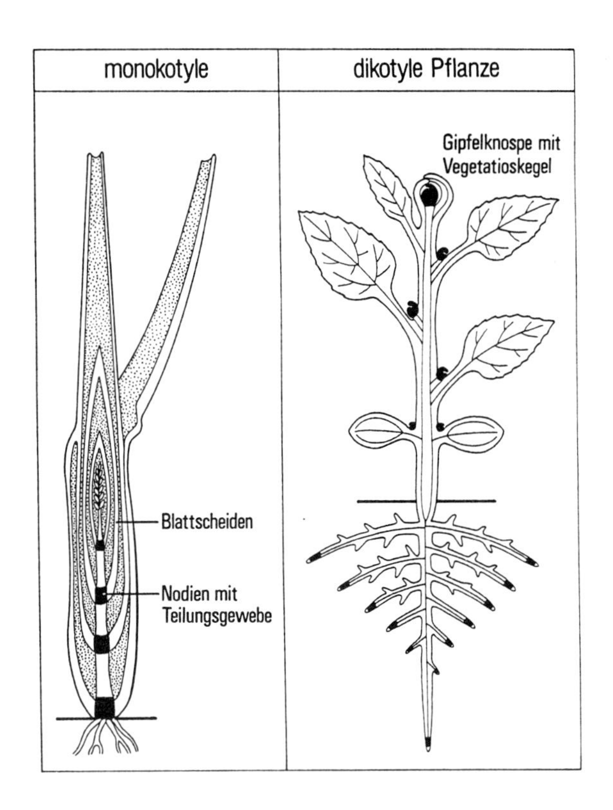

Abb. 69.1: Vergleich der Lage der Vegetationspunkte bei Gräsern und krautigen Pflanzen. Die Teilungsgewebe der monokotylen Pflanzen werden von Blattscheiden eingeschlossen und können, im Gegensatz zu den Vegetationskegeln der dikotylen Pflanzen, nicht direkt von Herbiziden erreicht werden.

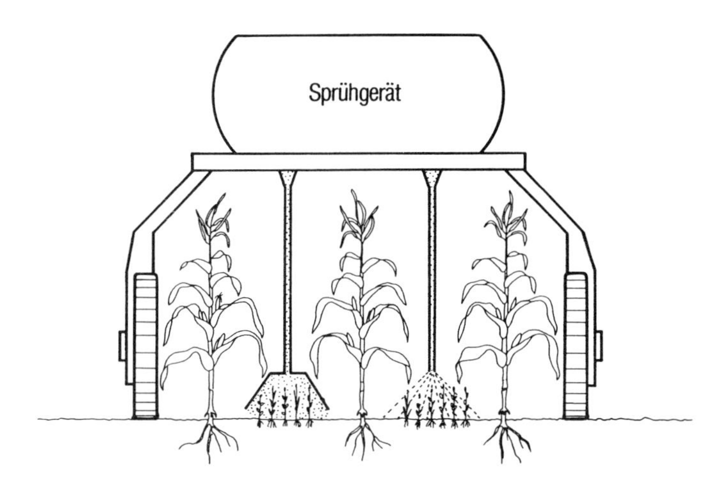

Abb. 69.2: Mit Abschirmungen (links) oder Düsen (rechts) lassen sich Herbizide nur an die Wildkräuter zwischen den Maisreihen heranbringen.

zeichnet einen Rückgang der Tracht, weil Kräuter als Zwischentracht fehlen.

Die ökologischen Schäden gehen jedoch noch weiter. Schwarzbracheäcker ohne jeden Wildkräuterbesatz sind im Winter voll der Erosion ausgesetzt. Zwischen den kahlen, von Wildkräutern freien Maispflanzenreihen kann die Bodenkrume auch in der Vegationsperiode leicht abgespült werden.

Analysen von Trinkwasser, welches aus Brunnengalerien oberflächennahen Grundwassers großer landwirtschaftlicher Anbaugebiete geschöpft wird, haben ergeben, daß Rückstände einer großen Anzahl von Pflanzenschutzmitteln enthalten sind, und zwar vielfach schon in Wirkstoffkonzentrationen von über 0,1 µg/l, dem Grenzwert, der ab 1989 als Belastungsgrenzwert für Trinkwassser EG-weit gilt. Durch das massenhafte Ausbringen und die Persistenz mancher Stoffe sind inzwischen die Agrargifte und ihre nicht immer harmlosen Metaboliten in das Grundwasser durchgesickert und belasten dieses. Deshalb wurden die Landwirte am Beginn dieses Kapitels auch als die Trinkwasservergifter bezeichnet, wohlbemerkt rechtlich geduldet. Da die Tendenz der Einsickerung von Agrarchemikalien in die Brunnen ansteigend ist, werden es die Wasserversorger künftig schwer haben, dem Verbraucher unbelastetes Trinkwasser zur Verfügung zu stellen. Diese Stoffe lassen sich nämlich kaum oder nur sehr aufwendig aus dem Rohwasser wieder herausholen.

An dieser Stelle ist zu recht zu fragen, ob es nicht angebrachter wäre, auf die "chemische Sense" zu verzichten und vielmehr eine gewisse Verunkrautung auf Kosten von Ertragsminderungen zu ertragen bzw. wieder zur mechanischen Zurückhaltung zurückzukehren. Auf eine allgemeine Unkrautbekämpfung wird jedoch leider nicht verzichtet werden können, denn die hochgezüchteten Kulturpflanzen besitzen nicht die Durchsetzungs- und Wuchskraft von Wildpflanzen.

Es ist in diesem Zusammenhang auch gleichgültig, wenn darauf verwiesen wird, daß die meisten Herbizide nur eine geringe Persistenz und Toxizität besitzen. Einige sind eben problematisch und die Chemie ihres Abbaues und die Kombinationswirkungen zu anderen Substanzen und weiteren belastenden Umweltchemikalien im Boden sind noch weitgehend unbekannt. Es ist nicht auszuschließen, daß dabei neue "Horrorsubstanzen" entstehen.

4.1.3 Wachstumsregulatoren lenken Pflanzenwachstum in günstige Bahnen

Wachstumsregulatoren sind, ebenso wie die Herbizide, chemische Pflanzenbehandlungsmittel. Während die Pflanzenschutzmittel gegen Organismen eingesetzt werden, die die Kulturpflanzen bedrängen, wie Insekten, Pilze und Unkräuter, dienen die Wachstumsregulatoren zur Sicherung und Erhöhung der Erträge und zur Arbeitserleichterung bei der Pflege und Ernte der Kulturpflanzen.

Diese Gruppe der Agrarchemikalien mit natürlicher Dimensionalität, die sich in Chemismus und physiologischer Wirkung meist an die natürlichen Phytohormone anlehnen, zeichnet sich dadurch aus, daß durch geringe Konzentrationen starke Steuerungsfunktionen auf Wachstum und Entwicklung von Pflanzen ausgeübt werden können. Mit ihnen können heute viele pflanzliche Entwicklungsvorgänge, in der Zeit von der Keimung bis zur Fruchtreife, wie Wachstumsförderung, Wuchshemmung, Ertragssteigerung, Entwicklungsverkürzung und sogar Reaktionen der Pflanze auf Umwelteinwirkungen (bei Spätfrost und Trockenheit) gesteuert und genutzt werden.

Eingesetzt werden dafür Pflanzenhormone selbst oder wirkungsgleiche chemische Substanzen, ferner Substrate, welche die Biosynthese von Pflanzenhormonen verstärkend oder senkend beeinflussen. Aus der Vielzahl der angewandten Pflanzenregulationen sollen nachfolgend einige Beispiele angeführt werden.

Die Herstellung und Gewinnung natürlicher Pflanzenhormone ist zum Teil recht teuer, daher werden in der Praxis oft synthetische Substanzen mit ähnlicher Wirkung vorgezogen, die zudem länger wirksam bleiben, weil nämlich den Pflanzen häufig die hierfür abbauenden und bioregulativen Enzyme fehlen. So wird beispielsweise die chemisch stabilere **Naphthylessigsäure** (NAA) und **Indolbuttersäure** (IBA) an Stelle von **Indolessigsäure** (IAA = natürliches Auxin) (**Abb. 71.1**) in der Stecklingsbewurzelung eingesetzt. Mit ihnen werden auch ansonsten schwer zu bewurzelnde Forst- und Obstgehölze zur Wurzelbildung gebracht. Dazu werden die Stecklinge mit der Schnittfläche kurzzeitig in auxinhaltiges Talkumpuder bzw. eine konzentrierte Lösung gesteckt oder für 24 Stunden in eine verdünnte Lösung gestellt.

Die auxinähnlichen Substanzen werden nur langsam metabolisiert, verbleiben am Ort der Applikation und stimulieren insbesondere interfaszikuläre Parenchymzellen zur Rückkehr in den meri-

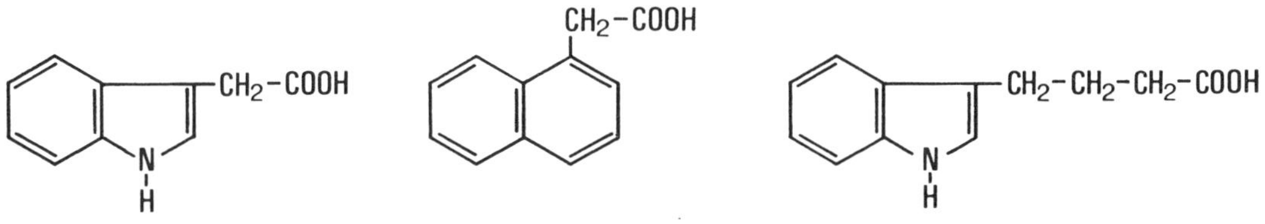

Indolessigsäure IAA	Naphtylessigsäure NAA	Indolbuttersäure IBA
$-CH_2-COOH$	CH_2-COOH	$-CH_2-CH_2-CH_2-COOH$

Abb. 71.1: Zwischen der Indolessigsäure und den synthetisch erzeugten Auxin-Wuchsstoffen bestehen Strukturähnlichkeiten

Abb. 71.2: Formelbilder einiger Wachstumsregulatoren:

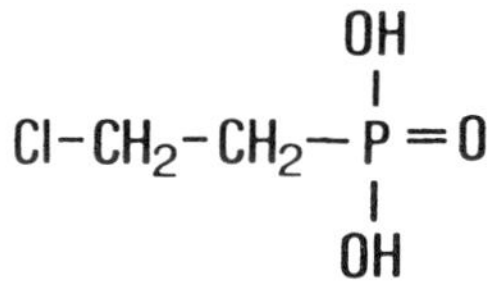

$$Cl-CH_2-CH_2-P(=O)(OH)_2$$

Chlorethylphosphonsäure

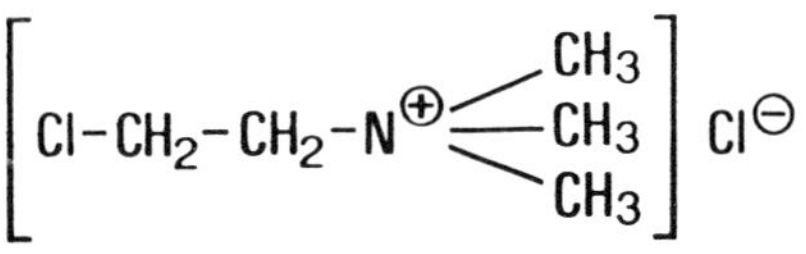

$$[Cl-CH_2-CH_2-N^{\oplus}(CH_3)_3]\ Cl^{\ominus}$$

Chlorcholinchlorid

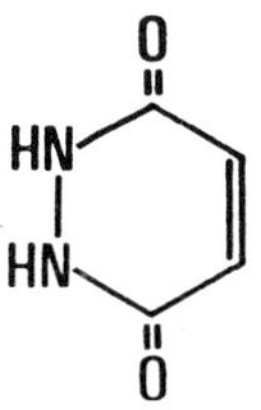

Maleinsäurehydrazid

stematischen Zustand. Aus dem Callusgewebe gehen dann Wurzelanlagen hervor. Auf diesem Wege kann heute beispielsweise jeder Gärtner seine Pflanzen, sei es eine züchterische Spezialität oder virusfreie Nutzpflanzen, vermehren. Die Stecklingsbewurzelung durch Auxine war eine der ersten in der Praxis genutzten Wirkungen von Wachstumsregulatoren. Durch komplizierte Gewebekulturen läßt sich die Zahl nachgezogener Klone heute vervielfachen.

Ein Charakteristikum von Phytohormonen ist, daß sie mehrere Wuchsreaktionen steuern. So kann die Naphthylessigsäure oder deren Derivate auch zur Hemmung des Austreibens von Kartoffeln oder zur Ausdünnung überreichlichen Fruchtansatzes im Obstbau eingesetzt werden. Die Obstbäume alternieren dann nicht und liefern dem Obstbauer Jahr für Jahr Erträge. Wird die gleiche Substanz in niedrigeren Konzentrationen gesprüht, so kann, sozusagen als Gegenreaktion, der Vorerntefall, d.h. die Ausbildung der Trennzone, hinausgezögert werden.

Zur Fruchtablösung von Kirschen dient ein weiteres Phytohormon, nämlich **Äthylen**. Dies ist ein chemisch relativ einfaches Pflanzenhormon, aber mit vielfältigen phytohormonellen Beeinflussungen. Äthylen ist außerhalb der Pflanze unter Normalbedingungen gasförmig und kann in der freien Natur nicht an die Pflanzen herangebracht werden. Dazu kann man sich z.B. der **Chloräthylenphosphonsäure (Abb. 71.2)** bedienen, welche nach Aufnahme in die Pflanze in der Metabolisierung Äthylen freisetzt bzw. bei Kontakt mit Wasser Äthylen abspaltet. Benutzt wird dieser Vorgang zur Synchronisierung der Reife von Tomaten, Äpfeln und Kirschen und der Förderung der Trennzonenbildung bei gereiften Früchten, so daß diese in einem einzigen maschinellen Erntegang mit untergespannten Tüchern und einem Baumrüttler fast vollständig geerntet werden können. Dies schont die Bäume und die geernteten Früchte. Ähnlich verfährt man heute auch bei Zitrusfrüchten und Kaffee.

Durch Äthylenbegasung können grün geerntete Früchte, wie z.B. Äpfel in geschlossenen Räumen oder Bananen während des Schifftransportes, gesteuert zur Reife gebracht werden. Da Ätyhlen normalerweise auch selbst von den Früchten gebildet wird, kann durch dessen Entzug der Reifeprozeß bei lagernden Früchten verlangsamt werden. Auf diese Weise kann ein permamentes, fast über das ganze Jahr gestrecktes Angebot gesichert werden.

Diese eingesetzten Mittel besitzen eine sehr niedrige Warmblütertoxizität. Sie zerfallen nach ihrer Anwendung in Stoffe, die normalerweise ohnehin in der Pflanze und in der Umgebung vorhanden sind.

Das schon in seiner Wirkung seit 1959 bekannte **Chlorcholinchlorid** (CCC) greift als Regulator in die Biosynthese eines Phytohormons, des Gibberellins, ein und senkt seinen Status. Da Gibberelline für das Längenwachstum von Sproßachsen verantwortlich sind, läßt sich dieses hemmen.

Das Chlorcholinchlorid oder (2-Chlorethyl)-triethylammoniumchlorid, eine quartäre Ammonium-Verbindung **(Abb. 71.2)** findet heute breite Anwendung im Weizenanbau. Es wirkt hemmend auf das Internodiumwachstum, wobei es zur Halmverkürzung und zur verstärkten Ausbildung von Festigkeitsgeweben mit deutlich dickeren, kräftigeren Halmen kommt. Auf diese Weise wird vor allem das gefürchtete Lagern verhindert, das Ernteverluste bedingt. Eine erhöhte Stickstoffgabe zum Zwecke der Ertragssteigerung würde ohne Anwendung von CCC die Halme noch länger werden lassen und zur Instabilität führen. Bei Anwendung von CCC wird der Stickstoff in höhere Kornerträge umgesetzt, die aufgrund der Standfestigkeit des Halmes auch voll geerntet werden können. Man kommt mit 15 kg Wirkstoff pro Hektar aus. Hafer und Roggen reagieren übrigens schwächer; Gerste reagiert nicht.

Versuch: ***Stauchewirkung von CCC auf Keimlingspflanzen***

Im Gartenbau setzt man CCC bzw. ähnlich wirkende Substrate als Stauchemittel bei vielen Zierpflanzen (z.B. bei Kalanchoe, Petunien, Geranien u.a.) ein, um kleine, kompakte Pflanzen zu erzielen, deren Blütenflor dann schön dicht beieinander steht. Weihnachtssterne, Azaleen und Hibiskus - normalerweise Sträucher - würden sonst allzusehr auswachsen und in kein Blumenfenster passen.

Mit diesen Wirkstoffen kann gleichzeitig die Verträglichkeit gegen Hitze, Kälte und Trockenheit gesteigert werden.

Die wuchshemmende Wirkung von **Maleinsäurehydrazid** (MH) **(Abb. 71.23)** ist seit 1949 bekannt. Das Maleinsäurehydrazid ist ein Mitosehemmer und greift offensichtlich in den Auxinstoffwechsel ein.

Versuch: *Stauchewirkung von CCC auf Keimlingspflanzen*

Mit Wachstumsregulatoren, die die Biosynthese des Phytohormons Gibberellin blockieren, läßt sich das Längenwachstum von Sproßachsen reduzieren, was bei Getreide zur Vermeidung des Halmknickens, des "Lagerns" von Vorteil sein kann.
Zur Erkundung der Wirkung von Stauchemitteln werden in jeweils 2 hohen Petrischalenuntersätzen oder anderen Behältern (vgl. **Abb.**) Weizen als Vertreter monokotyler Pflanzen und Kresse als Vertreter dikotyler Pflanzen auf Filterpapier oder Aquarienwatte in Hydrokultur oder auch in Erde angezogen. Da den Samen im Endospem genügend Nährstoffvorräte zur Verfügung stehen, brauchen dem Wasser keine Nährsalze hinzugefügt zu werden. Der Weizen muß wegen der längeren Keimzeit etwa fünf Tage vorher ausgesät werden. Es werden etwa 20 Samen in den Keimschalen gleichmäßig verteilt.
Nach einer Woche werden die Keimlingspflanzen mit dem Stauchemittel **Cycocel** (enthält Wirkstoff Chlormequatchlorid) übersprüht. Die Kontrollschalen bleiben unbehandelt.
Es wird in Wochenabständen der Staucheeffekt beobachtet. Nach ein bis zwei Wochen sind schon Unterschiede feststellbar.

Alternativansätze für den Staucheeffekt-Versuch. Der Weizen wurde in Erde angezogen (oben), die Kresse in Plastikschalen auf Aquarienwatte (unten). Links die unbehandelten, rechts die mit Stauchemittel behandelten Pflanzen.

Material:	4 hohe Petrischalen	Rundfilter, Aquarienwatte oder Erde
	etwa 40 Weizensamen	1 g Cycocel oder Wasacel/Liter
	etwa 40 Kressesamen	Blumensprühbehälter zum Aufsprühen des Stauchemittels

Bei uns wird Maleinsäurehydrazid beispielsweise zur Einschränkung des Graswuchses an Straßenrändern, Flugplätzen und Autobahnenmittelstreifen eingesetzt. Im Obstbau kann auf den Mittelstreifen der Plantagen der Bodenbewuchs niedergehalten werden. Man benötigt hierfür etwa 5 kg/Hektar. Kartoffeln und Zwiebeln können nach Besprühen mit Maleinsäurehydrazid am Auskeimen gehindert und damit länger verbraucherfreundlich gelagert werden. Beim Tabakanbau wird Maleinsäurehydrazid zur Seitentriebunterdrückung eingesetzt, denn nach Kappen der Blütenstände, die zuviel Assimilate aus den Blättern abziehen würden, treiben die Seitentriebe normalerweise durch. Das Ausgeizen der Seitentriebe müßte aber sonst von Hand vorgenommen werden. Außerdem wird gleichzeitig eine gleichmäßige Blattgröße erzielt.

Es gibt noch eine Reihe weiterer Stoffe, die sinnvoll in Land- und Gartenwirtschaft als Wachstumsregulatoren eingesetzt werden, und es werden auch laufend neue Stoffe und Anwendungsmöglichkeiten entdeckt. Alle diese Stoffe greifen nur regulierend in den pflanzlichen Stoffwechsel ein und sollen die Organismen nicht abtöten. Eine schädliche Wirkung auf Mensch, Tier und Mikroorganismen ist nicht gegeben oder relativ gering.

Pflanzenschutz sollte in Zukunft nicht mehr ausschließlich mit den zuvor beschriebenen Chemikalien betrieben werden. Die Umwelt- und Toxizitätsbelastungen, Persistenz- und Resistenzerscheinungen sind Hypotheken, die drastisch reduziert und rückgeführt werden müssen. Methoden der biologischen Schädlingsbekämpfung könnten mithelfen, eine Entlastung beizusteuern.

4.2 Biologische Schädlingsbekämpfung - alternativer Pflanzenschutz

Die biologische Schädlingsbekämpfung versucht Biozönosen möglichst nicht zu stören und intakt zu halten und impliziert daher umweltfreundliche Verfahren. Sie bemüht sich, die natürlichen Selbstregulationskräfte zu stärken und Massenvermehrungen von Schädlingen überhaupt erst gar nicht aufkommen zu lassen. Sie ist auf Schonung und Erhaltung möglichst reichhaltiger Biozönosen bedacht. Biologische Schädlingsbekämpfung sieht ihre Aufgabe darin, Schädlinge nicht auszurotten, sondern in ihrer Dichte so weit zu reduzieren, so daß die wirtschaftliche Schadensschwelle tragbar bleibt. Dies kann durch eine Förderung der Antagonisten oft schon prophylaktisch ereicht werden.

4.2.1 Förderung der natürlichen Gegenspieler

Der **Vogelschutz** mit Schaffung von Nistplätzen und Brutgelegenheiten ist eine Maßnahme mit Tradition. Das Wissen um die außerordentliche Bedeutung von **Fledermäusen** für die Insektenvertilgung und die Einsicht in die Erhaltung von Fledermausquartieren hat dagegen bis jetzt leider nur eine geringe Basis.

Bekannter ist schon die Bedeutung von **Nutzarthropoden** wie die der roten Waldameisen, der Marienkäfer und der Schlupfwespen (**Tab. 75.1**) als Gegenspieler vieler Schadinsekten.

Ein Siebenpunktmarienkäfer und seine Nachkommenschaft kann in einer Vegetationsperiode bis zu 130.000 Blattläuse verzehren (ein Käfer verzehrt pro Tag bis zu 100, die Larve während ihrer Entwicklung bis zu 1.500 Blattläuse). Die Verzehrszahlen der Nachkommenschaften von Flor- oder Schwebfliegen liegen nahe bei der Millionenzahl. Zu erfolgreichen Blattlausjägern gehören noch Schlupfwespen, Ohrwürmer und Raubwanzen, die darüber hinaus auch noch Milben und Larven schädlicher Käfer verzehren. Laufkäfer schrecken auch vor Kartoffelkäferlarven nicht zurück. Bei einem Populationsbesatz von 100.000 bis 500.000 Laufkäfern pro Hektar, können bis zu 200 Kartoffelkäferlarven pro m^2 (entspricht einem starken Befall) verzehrt werden. Dadurch und auch durch Verzehrsaktivitäten von Erdkröten, Spitzmäusen und Igel (**Tab. 75.1**) können Ertragsminderungen erheblich verringert werden.

Sehr oft ist aber der Bestand an Nützlingen durch Pestizideinsatz so weit reduziert, daß sie nicht entscheidend eingreifen können. Außerdem stellen sich Nützlinge erst vermehrt ein, wenn genügend zu verzehrende Schädlinge vorhanden sind. Dies führt zu einer anfänglich verzögerten Entwicklung der Nützlingspopulation (= Inkoinzidenz), was den Landwirt zum Einsatz von Pestiziden veranlassen kann. Dies führt aber wieder zu einem Rückschlag des Nützlingsbesatzes. Um hier abwarten zu können, sind ökologische Kenntnisse notwendig und Aufklärung gefordert.

Durch Züchtung von Nützlingsarthropoden im Labor und deren rechtzeitige Ausbringung können bestimmte Schädlinge durchaus ohne Anwendung von Insektiziden reduziert werden.

Tab. 75.1: Auswahl von Nützlingen, ihre Lebensweise, Nahrung und Förderungsmöglichkeiten als natürliche Regulatoren in Biozönosen (nach SEYMOUR)

Name	Lebensweise	Nahrung	Förderung
Marienkäfer	Im Frühjahr Eiablage (ca. 400 St.) in der Nähe von Blattlauskolonien.	Blattläuse, Schildläuse, Milben, auch Kartoffelkäferlarven	Verstecke (Holzstapel) für die oft massenweise überwinternden Käfer
Laufkäfer	Nächtlicher Jäger, tagsüber unter Laub, Steinen, im Boden	Schnecken, Drahtwürmer, Larven, Raupen, Puppen, Blattläuse	Feucht-schattige Verstecke unter Steinen, Ziegeln, Brettern u.ä.
Florfliege	Im zeitigen Frühjahr Eiablage vor Auftreten der Blattläuse	Blattäuse u.a. kleine Insekten, Gelege von Kartoffelkäfern	Im Frühjahr Freilassen der auf Dachböden überwinternden Florfliegen
Schwebfliege	Eifriger Blütenbesucher, Eiablage einzeln in Blattlauskolonien	Schwebfliegen verzehren Blütenstaub, ihre Larven Blattläuse	Nektarspendende Doldenblütler: Dill, Petersilie, Wiesenkerbel
Schlupfwespe	Schlupfwespen sind je nach Art auf bestimmte Wirte spezialisiert	Parasitiert werden Blatt- und Blutläuse, Eier, Raupen, Puppen	Doldenblütler und Phacelia als Nahrungsquelle für Schlupfwespen
Ohrwurm	Nachtaktiv, tagsüber unter Steinen, Rinde, in Blättern und Blüten	Blattläuse, Larve der Pflaumensägewespe und der Apfelgespinstmotte	Aufgehängter Blumentopf mit Holzwolle als Unterschlupf
Steinläufer	Am Tage nur selten zu sehen, sucht erst bei Nacht seine Nahrung	Insektenarten aller Art, Asseln, Spinnen, Würmer, Schneckeneier	Feuchte Tagesverstecke unter Laub, Steinen und morschem Holz
Blindwanze	Gehört zu den räuberischen, nicht pflanzensaugenden Wanzen.	Vor allem Blattläuse, aber auch Milben und kleine Raupen	Verzicht auf Insektizidanwendungen vor allem in Obstgärten
Kreuzspinne	Sitzt tagsüber gerne im Zentrum ihres runden 30 cm großen Netzes.	Vorwiegend Fluginsekten, vor allem Fliegen und kleine Falter	Verschonen der Fangnetze, kein Versprühen von Insektengift
Erdkröte	Nachtaktiv und sehr ortstreu; jagt im engeren Umkreis von 50 - 150 m	Nacktschnecken, Erdraupen, Würmer, Asseln, Spinnen, Tausendfüßler	Flach eingegrabene Blumentöpfe im Inneren von Reisighaufen
Zauneidechse	Gelände- und raubgewandter Einzeljäger im engeren Umkreis von ca. 20 m	Schnecken, Blattläuse, Insektenraupen, Würmer, Spinnen, Asseln	Steingartenbiotop, Bruchsteinmauer mit offenen Fugen
Spitzmaus	Dämmerungs- und nachtaktiv; tagsüber in Erdlöchern u.a. Höhlen	Insekten, Larven, Würmer, kleine Schnecken und kleine Wirbeltiere	Ast- und Laubhaufen als Unterschlupf, keine Pestizide!
Wiesel	Verschläft die Tagesstunden, jagt in der Dämmerung und nachts	Mäuse, Wühlmäuse, Ratten u.a. kleine Wirbeltiere, auch Vögel	Altes Mauerwerk, Ställe, Steinhaufen, hohle Bäume als Unterkunft
Igel	Dämmerungsaktiv in einem Revier von mehreren 1000 m^2	Schnecken, Insekten, Raupen, Würmer, Mäuse, auch Obst, Vogeleier	Schaffen von Unterschlupfmöglichkeiten. Kein Schneckenkorn!

Arten der Schlupfwespengattung *Trichogramma* gehören zu den weltweit am meisten genutzten Nützlingsarthropoden. Diese Eiparasiten werden bei uns vor allem großflächig gegen den Maiszünsler eingesetzt, dessen Larven die Blütenanlagen vom Mais ausfressen und sich durch die Blätter und den Sproß bis hin zur Wurzel vorbohren. Die mit knapp 1 mm Größe kaum wahrnehmbaren Schlupfwespen der Art *Trichogramma evanescens* beginnen unmittelbar nach dem Schlüpfen mit der Paarung und kurz danach mit der Eiablage. Die Eier werden in Eigelege des Maiszünslers, anderen Schmetterlingen, Blattwespen und Wanzen eingebracht. Aus den parasitierten Schädlingseiern schlüpft dann eine Schlupfwespe, die sofort wieder nach Schädlingseiern sucht. Im Gegensatz zum Maiszünsler überleben die Eiparasiten unsere kalten Winter nicht. Daher müssen die Trichogramma-Schlupfwespen gezüchtet und im Folgejahr erneut ausgebracht werden. Zur Vermehrung im Labor nützt man die Eier der Getreidemotte *Sitotroga cerealella*, welche auf Getreidekörner preiswert gezogen werden kann. Auf Pappkärtchen werden je etwa 1.000 parasitierte Eier verschiedener Entwicklungsstadien geklebt, die für die Bekämpfungsaktionen in Abständen von etwa 15 m am Feldrand an Maispflanzen aufgehängt werden. Pro Hektar werden etwa 45 Rähmchen benötigt, die man innerhalb von 30 Minuten aufhängen kann. Von diesen Kärtchen schlüpfen in Etappen etwa 135.000 Schlupfwespen, welche den Larvenbefall des Maiszünslers im Vergleich zu unbehandelten Maisbeständen um 70 bis 90 % verringern können.

Inzwischen haben die Pestizidhersteller allerdings ein synthetisches Pyrethroid herausgebracht, mit dem die Behandlung eines Hektars nur etwa 50 DM gegenüber 150 DM bei Einsatz von Trichogramma kostet.

Bei Gemüsekulturen unter Glas (Gurke, Tomate, Bohne, Paprika) hat sich der Einsatz entomophager Insekten einen festen Platz erobert, denn auf diese Weise können die bei Pestizidanwendung notwendigen Wartezeiten vermieden werden. Gegen die "Weiße Fliege" (*Trialeurodes vaporariorum*), einer Mottenschildlaus mit Jungfernzeugung, wird die Schlupfwespe *Encarsia formosa* und gegen die Gemeine Spinnmilbe (*Tetranychus urticae*) die Raubmilbe *Phytoseiulus persimilis* eingesetzt.

Weltweit lassen sich etwa 100 natürliche Feinde von Pflanzenschädlingen in Massen züchten und zur biologischen Schädlingsbekämpfung einsetzen.

4.2.2 Biologische Schädlingsbekämpfung mit insektenpathogenen Mikroorganismen

Bei Massenvermehrungen von Schädlingen kann immer wieder beobachtet werden, daß die wachsende Population nach einer gewissen Zeit durch seuchenartigen Befall von Viren, Bakterien oder Pilzen in sich zusammenbricht. Es lag daher nahe, diese natürlichen insektenpathogenen Mikroorganismen für eine gezielte Bekämpfung von Schadorganismen einzusetzen.

Es sind heute weit über tausend Insektenkrankheitserreger aus dem Kreis der Viren, Rickettsien, Mikrosporidien, Bakterien und Pilze bekannt. Im Handel ist aber bisher nur ein einziges Insektenpathogen, welches sich im Pflanzenschutz als effektiv erwiesen hat, selektiv den Schadorganismus vernichtet, preiswert zu produzieren, gut aufzubewahren und zu handhaben ist; es sind dies die Sporen von *Bacillus thuringiensis*. Dieser Bacillus thuringiensis wurde 1911 von dem Biologen BERLINER im Darm von Raupen der Mehlmotte entdeckt, die aus einer Mühle in Thüringen stammten (daher "thuringiensis"). Die Larven der Mehlmotte sind ein weit verbreitetes, leicht zu haltendes Versuchsobjekt, und in ihnen fand BERLINER nach einer Erkrankung seiner Zuchtraupen (an der sogenannten "Schlaffsucht") den Bacillus thuringiensis. Dieser ist ein aerob lebender, hitzeresistenter (bis 80 °C), sporenbildender und daher langlebiger (günstig für Lagerfähigkeit des Präparates) Bacillus, von dem man inzwischen 14 verschiedene Serotypen mit etwa 700 Stämmen kennt. Diese Stämme unterscheiden sich in ihrer Pathogenität gegenüber verschiedenen Insekten.

Bacillus thuringiensis weist gegenüber den meisten sporenbildenden Bakterien eine Besonderheit auf, nämlich die Bildung eines Toxinkristalls, dessen Giftstoffvorstufen nur auf bestimmte Insektenarten einwirken und als verzögerte "Zeitbombe" erst im Insektendarm zu wirken beginnen. Der Kristall löst sich nach Zerstörung der Sporangienwand im alkalischen Milieu des Darmsaftes auf. Die freigesetzten Toxine bewirken eine Lähmung der Darmmuskulatur und eine nachfolgende erhöhte Permeabilität der Darmwand. Die Bakteriensporen gelangen dadurch leichter in die Leibeshöhle und können sich dann in den Körperzellen vermehren. Schon nach 24 Stunden setzt bei den Larven ein Fraßstop ein; sie hängen schlaff auf ihrer Fraßunterlage und sterben nach drei bis vier Tagen.

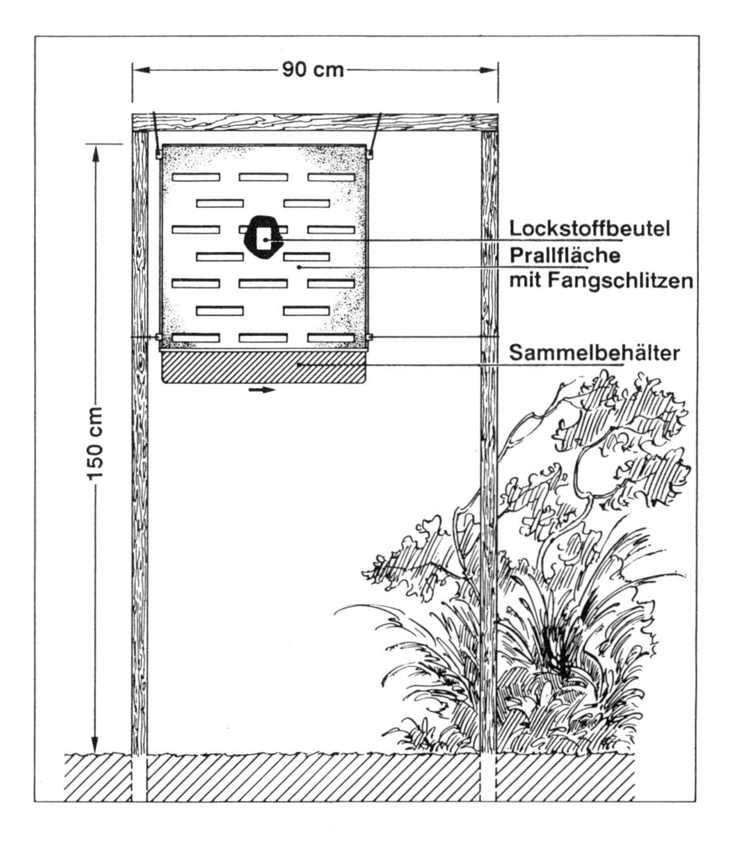

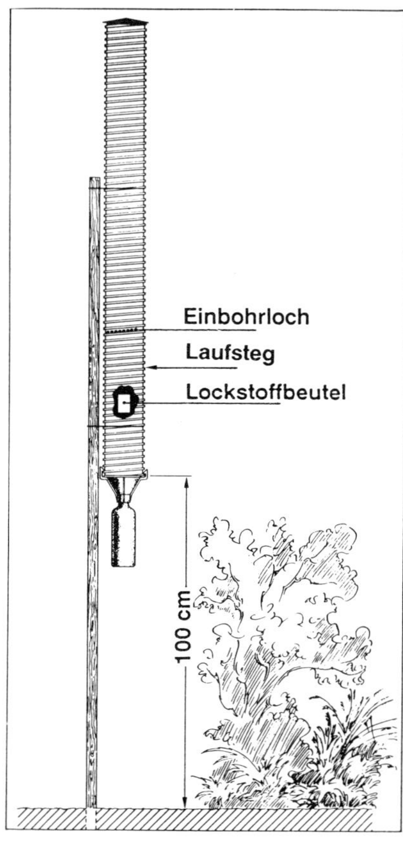

Abb. 77.1:

Pheromonfallen für den praktischen Einsatz zum Borkenkäferfang.
Oben: **Flugfalle**; die Käfer prallen, angelockt durch das Sexual-Pheromon, gegen die Prallfläche, stürzen ab und rutschen durch die versetzten Schlitze in die Falle, von wo sie durch die glatte Innenfläche nicht mehr herauskrabbeln können.
Unten: **Landefalle**; die Käfer landen auf dem rauhen Kunststoffrohr, welches einen Stamm imitiert. Über die vorgegebenen Einbohrlöcher gelangen sie in das Innere und rutschen in den Sammelbehälter ab.
Die Flugfallen haben sich als effektiver erwiesen (aus H. 15/1984 des AID).

Bestimmte Stämme von Bacillus thuringiensis wirken mit ihren Sporen und Toxinen selektiv nur auf Schmetterlingsraupen vom Kohlweisling, Frostspanner, Kohl- und Gespinstmotte, Ringelspinner, Eichen- und Traubenwickler, Nonne, Goldafter und Maiszünsler.

Versuch:	***Bekämpfung von Schmetterlingsraupen mit Bacillus thuringiensis Präparaten***

Aufgrund dieser Selektivität und des engen Wirtsbereiches erkranken Nutzinsekten wie die Biene und die Entomophagen nicht, so daß die letzteren unterstützend in die Vernichtung der Schädlinge mit eingreifen und ihre eigene Population erhalten können, was bei Insektizideinsatz nicht gewährleistet wäre. Bacillus thuringiensis besitzt für andere Wirbellose und Wirbeltiere, also auch für den Menschen keine Toxizität, so daß bei der Ernte Wartezeiten nicht erforderlich sind. Bei Einsatz von Bacillus thuringiensis wird die Agrobiozönose geschont.

Zu Anfang der fünfziger Jahre hatte sich ein Bacillus thuringiensis-Präparat erstmals bei der Bekämpfung des Luzerneheufalters in Kalifornien bewährt. Das staubförmige Sporenpuder enthält je Gramm 25 bis $50 \cdot 10^9$ Sporen und Toxinkristalle und wird, je nach Empfindlichkeit der Schadraupen, in Aufwandmengen von 300 bis 2.000 g pro Hektar staubförmig oder auch in Lösung mit den üblichen Pflanzenschutzgeräten ausgebracht. Die Produktion erfolgt auf künstlichem Nährsubstrat in Großfermentern. Die Präparate sind, da Sporen gebildet werden, mehrere Jahre lagerfähig. Eine Resistenzentwicklung gegenüber Bacillus thuringiensis konnte noch nicht nachgewiesen werden. Bei den inzwischen insektizidresistenten Stämmen der Kohlmotte in Thailand und den Philippinen sind Bacillus thuringiensis-Präparate heute das einzig verbliebene Bekämpfungsmittel.

Eine vertikale Weitergabe der Bakterien von Generation zu Generation erfolgt nicht, so daß der Erreger wiederholt ausgebracht werden muß.

Es wurde zu Anfang erwähnt, daß es von Bacillus thuringiensis viele Stämme gibt. 1978 entdeckten Mikrobiologen in Israel einen Stamm, dessen Toxine spezifisch nur auf Mückenlarven einwirken. Mit diesem Stamm, der die Bezeichnung Bacillus thuringiensis var. israelensis erhielt, können die in Gewässern lebenden Larven der Stechmücken, der Malaria-, Gelbfieber- und Kriebelmücken bekämpft werden, die nicht nur stechen und Blut saugen, sondern oft auch gefährliche Krankheitskeime übertragen. Gegen sie brauchen jetzt nicht mehr DDT oder andere chemische Mittel eingesetzt zu werden. Das Toxin des Israelensis-Stammes richtet sich nur gegen Mückenlarven, verschont die nahe verwandten Büschelmücken und alle übrigen Wasserinsekten, Wasserflöhe und Wassertiere.

Schließlich konnte 1982 aus dem Gemeinen Mehlkäfer (*Tenebrio molitor*) ein Bacillus thuringiensis-Stamm isoliert werden, der gegen Larven bestimmter Käferarten (*Chrysomeliden*) wirksam ist und mit den Kartoffelkäferlarven erfolgreich bekämpft werden können. Auch erwachsene Käfer werden getroffen. Sie stellen nach Infektion den Reifefraß und als Folge die Eiablage ein. Die nützlichen Marienkäfer werden nicht beeinträchtigt. Dieses biologische Bekämpfungsmittel in Form von *Bacillus thuringiensis var. tenebrionis* wurde gerade rechtzeitig entdeckt, denn beim Kartoffelkäfer stellen sich regional fortschreitende Insektizid-Resistenzen ein.

Der Vorzug dieses mikrobiologischen Krankheitserregers ist, daß er zur Koevolution mit seinen Wirten befähigt ist und eine Resistenz daher kaum entstehen dürfte. Die Infektionsfähigkeit der Sporen der Bacillus-Arten und damit auch des Präparates währt viele Jahre. Es kann wie herkömmliche Insektizide mit vorhandenen Geräten ausgebracht werden. Ein Einsatz von chemischen Insektiziden ist danach in der Regel nicht mehr notwendig, was indifferente Arten und Nützlinge schont.

4.2.3 Sexual-Lockstoffe als Hilfsmittel gezielter Schädlingsbekämpfung

Bei diesem biotechnischen Verfahren nutzt man einen Vorgang, der durch Aussenden von Duftstoffen auch in der Natur zum Anlocken und Auffinden der Partner eine Rolle spielt. Insekten betreiben über die Abgabe dieser chemischen Botenstoffe, die von anderen mit den Antennen aus der Luft herausgefiltert werden, ihre Kommunikation, also die Übermittlung von Informationen, und die bestehen im Leben der Insekten im wesentlichen aus drei Ereignissen: **Fressen**, **Gefressen-werden** und **Fortpflanzung**. Für diese Situationen entwickelten die Insekten unterschiedliche Signalmoleküle, sogenannte Pheromone. Dabei besitzt jede Insektenart ihr eigenes Duftbukett, gemixt aus einem spezifischen Gemisch von gelegentlich durchaus ähnli-

Versuch: ***Bekämpfung von Schmetterlingsraupen mit Bacillus thuringiensis-Präparaten***

Mit B.t.-Präparaten, welche Dauersporen enthalten, lassen sich heute, ohne daß breitenwirksam andere Insekten beeinträchtigt werden, gezielt eine Reihe von Schmetterlingsraupen wie die der Kohlmotte, des Kohlweißlings, des Eichenwicklers, der Kleidermotte, der Mehlotte, des Maiszünslers u.a. bekämpfen.

Im **Sommerhalbjahr**, wenn Raupen des Kohlweißlings zur Verfügung stehen, werden diese exemplarisch bekämpft. Dazu wird im Gelände eine mit **frisch geschlüpften** Kohlweißlingsraupen besetzte Kohlpflanze oder auch nur ein Kohlblatt - nach Einstellen in einen mit Wasser gefüllten Standzylinder - im Labor mit einem Bacillus thuringiensis-Präparat (1 g auf einen Liter Wasser) übersprüht. Die Raupen hören, nachdem sie die Bakteriensporen mit dem Fraßgut aufgenommen haben, schon nach etwa 24 Stunden aufzufressen, hängen bald schlaff herab (daher Schlaffsucht) und sterben nach drei bis vier Tagen.

Im **Winterhalbjahr** werden zunächst 20 etwa 1 Woche alte Eilarven der Mehlmotte getestet. Um diese Larven zu erhalten, läßt man begattete Weibchen nach der Kopulation ihre Einer in einer geschlossenen Petrischale ablegen. Zu den abgezählten (20) geschlüpften Larven wird eine kleine Teilmenge einer Mischung von 0,5 g B.t.-Präparat + 99,5 g Mehl gegeben, so daß die Petrischale von der Mischung schwach überpudert ist. Die in der Regel schon nach 2 bis 4 Tagen oft toten Larven sind schwarz gefärbt. Bei Zweifelsfällen wird durch Antippen die Lebensreaktion getestet. Der Abtötungserfolg dürfte bei über 90 % liegen.

Material:
- Kohlpflanze mit jungen Kohlweißlingslarven (im Sommer)
- Eilarven der Mehlmotte (im Winter)
- Sprühbehälter
- Petrischale
- Insektenpipette
- Mehl
- B.t.-Präparat (z.B. Thuricide, Dipel)
- Waage

Abb. 79.1:

Unter einem dreieckig aufgefalteten Karton, welcher in Obstbäume gehängt wird, liegt bzw. hängt eine Pheromonkapsel, mit der Lepidopteren-Männchen bestimmter Schädlinge angelockt werden. Auf dem Boden der Falle befindet sich ein auswechselbarer, mit Klebstoff bestrichener Einlegboden, an dem die Falter haften bleiben und dann ausgezählt werden können. Über ihre Zahl lassen sich bedingte Aussagen zur Populationsdichte machen.

chen oder sogar gleichen chemischen Grundsubstanzen.

Die **Sexualpheromone** dienen primär dazu, Männchen und Weibchen zur Begattung zusammenzuführen, wobei die Pheromone, in der Regel von Drüsen am Hinterleib der Weibchen abgegeben, den Männchen durch die Luft zugetragen werden, und diese dann auf das Weibchen zufliegen. Für die Lokalisation dienen wahrgenommene und verrechnete Konzentrationsunterschiede. Die Pheromongemische enthalten Verbindungen, die für die Anlockung aus größeren Entfernungen dienen, und weiteren, welche als Nahstimulans fungieren. Solch eine Mehrkomponentensteuerung ist immer bei Lepidopteren gegeben.

Nach dem Finden der Geschlechter beginnt das Männchen aphrodisierende Pheromone abzugeben, um das Weibchen in Kopulationsbereitschaft zu versetzen und es zu veranlassen, in ruhiger Stellung zu verharren. Entfernt man bei den Männchen die Erzeugerdrüsen dieser Pheromone, fliegen die Weibchen bei deren Erscheinen sofort auf.

Durch Analysen hat man inzwischen die chemische Struktur einer ganzen Reihe dieser Pheromone aufgeklärt und einige sogar synthetisch nacherzeugt. Sie nutzt man jetzt in der Schädlingsbekämpfung.

Am weitesten gediehen ist ihre Nutzung für **Prognosezwecke** zur Ermittlung von Zeitpunkt und Stärke des Auftretens von Schadinsekten, um dann gezielt Gegenmaßnahmen einzuleiten. Wenn dann chemische Insektizide eingesetzt werden müssen, läßt sich deren Anwendung wenigstens auf den Zeitraum des stärksten Auftretens der Schadinsekten eingrenzen und so die Umweltbelastung durch Insektizide einschränken.

Für Prognoseermittlungen im Obstbau werden relativ einfache Pheromonfallen eingesetzt (**Abb. 79.1**). Über die Zahl der gefangenen Männchen läßt sich dann annähernd der Flugbeginn und der Anfang von Eiablage und Schlupf der Larven voraussagen. Eingesetzt werden solche Fallen mit entsprechenden Pheromonen für den Apfelwickler, Apfelschalenwickler, Pflaumenwickler und die Mehlmotte.

Versuch:	***Pheromon-Locktest mit Mehlmotten-Männchen***

Die Sexuallockstoffe können aber auch dazu benutzt werden, die Männchen zu verwirren, zu desorientieren. Der Lockstoff wird dabei mit Hilfe von pheromongefüllten Hohlfasern oder Mikrokapseln im betreffenden Gelände gleichmäßig verteilt. Das betreffende Gebiet wird mit Pheromonen übersättigt, so daß die Männchen ihre Kopulationspartner nicht mehr finden. Mit dieser **Konfusions-** oder **Verwirrungsmethode** konnten die Populationen des Trauben- und Apfelwicklers, der Amerikanischen Baumwollkapselmotte und der nachtaktiven und daher auf chemische Reize angewiesenen Nonne unter die Schadensschwelle gedrückt werden.

Zum Abfangen von Schädlingen und damit zur Verringerung der Population nutzt man **Aggregationspheromone**, die, von beiden Geschlechtern abgegeben und damit keinen Sexuallockstoff darstellend, zunächst einmal anzeigen sollen, daß es hier etwas zu fressen gibt.

In Europa werden schon seit 200 Jahren zur Überwachung und Bekämpfung des Buchdruckers (*Ips typographus*), eines Fichtenborkenkäfers, Fangbäume (= frisch gefällte Fichten) ausgelegt, mit denen man den Besatz kontrollierte, um gegebenenfalls Massenvermehrungen, die zur Vernichtung ganzer Fichtenbestände führten, mit Schutzspritzungen entgegenzuwirken.

Dieses Verfahren ist heute in unseren Forsten durch Pheromonfallen abgelöst. Dabei wird das synthetische Pheromon auf ein Schwammtuch aufgebracht, in einen nur gering durchlässigen Folienbeutel eingeschweißt (es reicht ein Duftschwall weniger Moleküle zur Anlockung) und in einer Flug- oder Landefalle (**Abb. 77.1**) aus Kunststoff untergebracht. Durch Schlitze oder Löcher (Einbohrlöcher vortäuschend) gelangen die anfliegenden Käfer in das Innere der Fallen, von wo sie an der glatten Oberfläche abrutschen und in einen Sammelbehälter fallen. Nach Umfüllen in einen Plastikbeutel werden die Borkenkäfer durch Zerdrücken vernichtet. Die Fallen werden in einem Abstand von 30 m außerhalb des zu schützenden Fichtenbestandes aufgestellt. Durch Kombination von Aggregations- und Sexualpheromonen kann die Attraktivität gesteigert werden. Ziel ist es, die Imagines vor der Fortpflanzung wegzufangen, denn der eigentliche Schaden wird von den Larven, den Jugendstadien gesetzt. Mit den Fallen werden nicht alle Borkenkäfer abgefangen, aber die Population soll soweit reduziert werden, daß eine erträgliche Schadensschwelle nicht überschritten wird. Die Fallen eignen sich vor allem zur Niederhaltung schwacher Populationen.

Zur Verringerung von Schädlingspopulationen eignen sich auch **Dispersionspheromone**, mit de-

Versuch: *Pheromon-Locktest mit Mehlmotten-Männchen*

Lagervorräte von Nahrungsgütern wie Getreide, Hülsenfrüchte, Ölsaaten, Kakao und Trockenobst werden von einer Vielzahl von Schädlingen bedroht. Hier gilt es, eine Massenvermehrung rechtzeitig zu erkennen, um einen Schadenseintritt zu unterbinden. Dazu können Pheromon-Fallen dienen, mit denen die Männchen verschiedenster Vorratsschädlinge angelockt und auch weggefangen werden können. Über sie erhält man einen Einblick über die Populationsentwicklung, um notfalls zusätzlich Insektizide einsetzen zu können.

Mit dem nachfolgenden Versuch soll das Anlockvermögen von Sexuallockstoffen demonstriert werden, welche normalerweise von Weibchen abgesondert werden, um Männchen zur Begattung anzulocken. Mit ihren großen Antennen können die Männchen Konzentrationsabstufungen wahrnehmen und so zu den Weibchen finden. Im Versuch werden synthetisch erzeugte, wirkungsgleiche Pheromone und Männchen der Mehlmotte (*Ephestia kühniella*) eingesetzt. Falls Pheromone nicht zu erhalten sind, könnte man auch geschlechtsreife Weibchen einsetzen.

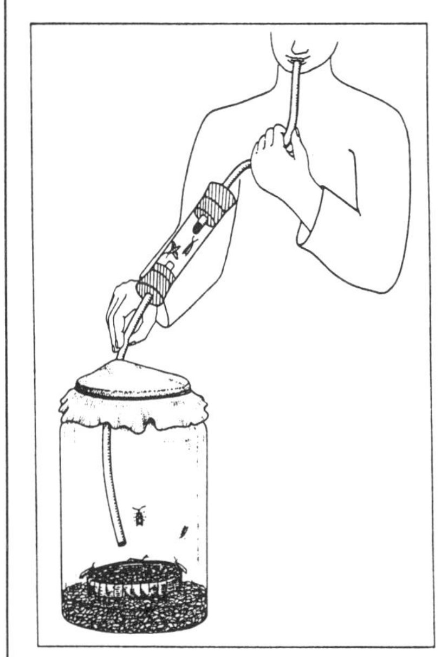

Die Mehlmotte läßt sich relativ leicht nachziehen. Dafür dienen Weckgläser, in welche als Nahrung für die Larven Mehl oder Weizenkörner und als Verpuppungsmöglichkeit Streifen eingerollter Wellpappe gegeben wird. Die Weckgläser werden mit einem Leinentuch abgedeckt, welches mit einem Weckgummiring fixiert wird (**Abb.**). Durch Nachstreuen von Nahrung und einem jährlichen Gesamtwechsel kann die Population kontinuierlich aufrechterhalten werden. Durch Einstellen in einen Kühlschrank kann die Entwicklung gedämpft werden. Spätestens sechs Wochen vor Versuchsbeginn muß der Ansatz wieder mobilisiert werden, um Falter zur Verfügung zu haben. Eine allzulange Kühlschrankhaltung kann die Eier absterben lassen.

Für den Versuch müssen aus der Falterpopulation Männchen ausgelesen werden. Dafür werden mit einer einfachen Fangvorrichtung (**Abb.**) Falter aus dem Weckglas angesaugt. Die Vorrichtung besteht aus einem Plexiglasrohrstück, welches mit zwei über Gummistopfen angeschlossene Schlauchstücke bedient wird.
Wichtig ist, daß der Ansaugschlauch am Plexiglas mit Mull und Aquarienwatte verschlossen wird, damit einmal die Motten und zum anderen die lungengängigen Flügeldeckenschuppen nicht durchgesaugt werden, denn sie können beim Ansaugenden in der Lunge ein unangenehmes Brennen verursachen. Die Motten werden dann in ein Marmeladenglas ausgeblasen. Durch Einstellen in einen Kühlschrank wird die Bewegungsaktivität der Motten herabgesetzt. In diesem Zustand können die Männchen unter der Stereolupe ausgelesen werden.

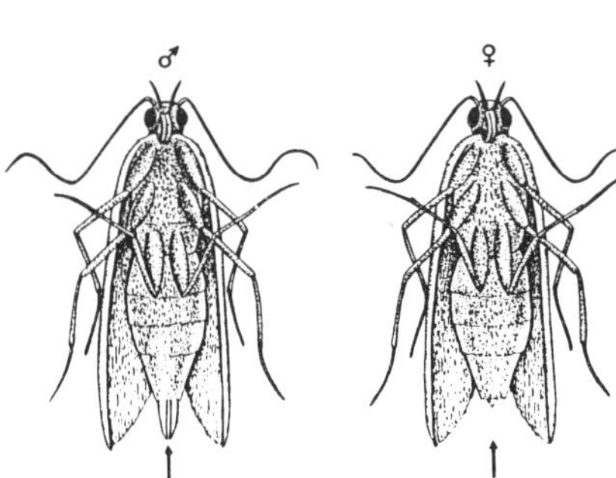

Sie sind an den fächerförmigen Fortsätzen am letzten Abdominalsegment des Hinterleibes zu erkennen (**Abb.**). Die Weibchen haben ein stumpfes Abdominalende oder zeigen eine teleskopförmige Legeröhre.

Fortsetzung auf S. 83

nen normalerweise die Belegung einer Frucht oder eines Blattes mit Eiern des betreffenden Insektes angezeigt wird. Weibchen der Kirschfliege markieren auf diese Weise die bereits mit Eiern belegten Früchte. Durch Ausbringen des Pheromons auf Kirschbäume kann der Fruchtfliegenbefall deutlich verringert werden.

Blattläuse scheiden bei jeder Störung, z.B. bei Annäherung eines Feindes, ein **Alarmpheromon** aus, mit der Folge, daß sich die benachbarten Blattläuse umgehend fallen lassen. Bei Einsatz eines solchen Alarmpheromons findet sich die Masse der Blattläuse dann in der Regel am Boden unter den Pflanzen, wo sie gezielt und mit weit geringeren Mengen und Konzentrationen eines Insektizids getroffen werden können.

Mit **Antilockstoffen**, häufig Strukturisomere der Lockstoffe, läßt sich die Orientierungswirkung der Pheromone aufheben, so daß beispielsweise Borkenkäfer ihre Fraßbäume nicht auffinden.

Da es sich bei Pheromonen, trotz synthetischer Nachahmung, um naturidentische Stoffe handelt, für die es auch biochemische Abbauwege gibt, und sie außerdem leicht flüchtig sind, ergeben sich keine Persistenz-, Rückstands- und Toxizitätsprobleme.

4.2.4 Sterilisierung senkt Schädlingsbefall

Durch Freilassung sterilisierter Tiere, meistens Männchen, kann in einer Art Selbstvernichtung ohne Nebeneffekte auf andere Insektenarten eine Reduzierung der Population eines Gebietes, bei großflächiger und konsequenter Verfolgung auch die Ausrottung erreicht werden.

Dieses möchte man in den USA für die Schraubenwurmfliege erreichen, einem Schädling des Weideviehs, dessen Larven in Wunden von Rindern und Ziegen parasitieren und dadurch Verluste von mehreren hundert Millionen Dollar verursachen. Dazu wurden in Massen gezüchtete Männchen durch Bestrahlung mit radioaktiven Isotopen sterilisiert und freigelassen. Diese Männchen begatten die Weibchen der Wildpopulation, und da die Weibchen der Schraubenwurmfliege sich in der Regel und im Gegensatz zu vielen anderen Schädlingsarten nur einmal begatten lassen, sind die bis zu 3.000 abgelegten Eier dann unbefruchtet.

Bei einer Bestrahlung von Stechmücken mit ionisierenden Strahlen zeigte sich, daß bei 30 bis 50 % der Tiere verschiedene Chromosomentranslokationen auftraten. Wenn man diese Tiere mit unbestrahlten Tieren kreuzt, findet zwar eine Befruchtung statt, aber die Zygote ist in vielen Fällen teilungsunfähig.

Mit Chemosterilantien, die durch Zugabe zur Nahrung leicht in die Zieltiere inkorporiert werden können, wird erreicht, daß beim Männchen die Spermien eine Veränderung der Beweglickheit erfahren und nicht mehr in ein Ei einzudringen vermögen oder bei Weibchen die Ovarien eine Beeinträchtigung erfahren, so daß die Eibildung gebremst oder verhindert ist. Das Sterilans kann bei der Kopulation sogar übertragen werden. Da die Anwendung der Sterilantien meistens kontrolliert im Labor erfolgt, sind Gefährdungen durch Verbreitung in der Umwelt gering.

Dieses biotechnische Verfahren der Massenzucht steriler Männchen ist recht aufwendig und kostspielig, deshalb ist man z.B. bei Fruchtfliegen

Tab. 82.1: Populationsmodell für einen Bekämpfungsversuch mit sterilen Männchen (nach KNIPPLING aus LA BRECQUE und SMITH 1968)

Generation	ausgesetzte sterile Männchen	Wildpopulation an Männchen bzw. Weibchen	sterile : normale Männchen	von sterilen Männchen begattete Weibchen	theoretische Nachkommenzahl
P	2.000.000	1.000.000	2 : 1	66,7 %	333.333
F_1	2.000.000	333.333	6 : 1	85,7 %	47.619
F_2	2.000.000	47.619	42 : 1	97,7 %	1.107
F_3	2.000.000	1.107	1.807 : 1	99,95 %	< 1

Fortsetzung von S. 81

Etwa fünf bis zehn Männchen werden jetzt in den Startraum der Testvorrichtung (**Abb.**) gesetzt bzw. eingeblasen. Die Testvorrichtung ist ein T-förmiges Labyrinth, von deren einer Seite der Lockstoff durchgesogen wird, welcher bis zu den Männchen gelangen muß, damit diese auffliegen und der Quelle entgegenstreben. Die Lockstoff-Kapseln sind für die Moleküle des Pheromons durchlässig und brauchen nicht geöffnet werden.

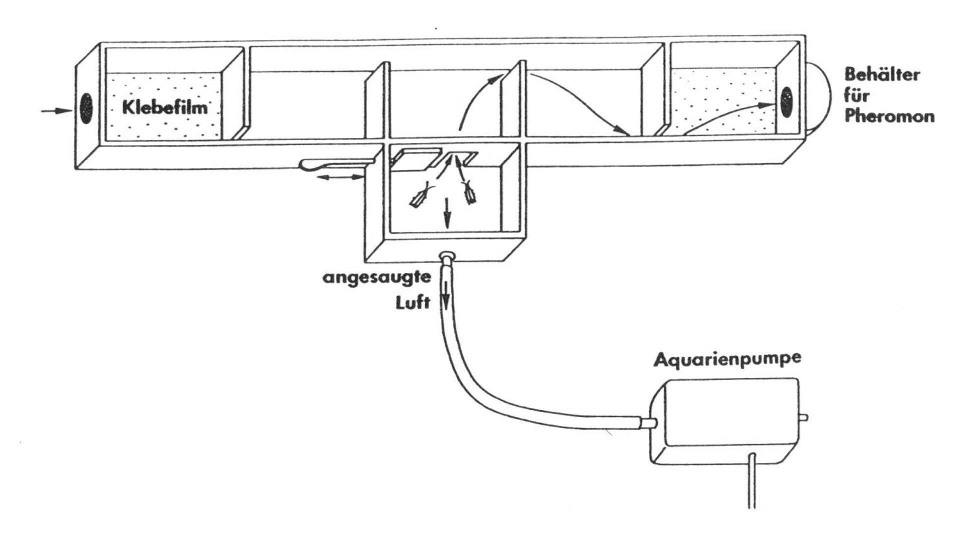

Um zu beweisen, daß die Motten-Männchen vom Peromon geleitet werden, wird die Versuchseinrichtung labyrinthmäßig aufgebaut. Die Testeinrichtung kann dazu noch aufrecht gestellt werden, damit die an und für sich flugphlegmatischen Motten auffliegen.

Bei stimmigem Pheromonangebot fliegen die Männchen innerhalb von ein bis zwei Stunden zur Lockstoffquelle. Da die Mehlmotten meistens dämmerungaktiv sind, muß unter Umständen ein Tag gewartet werden. Durch Einbringen von Klebefolie in die Zielkammern, auf denen die Männchen haften bleiben, kann der Erfolg überprüft werden.

Material: Anzuchteinrichtung mit Weckglas, Wellpappe, Leinentuch, Weckring

Fangvorrichtung: Plexiglasrohr (ϕ 4 cm, 8 cm lang) mit 2 etwa 50 cm langen PVC-Schlauchstücken, 2 durchbohrten Gummistopfen, Glasrohrstück und Mull und Watte

Versuchslabyrinth: ist eine Eigenkonstruktion aus verklebten bzw. verschraubten Kunststoffteilen; das Labyrinth sollte möglichst gasdicht sein, damit der Lockstoff nicht verlorengeht. Die Abdeckung sollte durchsichtig sein

spez. Aquarienpumpe (einstellen auf schwächste Durchströmung) mit Saugstutzen (Fa. WISA)

Pheromon-Lockstoff Phycetin (TDA = Tetradecadienylacetat)
Bezugsquelle: Vorratsschutz GmbH, Postfach 10, 6947 Laudenbach

Mehlmotten: Beschaffung auf Anfrage von Zoologischen Instituten der Universitäten, der Biologischen Bundesanstalt oder Pharmazeutischen Firmen mit Pflanzenschutz-Abteilungen. Mühlen werden ungern zugeben, daß bei ihnen Mehlmotten vorkommen

Mottennahrung: Weizenkörner, Grieß, Graupen, Kleie, Brot, Mehl, Erdnüsse u.a.

dazu übergegangen, Köderfutter mit Chemosterilantien in speziellen Behältern im Freiland anzubieten.

Bei einem Überschuß an sterilisierten Männchen und bei wiederholter Anwendung kann die Population völlig getilgt werden (**Tab. 82.1**).

In El Salvador hat man einmal innerhalb von fünf Monaten ca. 4,3 Millionen chemosterilisierte Männchen der Anopheles-Mücke (*Anopheles albimanus*) ausgesetzt und die Population dadurch um 99 % reduzieren können. Durch den Restbestand und durch Zuwanderungen hatte die Population nach vier Monaten allerdings wieder die Ausgangsdichte erreicht.

Häufig ist festzustellen, daß voll sterilisierte Männchen mit normalen nicht konkurrieren können. Durch **Semisterilisation** mit schwächeren Steriliantien werden die Tiere eingeschränkt fruchtbar, bleiben aber konkurrenzfähig. Sie erzeugen eine verminderte Nachkommenzahl, die dann nur eine erträgliche Schadensschwelle verursacht.

Bei Kreuzungsversuchen mit Stechmücken fand man heraus, daß weit voneinander entfernt lebende Populationen eine sogenannte **Plasmatische Inkompatibilität** aufweisen, d.h. die Spermien vertragen sich nicht mit dem Eiplasma der Weibchen der zu bekämpfenden Population. Diese Unverträglichkeit zeigte die gleiche Wirkung wie die Sterile-Männchen-Technik, nämlich einen Nachkommensschwund mit möglicher Ausrottung. Um zu verhindern, daß sich zufällig ein Weibchen unter den freigelassenen Männchen befindet und dafür sorgt, daß der Inkompatibilitätserfolg durchbrochen wird, hat man einen Resistenzfaktor gegen ein bestimmtes Insektizid an das y-Chromosom der Männchen gebunden und die auszusetzenden Tiere vorher mit dem Insektizid behandelt und dadurch die Weibchen abgetötet.

Solch eine Inkompatibilität ist nur von wenigen Insektenarten bekannt. Es ist nicht auszuschließen, daß eine solche Unverträglichkeit durch genetische Manipulationen künftig erzeugbar ist.

Die Sterilisationsmethode zur Einschränkung von Schädlingen ist auch beim Apfelwickler, dem Kartoffel- und Maikäfer sowie bei der Zwiebel- und Fruchtfliege erfolgreich angewandt worden.

4.3 Umweltschonung über integrierten Pflanzenschutz

Die zuvor geschilderten Verfahren der biologischen Schädlingsbekämpfung können Schädlinge nur bedingt zurückhalten; sie können aber mithelfen, Schädlingspopulationen in ihrer Entwicklung zu beobachten und zu dämpfen. Plötzliche Massenvermehrungen von Schädlingen sind mit ihnen noch nicht immer zu bewältigen. Im integrierten Pflanzen- und Gesundheitsschutz müssen biologische, chemische und kulturtechnische Maßnahmen abgewogen angewandt werden (**Abb. 85.1**), um Schadorganismen unter der wirtschaftlich tragbaren Schadensschwelle zu halten. Die Ausnutzung natürlicher Begrenzungsfaktoren sollte dabei das Primat haben, ehe man zur "schärfsten, aber auch gefährlichen Waffe", den Pestiziden, greift. Pestizide sollten nur bei drohenden Kalamitäten und möglichst nicht vorbeugend eingesetzt werden, wie in der Landwirtschaft aber allgemein üblich (**Abb. 85.2**).

Über diese Bekämpfungsmöglichkeiten hinaus sollte vor allem darauf geachtet werden, daß an der ökologischen Basis sowie dem pfleglicheren Umgang mit der Landschaft und bei den kulturtechnischen Maßnahmen der Landwirtschaft wieder einiges ins Lot kommt, um eine Schädlingsdynamik überhaupt erst nicht in Gang kommen zu lassen.

So kann eine reich gegliederte Landschaft mit Hecken, Feldgehölzen, Feldrainen und eine möglichst abwechslungsreiche Kulturpflanzenfolge auch als eine indirekte Pflanzenschutzmaßnahme betrachtet werden. Hecken und Wildkräuter sind Nahrungs- und Rückzugsbasis für viele Nützlinge. Es kann sogar passieren, daß bei radikaler Unkrautbeseitigung ansonsten indifferente Arthropoden und Nützlinge notgedrungen auf die allein verbliebenen Kulturpflanzen abwandern und Beeinträchtigungen herbeiführen.

Die Spezialisierung und Vereinfachung der Betriebsorganisation der bäuerlichen Betriebe hat die Fruchtfolgen auf deren Äckern verkürzt; manchmal entfällt sogar ein Fruchtwechsel. Solche mehrjährigen Monokulturen bzw. enge Fruchtfolgen begünstigen den Aufbau eines Infektionspotentials von Pflanzenkrankheiten und eine Massenvermehrung von Schädlingen, was Gegenmaßnahmen erfordert, und die werden meistens prophylaktisch vorgenommen, um Schadenseinbußen von vornherein zu vermeiden.

Ein Beispiel, wie trotz enger Fruchtfolge mit Zuckerrübe - Winterweizen - Wintergerste durch

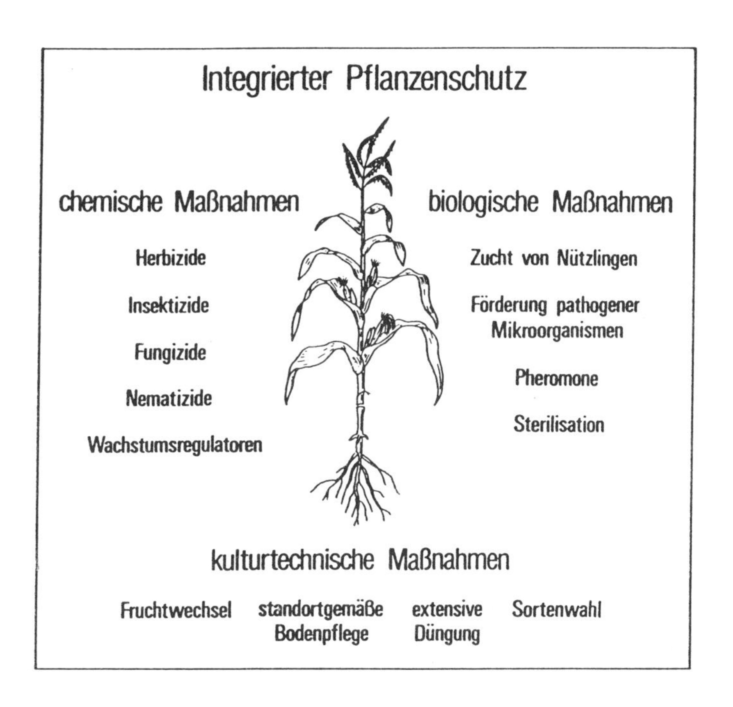

Abb. 85.1: Ein integrierter Pflanzenschutz soll wohlabgewogen biologische, chemische und kulturtechnische Maßnahmen umfassen, die sich gegenseitig stützen sollten, um einen Schädling unter der tolerablen Schadensschwelle zu halten.

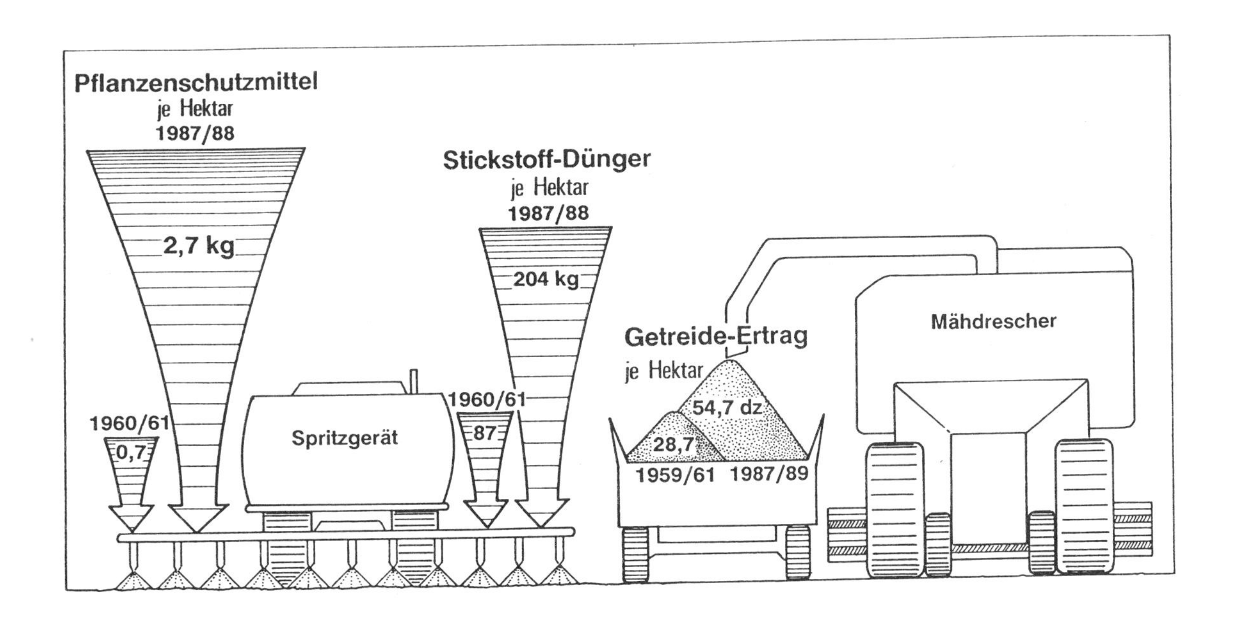

Abb. 85.2: Vergleich der durchschnittlich je Hektar ausgebrachten Mengen an Pflanzenschutzmitteln und Stickstoff-Düngergaben verschiedener Jahre in Relation zum Getreideertrag.

Anbau resistenter Zwischenfrüchte der Befall durch Nematoden gedrückt werden konnte, sei kurz skizziert: Die Rübennematode ist eine der wichtigsten Schädlinge im Zuckerrübenanbau. Die Bekämpfung erfolgt bisher durch Nematizide.

Schon der kurzfristige Anbau von nematodenresistenten, kreuzblütigen Zwischenfrüchten wie Ölrettich und Senf (Umbruch schon nach vier Wochen), kann die Populationsdynamik von Nematoden unterbrechen und zu einem Befallsrückgang führen. Eine chemische Bodenbehandlung könnte dann entfallen. Der Anbau solcher Zwischenfrüchte wäre einmal billiger und würde zudem die Humusanreicherung begünstigen.

Damit ist angedeutet, daß weitere bodenpfleglichere Maßnahmen wieder Beachtung finden müssen, welche in der Jagd nach Höchsterträgen häufig übergangen werden, wie beispielsweise eine ausreichende Humusversorgung zur Bindung der Düngergaben, welche in der Regel zu hoch (**Abb. 85.2**) und nicht immer ausgewogen sind (vgl. Kap. 3.1.1). Der biologische Landbau, so skeptisch mancher Landwirt diesem gegenüberstehen mag, hat diesbezüglich Signale gesetzt.

Das Ackerrandstreifenprogramm zur Erhaltung von Wildkräutern, d.h. die Schaffung von Refugien für die Ackerbegleitflora, die der Arterhaltung, aber noch mehr der Förderung von Nutzorganismen dienen kann, die auf diesen Pflanzen oft ihre ökologische Basis haben, ist von den Landwirten oft nur mit halbem Herzen getragen worden. Das inzwischen angelaufene Bracheprogramm zum Abbau von Agrarüberschüssen wirkt jetzt großflächig in diese Richtung.

Integrierter Pflanzenschutz ist immer noch mehr ein Ziel, denn Realität. Er wird erst ansatzweise und vereinzelt im Apfel-, Hopfen- und Maisanbau praktiziert, angewandt von denjenigen, die bewußt ökologisch verantwortlich handeln und auf den Einsatz von sicher preiswerteren, breitenwirksamen, aber umweltunverträglichen Pestiziden verzichten wollen.

Solch ein Verzicht auf chemische Schädlingsbekämpfungsmittel und der Ersatz durch naturgemäße und biologische Verfahren sollte allerdings kein Dogma sein. Der Einsatz von Pflanzenschutzmitteln sollte auf das unerläßliche Maß beschränkt werden; den umweltschonenden Verfahren gehört der Vorzug.

Dem vielfach vom ökonomischen Vorteil geprägten Denken und Handeln sollten in Zukunft im Interesse unserer Gesundheit ökologische Überlegungen mit einer der Umwelt verpflichteten Verantwortung entgegengestellt werden.

Verwendete Literatur

ARBEITSGRUPPE WALDSCHUTZ: Überwachung und Bekämpfung von Borkenkäfer der Nadelbaumarten. AID (Bonn) 15/1984.

BÖRNER, H.: Pflanzenkrankheiten und Pflanzenschutz. UTB Ulmer: Stuttgart 1978.

BRESSAU, G. et al.: Prüfung, Zulassung und Rückstände von Pflanzenschutzmitteln. AID-Heft 118 (1984) 32 Seiten.

BÜRSTEL, H.:Wachstumsregulatoren - Verbindungen zur Beeinflussung pflanzlichen Stoffwechsels? Naturwissenschaftliche Rundschau 32 (1979), S. 152-153.

DANNEEL, I.: Pestizide gefährden die Umwelt. Der Biologieunterricht, Jg. 7 (1971) H. 3, S. 35-42.

DÖRFLING: Das Hormonsystem der Pflanzen. Georg Thieme Verlag: Stuttgart - New York 1982.

FRANZ, J.M. u. A. KRIEG: Biologische Schädlingsbekämpfung. Pareys Studientexte 12. Verlag Paul Parey: Berlin und Hamburg 1982.

FRITZ, M.: Klipp und klar - 100 x Umwelt. Bibliographisches Institut: Wien und Zürich 1977.

HEITEFUSS, R.: Pflanzenschutz. Georg Thieme Verlag: Stuttgart - New York 1975.

HELBACH, J.: Schädlingsbekämpfung ohne Gift im Garten. Vaterland Verlag: Mönchengladbach 1981.

JUNG, J.: Synthetische Wachstumsregulatoren, insbesondere Chlorcholinchlorid. Naturwissenschaften 54 (1967), S. 356-360.

KLEE, R. u. B. BIRK: Die Wirkung des Wachstumsregulators Chlorcholinchlorid auf Wasserpflanzen - ein Schulversuch. MNU 37 (1984), S. 47-49.

KOBBE, B.: Integrierter Pflanzenschutz: Mit Biologie und Chemie gegen Schädlinge. Bild der Wissenschaft 8 (1983), S. 36-40.

KRIEG, A.: Mit Bakterien gegen Schadinsekten - neue Wege der Schädlingsbekämpfung. Naturwissenschaftliche Rundschau 37 (1984), S. 11-13.

LANGENBRUCH, G.-A.: Mikrobiologische Schädlingsbekämpfung als Baustein für den integrierten Pflanzenschutz. Biologieunterricht 19 (1983), S. 42-50.

MÜLLER, F.: Phytopharmakologie. Verhalten und Wirkungsweise von Pflanzenschutzmitteln. Ulmer: Stuttgart 1986.

RIEGER, M. u. W. SCHMETTER: Bakterien gegen Stechmücken. Umschau 81 (1981), S. 440-441.

SCHMIDT, O. u. S. HENGGELER: Biologischer Pflanzenschutz im Garten. Wirz: Aarau 1981.

SEDLAG, U.: Biologische Schädlingsbekämpfung. Akademie-Verlag: Berlin 1980.

SNOEK, H.: Naturgemäße Pflanzenschutzmittel. Anwendung und Selbstherstellung. Pietsch: Stuttgart 1984.

STENZEL, A.: Herbizide auf dem Schulrasen. Unterricht Biologie 3 (1979), S. 36-37.

TISCHLER, W.: Biologie und Kulturlandschaft. Fischer: Stuttgart - New York 1980.

TROMMLER, G.: Biologische Schädlingsbekämpfung als Schulversuch: Bacillus thuringiensis gegen Mehlmotten. Praxis der Naturwissenschaften 31 (1982), S. 200-207.

WESSEL, V. (Hrsg.): Probleme der Schädlingsbekämpfung in Wissenschaft und Unterricht. Biologieunterricht 19 (1983), Heft 3.

5 Ökologische Probleme der Abfallbeseitigung - Recycling ist sinnvoller

In der Abfallbeseitigung verhalten sich Bürger und Kommunen, das läßt sich zweifelsfrei feststellen, noch am umweltbewußtesten, und viele Abfälle, die eigentlich nur zwischengenutzte, wertvolle Rohstoffe darstellen, werden heute wiederverwertet und aufbereitet. Es gibt schon eine regelrechte Abfallbewirtschaftung, und streng genommen ist es schade um den Inhalt jeder Mülltonne, der einfach nur so auf die Mülldeponie gekippt wird, denn in ihm steckt, vor allem in Papierresten und in den anderen organischen Abfällen, noch so viel Energie, die es lohnen würde, sinnvoll genutzt zu werden.

Doch schauen wir zunächst noch einmal einfach zurück in die Geschichte, um zu erfahren, was die Altvorderen mit den Abfällen machten.

5.1 Die Beseitigung von Abfällen in historischer Zeit

Erst seit 1850, mit der aufkommenden Industriegesellschaft, werden in den Städten der modernen Kulturstaaten organisiert Abfälle und Abwässer beseitigt. In der vorindustriellen Zeit war das Abfallaufkommen noch minimal. Die nicht verwertbaren Abfälle und Abwässer wurden, und das gilt insbesondere für die dicht besiedelten Stadtkerne des Mittelalters, die oft in die Stadtmauern eingezwängt waren, einfach vor das Haus in die Straßenrinne oder den nächsten Graben gekippt bzw. abgelassen. Die Gassen und Straßen der heute so romantischen Städtchen stanken damals nach Kot und Mist; die Abfälle verfaulten und wurden von Ungeziefer, insbesondere von Ratten besiedelt. Vielfach spülte erst der Regen den Abfall weg und dabei nicht selten in die Brunnen und Quellfassungen.

Die großen Seuchen und Epidemien des Mittelalters wie Pest, Cholera und Typhus, die als "Geißel der Menschheit" jahrhundertelang ganze Städte und Landstriche entvölkerten, wurden nicht zuletzt über Trinkwasserverseuchungen und durch die abfallgenährten Ratten verbreitet.

Die späte Erkenntnis, daß die mangelhaften Zustände der Abfallbeseitigung Quelle vieler Krankheiten waren, war sozusagen die Geburtsstunde der organisierten Abfallbeseitigung. So wurde beispielsweise in Hamburg schon im Jahre 1560 eine Verordnung erlassen, in der alle Einwohner der Stadt verpflichtet wurden, mindestens viermal im Jahr Unrat, Gerümpel und Abfälle jeder Art von ihren Grundstücken und den angrenzenden Straßen zu entfernen.

Kommen wir zur Neuzeit, die durch eine wachsende Müll-Lawine gekennzeichnet ist.

5.2 Die wachsende Müll-Lawine

Vor wenigen Jahrzehnten bereitete die Beseitigung der in Stadt und Land anfallenden Abfälle noch keine besonderen Schwierigkeiten. Soweit die Abfälle brennbar waren, wurden sie in Heizöfen verbrannt und für die Raumheizung genutzt. Die Aschenrückstände wurden im Winter oft als Streumittel gegen Glätte verwendet. Mit der Beseitigung der verbliebenen Reste hatte die städtische Müllabfuhr keine Mühe. Auf dem Lande wurden häusliche Abfälle in der Viehfütterung verwendet oder wanderten auf den Dung- oder Komposthaufen und wurden so in den natürlichen Kreislauf zurückgeführt.

Die moderne Massengesellschaft ließ, bedingt durch eine astronomisch gestiegene Produktion und entsprechend gestiegenem Konsum, eine Müll-Lawine ins Rollen kommen, mit deren Beseitigung die Gemeinden heute ihre Not haben.

Die in der Bundesrepublik Deutschland gegenwärtig anfallende Abfallmenge hat 250 Millionen Tonnen überschritten. Die Müll-Lawine schwillt aber noch Jahr für Jahr weiter an. Die Abfälle haben folgende Herkunft.

Herkunft der Abfälle	in Tonnen
Industrie und Gewerbe	119 Mio.
Haushalt	29 Mio.
Klärschlamm	36 Mio.
Bergbauabfälle	68 Mio.

Woraus bestehen diese Abfälle?

Der Hausmüll enthält Küchenabfälle, Heizungsrückstände und immer noch in steigendem Maße Verpackungsmaterial wie Gläser, Flaschen, Kartons, Kisten, Tuben, Kunststoffbehälter und darüber hinaus viel Papier, alles Materialien, die einer Wiederverwendung zugeführt werden können, was in steigendem Maße auch schon geschieht. Darauf wird noch beim Recycling (Kap. 5.4) eingegangen.

Riesig groß sind die Abfallmengen aus Industrie und Gewerbe, nämlich ca. 120 Mio. Tonnen. Sie fallen z.B. als Schlacken in der Stahl- und Eisengewinnung und in Kraftwerken an, die als Baustoffzuschlag oder Streugranulat fast vollständig genutzt werden. Groß sind auch die Abfallmengen, die im Baubereich als Bauschutt oder Bodenaushub anfallen. Diese weder gefährlichen noch belästigenden Abfälle sind als Abdeckmaterial auf geordneten Deponien sogar gern gesehen.

Recht erheblich sind die produktionsspezifischen Abfälle der chemischen Industrie, deren Beseitigung vielfach Probleme aufwirft, weil von ihnen für die Umwelt (z.B. für das Grundwasser) oder für die Gesundheit der Organismen eine Gefährdung ausgeht. Diese Abfälle verlangen eine besondere Behandlung und werden als Sonderabfälle dabei speziell verbracht. Zu diesen Sonderabfällen gehören z.B. Säuren, Lösemittel, Chemikalienreste, Ölschlämme und auch radioaktive Abfälle, also Stoffe, die hochgiftig, brennbar, explosibel oder radioaktiv sind. Für diese fast 5 Mio. Tonnen Sonderabfälle gibt es spezielle Deponien, Verbrennungs- und Vorbehandlungsanlagen und zentrale Sammelstellen (z.B. für radioaktive Abfälle).

Vielfach wurde dieser Sondermüll, für den es bei uns kaum noch Abnahmekapazitäten gibt, weil keine Gemeinde diesen Abfall vor ihren Toren wissen will, in Nachbarländer mit weniger strengen Umweltvorschriften verbracht, wie z.B. in die ehemalige DDR, die dafür beachtliche Gelder kassiert, aber ihren Bürgern ein unabsehbares Gefahrenpotential geschaffen hat. Diese Sonderabfälle müssen entweder rückstandslos verbrannt oder unter der Erde gelagert werden.

In der Kohleförderung fallen große Mengen an Abraumgestein an. Bei einer Tonne geförderter Kohle fällt eine halbe Tonne Bergegestein an. Teile davon werden für den Versatz unter Tage, d.h. zum Füllen leergeräumter Stollen verwendet. Im Ruhrgebiet bleiben aber z.B. noch 10 Millionen Tonnen Gestein übrig, welche aber nur zum Teil als Schüttmaterial für Straßen, Deiche und Dämme Verwendung finden; der größere Rest geht überwiegend auf Halde, beansprucht beachtliche Flächen, die der in diesen Industrieballungsgebieten sowieso knappen Freiraumlandschaft entzogen werden. Die nur langsam zu begrünenden Halden verschandeln zudem die Umgebung.

Zu all diesen Abfällen kommt noch der flüssige Abfall in Form der exkrement- und oft auch giftbeladenen Abwässer hinzu. Man ist bemüht, diese "verflüssigten Abfallstoffe" in Kläranlagen als Klärschlamm abzufangen. Gegenwärtig fallen bei uns 36 Mio. Tonnen Klärschlamm an. Die Abwässer eines nicht unerheblichen Bevölkerungsrestes (10 %) laufen noch völlig ungeklärt in Flüsse und Seen. Der Klärschlamm wird zu 40 % in der Kompostierung, unter anderem zusammen mit Müll, genutzt. Der Rest wird auf Deponien gelagert, verbrannt oder bei küstennahen Städten auf See "verklappt".

Um uns von den vielfältigen Sorgen der Abfallbeseitigung zu entlasten, ist eine **Abfallvermeidungsstrategie** notwendig. Industrie und Verbraucher müssen bei ihren Nutzungsgewohnheiten umdenken. Es gilt von vornherein nicht so viele Abfälle entstehen zu lassen. Produktionsprozesse, bei denen gefährliche Abfälle entstehen, sollten umgestellt werden. Verbraucher sollten Produkte in Mogelverpackungen meiden und darüber hinaus langlebigen Verbrauchsgütern den Vorzug geben. Durch **integrierte Entsorgungssysteme** sollte man die Abfälle zu minimieren suchen und so umweltverträglich wie nur möglich in die Umwelt wieder einfügen.

Was geschieht mit den zur Zeit anfallenden Abfallmengen aus Haushalt und Gewerbe?

5.3 Die Beseitigungsmöglichkeiten für Abfälle

Die anfallenden Abfallstoffe gilt es allgemein so zu beseitigen, daß sie die Um- und Nachwelt nicht oder nur minimal stören und beeinträchtigen. Für eine hygienische Abfallbeseitigung kommen vier Verfahren in Frage:

- die geordnete Ablagerung
- die Verbrennung
- die Kompostierung
- die Wiederverwertung

5.3.1 Die Mülldeponierung

Heute sind etwa 99,5 % der Bevölkerung an eine regelmäßige Hausmüllabfuhr und auch Sperrmüllabfuhr angeschlossen, eine Gewähr dafür, daß Abfälle nicht mehr wild in der Landschaft abgelagert werden, diese verschandeln und u.U. zu Grundwasserbeeinträchtigungen führen. Das konnte bei solchen Müllplätzen eintreten, wo der Müll einfach nur abgeladen und nicht geordnet abgelagert wurde.

Bei diesen **ungeordneten**, oft ortsnahen **Müllplätzen**, die es heute nicht mehr geben soll, wurde der Müll vielfach am Rande einer Böschung abgekippt, möglicherweise Wasserlöcher oder wasserführende Kiesgruben aufgefüllt. Das führte zu erheblichen Nachteilen für die Deponie selber als auch für die umgebende Landschaft (**Abb. 91.1**).

Solche ungeordneten Deponien ziehen immer Ungeziefer an. Durch einen intensiven mikrobiellen Umsatz der organischen Anteile kann es zu einer Überhitzung kommen und die freigesetzten Faulgase entzünden. Solche Müllbrände sind aber nur schwer unter Kontrolle zu bringen. Normalerweise ist die Geruchsbelästigung, die von solchen Deponien ausgeht, schon recht störend; bei einem Schwelbrand kann der penetrante und stickige Rauch und Qualm auch im weiten Umkreis unerträglich werden.

Gefährlicher ist bei solchen Deponien das Auswaschen und Auslaugen von Salzen und Giftstoffen, die dann mit dem Sickerwasser in den Grundwasserkörper gelangen können. Dieses Grundwasser fällt für die Trinkwasserschöpfung aus. Gleiches gilt auch für den Fall der Verfüllung von Wasserlöchern und wasserführenden Kiesgruben.

Die Zahl von ursprünglich 50.000 derartiger ungeordneter, weit verstreuter und unkontrollierter Deponien hat man drastisch reduziert. Heute gibt es nur noch 400 zentrale, geordnete Deponien. Die alten, ungeordneten Müllkippen, auf denen nicht immer nur harmloser Hausmüll abgekippt wurde, werden spätestens dann zu einer "Altlast", wenn irgendwann Gifte mit dem Sickerwasser in das Grundwasser übertreten und dann unser Trinkwasser belasten. Vermutlich gibt es 35.000 solcher Verdachtsstandorte, die möglicherweise einmal saniert werden müssen.

Auf **geordneten Deponien** würden solche Wasserlöcher mit problemlosem Erdaushub und Bauschutt aufgefüllt werden. Hier sorgt man grundsätzlich für eine Abdichtung mit Folien oder Bitumenresten nach unten, damit Müllextrakte nicht durchsickern können.

Der Müll wird bei der geordneten Deponie in Schichten von 1,5 bis 2 m Dicke aufgebracht und mit Planierraupen eingeebnet und verdichtet. Die Müllschichten werden dann oft mit einer 30 bis 50 cm starken Schicht aus Erdaushub abgedeckt. Die Hänge sollte man so früh wie möglich begrünen, um Auswehung und Erosion zu unterbinden und um eine optische Abschirmung herbeizuführen (**Abb. 91.1**). Nach endgültiger Auffüllung wird die Deponie in die Landschaft eingebunden und unter Umständen zu Aussichts- und Erholungsgebieten geformt. Die mikrobiellen Umsetzungen in den Deponien lassen über Jahre hinweg Gas entstehen, welches Bäume nicht wachsen läßt und damit eine Rekultivierung erschwert. Die wirtschaftliche Nutzung dieses Deponiegases erfolgt schon vereinzelt.

Da viele Gemeinden und Städte oft nur noch Auffüllraum für wenige Jahre zur Verfügung haben, mußten sie sich zwangsläufig nach anderen Verfahren der Abfallbeseitigung umsehen. Es sind dies die Verfahren der relativ investitionsaufwendigen Müllverbrennung und -kompostierung, die sozusagen einen ersten Schritt zur Wiederverwertung von Abfällen darstellen.

5.3.2 Das Verbrennen von Abfällen

Im Jahre 1986 wurde der Müll von 20 Mio. Einwohnern (= 35 % der Bevölkerung) in 47 Müllverbrennungsanlagen verbrannt, von denen 26 eine Altstoffauslese betreiben und immerhin 39 die erzeugte Wärme der Fernheizung und Stromerzeugung zukommen lassen (**Abb. 91.2**). Die Zahl der Verbrennungsanlagen soll bis 1995 auf 67 steigen. Die Müllverbrennung ist sozusagen die konsequenteste Form der Müllbeseitigung, wobei die organischen Anteile, zu denen auch Papier und Holz zählen, auf schnellstem Wege mineralisiert, d.h. in CO_2 und H_2O überführt werden. Sie entläßt man mit dem Rauch in die Atmosphäre, wo sie allerdings mit zur CO_2-Anreicherung beitragen. Freigesetzt werden dabei aber auch noch andere, für die Umwelt gefährliche Gase wie SO_2 und NO_2. Durch das Mitverbrennen des in den letzten Jahren stetig steigenden Kunststoffanteiles, darunter das PVC (Polyvinylchlorid), entsteht Chlorwasserstoffgas, und zwar in relativ großen Mengen. Aus 100 kg PVC wird bei vollständiger Verbrennung 58 kg gasförmiges HCl freigesetzt. Dieses Gas wird nur bei großen Verbrennungsanlagen aus dem Rauchgas entfernt. Es wirkt aber bei Mensch und Tier schädigend auf Bronchien, Lunge und Haut. Das HCl-Gas löst sich in der Luftfeuchtigkeit und wird durch Niederschläge ausgewaschen. Es kehrt dann über die Aerosole als Salzsäure auf die Erde zurück. Ganz gewiß ist der polemische Hinweis, daß dieser Säureregen uns die Kleider vom Leibe fresse, überspitzt. Tatsache ist aber, daß er auf Metallflächen und an Gebäuden beträchtliche Korrosionsschäden hinterläßt. Als einmal in einem Nürnberger Krankenhaus in einer kleinen, hauseigenen Abfallverbrennungsanlage PVC-Müll verbrannt wurde, verfaulten in einer naheliegenden Großgärtnerei, nach einer Schädigung der Blätter, hunderttausend Azeleensträucher.

Bei unzureichender Verbrennung entstehen in den Abgasen der Müllverbrennungsanlagen polychlorierte, aromatische Kohlenwasserstoffe der

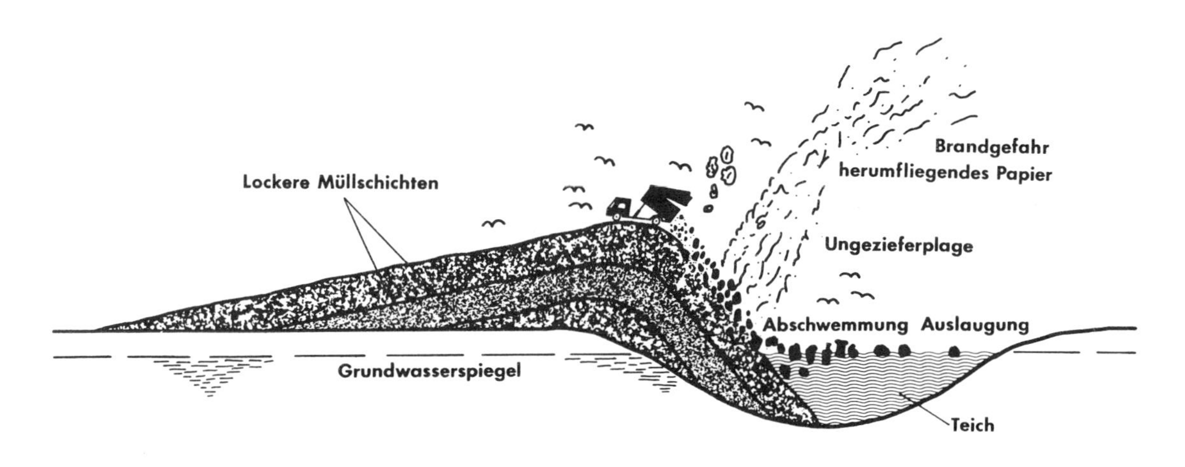

Abb. 91.1: Schema einer ungeordneten, wilden Müll-Deponie (oben) und einer geordneten Deponie (unten) (nach ERBEL/KAUPERT)

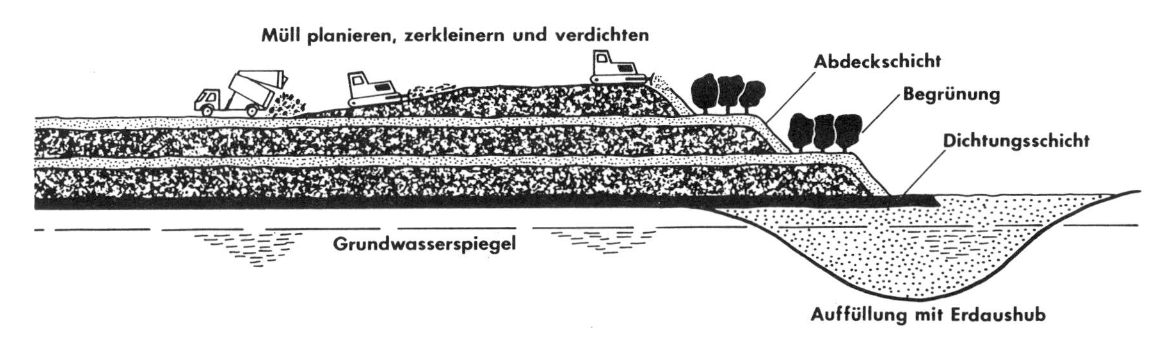

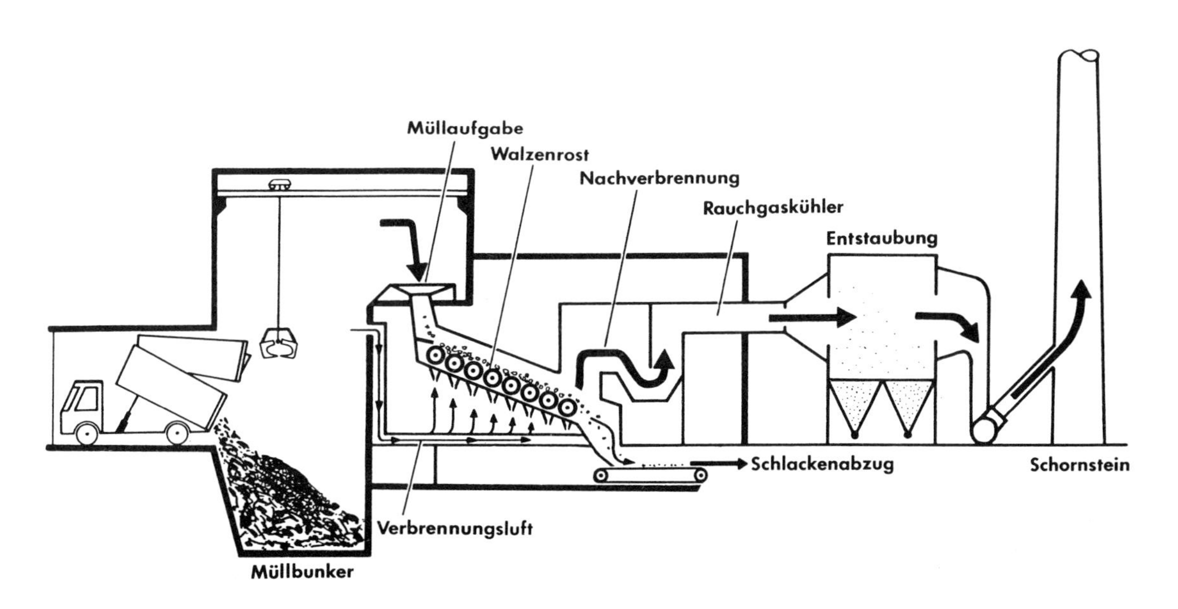

Abb. 91.2: Stoff-Fließ-Diagramm einer Müll-Verbrennungsanlage (nach ERBEL/KAUPERT)

Phenyl-Verbindungsklasse mit Dioxinen und Furanen, darunter das hochgiftige 2,3,7,8-Tetrachlordibenzodioxin, das im allgemeinen Sprachgebrauch als "Seveso-Gift" bezeichnet wird. Es findet sich vor allem gebunden an den Schlacken, allerdings in vernachlässigbaren Konzentrationen. Auf seine Entstehung und Toxizität wurde in Kap. 2.2 näher eingegangen.

Versuch:	*Chlorwasserstoff aus PVC-Verbrennung*
Versuch:	*Nachweis der Zerstörung von Chlorophyll,* S. 95

Trotz der nachteiligen Emissionen werden insbesondere große Städte ihren Müll weiterhin verbrennen müssen, denn durch die Müllverbrennung wird das Müllvolumen um 80 bis 90 % und das Gewicht um 50 bis 70 % vermindert. Die Verbrennungsreste, hauptsächlich Schlacken und herausgefilterter Staub müssen, sofern gewerblich nicht genutzt, letztlich gelagert werden. Durch die Volumenverminderung kann eine Deponiefläche 10 Jahre länger genutzt bzw. die Rückstände kostengünstiger zu entlegeneren Deponieflächen verfrachtet werden. Die aus der Verbrennung herauskommenden Aschen und Schlacken sind steril. Die Müllverbrennung ist deshalb in hygienischer Hinsicht allen anderen Verfahren überlegen.

5.3.3 Die Müllkompostierung

1986 wurden 3 % der Hausmüllmenge in 18 Kompostierungsanlagen zusammen mit Klärschlamm zu einem Müllkompost verarbeitet. Einer Ausweitung dieses Verfahrens des Müllrecyclings stehen einmal die zögernde Abnahme in Land- und Gartenwirtschaft, dann die hohen Kosten der Aufbereitung und schließlich der Gehalt an gesundheitsschädigenden Keimen und Schwermetallen entgegen.

Bei der Kompostierung ahmt man die in der Natur vor sich gehenden biologischen Abbauprozesse nach. Alle organischen Stoffe, auch die Abfälle tierischer und pflanzlicher Herkunft werden durch mikrobiellen Abbau humifiziert und letztlich wieder mineralisiert. Es ist ein Prozeß,welcher von Mikroorganismen vollzogen wird und damit ein biologischer Vorgang.

In der Müllkompostierung wird der natürliche Verrottungsprozeß räumlich und zeitlich konzentriert, weil man den Mikroorganismen (in erster Linie Bakterien und Pilze) optimale Lebensbedingungen, nämlich genügend Luftsauerstoff und einen günstigen Feuchtegehalt bietet. Dieser Vorgang kann noch beschleunigt werden, wenn dem Müll Klärschlamm, der in Abwasserkläranlagen in großen Mengen anfällt und in beseitigungstechnischer Hinsicht ein Problem bildet, beimischt, denn durch dessen höheren Stickstoff- und Phosphatgehalt wird die Nährstoffsituation der Mikroorganismen verbessert. Sie vermehren sich dadurch schneller. Ein Gramm Mischsubstanz von Müll und Klärschlamm enthält schließlich mehrere Milliarden Mikroorganismen.

Wie erfolgt die Aufbereitung des Mülls in einem Kompostwerk?

In der modernen Version wird der angelieferte Müll über Prallmühlen vorzerkleinert, über Magnetabscheider von Eisenteilen befreit, in einer Hammermühle feinzerkleinert und vermahlen, danach von nichtkompostierbaren Anteilen von mehr als 50 mm Durchmesser wie Kunststoffe, Textilien u.a. befreit. In einem Mischer wird dann Klärschlamm mit bis zu 75 % Wassergehalt hinzugefügt und dann zu Mieten von 50 m Breite und 4 m Höhe aufgeschicht. Damit den Mikroorganismen genügend Sauerstoff zur Verfügung steht, werden die Mieten von unten her belüftet.

Nach vier Monaten ist der Kompost ausgereift. Er wird jetzt noch nachvermahlen und noch einmal gesiebt (**Abb. 95.1**).

Während der Kompostierungszeit kommt es durch den Abbau, d.h. der Veratmung von Stärke, Eiweiß, Fett, Zellulose u.a. zu einer exothermen Wärmefreisetzung, d.h. zu einer Selbsterhitzung bis über 70°C. An der Umsetzung der organischen Anteile sind thermophile, d.h. wärmeliebende Vertreter der Bakterien, Actinomyceten, Pilze, Algen und Protozoen beteiligt. Durch Gifte und Schadstoffe im Müll kann deren Aktivität beeinträchtigt werden und den Kompositierungsvorgang behindern.

Der Kompost ist praktisch Humus und bildet ein wertvolles Bodenverbesserungsmittel. Er ist kein Düngemittel, kann aber aufgrund des Gehaltes an Stickstoff und Phosphat aus dem Klärschlamm eine Düngewirkung entfalten.

Der dem Boden zugefügte Kompost kann die Krümelbildung und Adsorptionsfähigkeit für Nährsalze im Boden erhöhen. Die Durchlüftung und die Wasserhaltekraft wird gesteigert und die Bodenlebewelt erhält bessere Lebensbedingungen. Der Kompost wird durch die Bodenorganismen nach und nach mineralisiert.

Demonstrationsversuch: *Chlorwasserstoff aus der PVC-Verbrennung schädigt Pflanzen und Material*

Im Müll finden sich, vor allem aus Verpackungsresten herrührend, eine wachsende Menge an Kunststoffen, darunter auch das PVC (Polyvinylchlorid). Wird das PVC in Müllverbrennungsanlagen mitverbrannt, so entsteht Chlorwasserstoffgas, das, in die Atmosphäre entlassen, mit Luftfeuchte ein Salzsäureaerosol bildet.

$$\begin{matrix} H\;H \\ |\;\;| \\ C{-}C{-} \\ |\;\;| \\ Cl\,H \end{matrix}\left[\begin{matrix} H\;H \\ |\;\;| \\ C{-}C \\ |\;\;| \\ Cl\,H \end{matrix}\right]_{\cdot n}\begin{matrix} H\;H \\ |\;\;| \\ {-}C{-}C{-} \\ |\;\;| \\ Cl\,H \end{matrix} \longrightarrow \begin{matrix} H\;\;H \\ |\;\;\;| \\ {-}C{=}C{-} \end{matrix}\left[\begin{matrix} H\;\;H \\ |\;\;\;| \\ C{=}C \end{matrix}\right]_{\cdot n}\begin{matrix} H\;\;H \\ |\;\;\;| \\ {-}C{=}C{-} \end{matrix} + n \cdot \left[H^+ + Cl^-\right]$$

Polyvinylchlorid — Salzsäureaerosol

Große Müllverbrennungsanlagen verfügen über entsprechende Abgasreinigungsanlagen zur Entfernung von HCl-Dampf aus den Rauchgasen. Die feinen Salzsäuretröpfchen sind hochkorrosiv und verursachen an Pflanzen und Material Schäden.

Zur Demonstration solcher Folgen wird ein feuerfestes Glasrohr mit PVC-Resten beschickt, mit einem einfach durchbohrten Stopfen auf der Rauchgasableitungsseite verschlossen und dann etwas seitlich versetzt an einem Stativ befestigt.

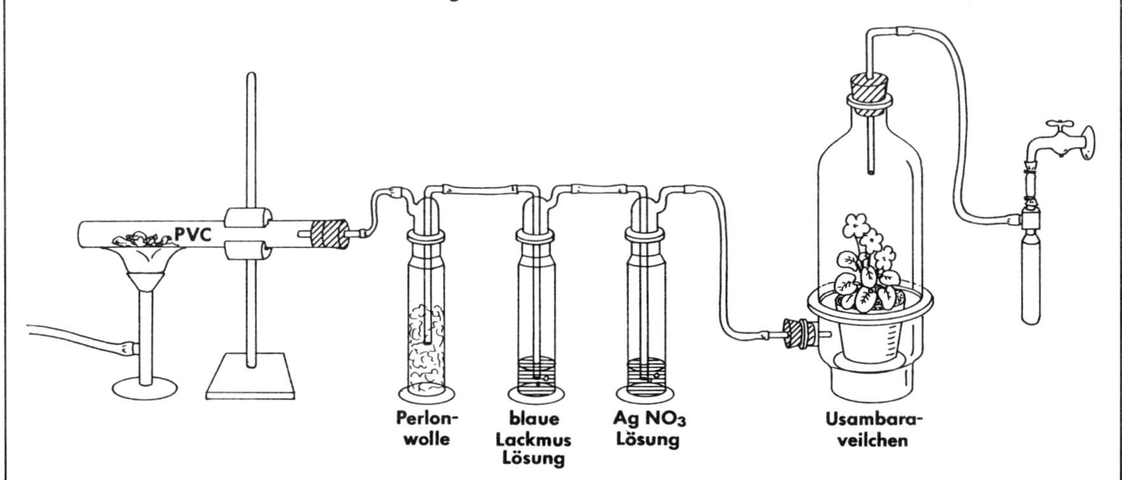

Über Schlauchverbindungen wird das Verbrennungsrohr mit drei Waschflaschen in Reihe hintereinander verbunden (den unterschiedlichen Anschluß beachten, vgl. **Abb.**). In die erste Waschflasche kommt Perlonwolle oder Aquarienfilterwatte zum Zurückhalten von Ruß und Teer. Die zweite Waschflasche enthält blaue Lackmuslösung, die nach Durchleiten des HCl-Dampfes nach rot umschlägt und damit die Säure anzeigt. In die dritte Waschflasche gibt man Silbernitratlösung (1 Tropfen einer 1 n $AgNO_3$-Lösung in ca. 50 ml H_2O), in der sich bei Durchtritt des Chlorwasserstoffs weißer AgCl-Niederschlag bildet.

$$H^+ + Cl^- + Ag^+ + NO_3^- \rightleftharpoons AgCl\downarrow + H^+ + NO_3^-$$

Der entstehende Niederschlag aus schwerlöslichem Silberchlorid zersetzt sich im Licht allmählich wieder, wobei sich durch fein verteiltes Silber in der Lösung eine violette Tönung einstellt.

Fortsetzung auf S. 94

Fortsetzung von S. 93

An die drei Waschflaschen wird ein Exsikkatoruntersatz mit einer aufgesetzten paßgenauen Glasglocke angeschlossen, in den ein blaublühendes Usambaraveilchen (*Saintpaulia ionanthus*) bzw. eine gleichermaßen blaublühende Primel (*Primula acaulis*) eingesetzt wird. Das HCl-Aerosol wird über einen Seitenanschluß in den Exsikkatoruntersatz eingeleitet. Die blauen Blüten färben nach HCl-Einleitung sehr schnell nach rosa um und bleichen letztlich aus. Die Umfärbung rührt von dem in den Vakuolen der Blütenblattzellen gelösten Anthocyan her, welches, ähnlich wie der Lackmusfarbstoff, auf die pH-Wertverschiebung seine Farbe ändert. Die Blätter der Pflanze werden durch den Chlorwasserstoff ebenfalls beeinträchtigt. Nach ca. 25 Minuten Einwirkung beim Usambaraveilchen bzw. 40 Minuten bei der Primel werden 3 bis 4 Blätter für den nachfolgenden Versuch entnommen.

Die Versuchsgefäßreihe wird an eine Wasserstrahlpumpe angeschlossen. Nach Anstellen der Pumpe wird das PVC im Versuchsrohr mit einem Bunsenbrenner langsam erhitzt. Die entstehenden HCl-Dämpfe werden durch die Saugwirkung der Wasserstrahlpumpe durch die Gefäße gesogen.

Material:
- PVC-Abfälle
- feuerfestes Glasrohr
- Bunsenbrenner
- Stativ
- Schlauchverbindungen
- 1 durchbohrten Stopfen
- 3 Waschflaschen
- Exsikkator-Untersatz + Glasglocke
- Perlonwolle bzw. Aquarienfilterwatte
- Wasserstrahlpumpe
- Usambaraveilchen bzw. Primel
- 1 n $AgNO_3$-Lösung
- blaue Lackmuslösung

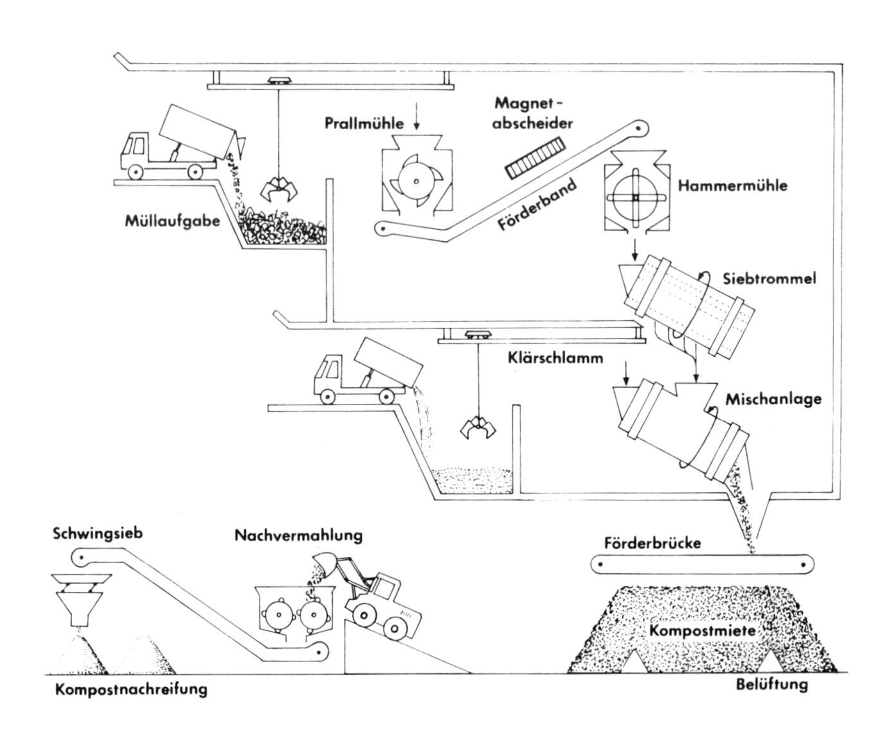

Abb. 94.1: Stoff-Fließ-Diagramm in einer Müllkompostaufarbeitung

Versuch: ***Nachweis der Zerstörung von Chlorophyll durch Chlorwasserstoffaerosole***

Durch Einwirkung von Chlorwasserstoffaerosolen werden in Blättern die Pflanzenfarbstsoffe zerstört. Dabei wird beispielsweise Chlorophyll zu Phäophytin umgewandelt, wobei das zentral im Chlorophyllmolekül stehende Magnesium herausgelöst wird, was Farbabänderungen auslöst. Dieses Phäophytin ist zur Photosynthese nicht mehr befähigt.

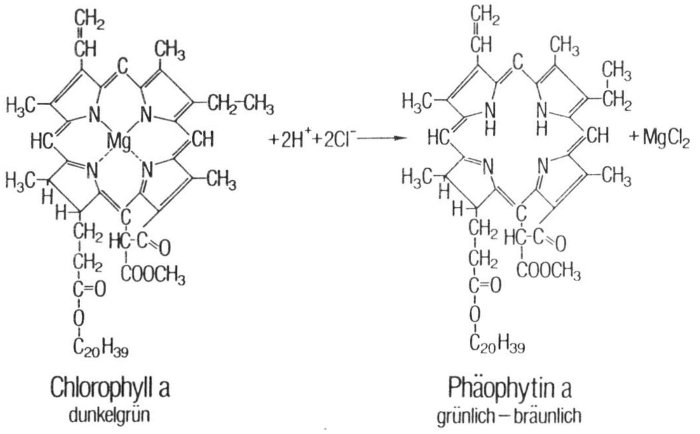

$+2H^{+} + 2Cl^{-} \longrightarrow$ $+ MgCl_2$

Chlorophyll a
dunkelgrün

Phäophytin a
grünlich – bräunlich

Zum Nachweis der Farbänderungen und der Pigmentzerstörung werden von der Versuchspflanze zuerst 3 bis 4 intakte Blätter abgeschnitten, die zum chromatographischen Nachweis der Normalpigmente dienen, und sodann die Versuchspflanze der Begasung mit Chlorwasserstoff ausgesetzt (z.B. im vorangegangenen Versuch). Ein Usambaraveilchen muß dabei mindestens 25 bis 30 Minuten bzw. eine Primel 40 bis 45 Mnuten den HCl-Aerosolen ausgesetzt sein, damit alles Chlorophyll zerstört wird.
Das Blattmaterial wird dann getrennt in Mörser mit einer Spatelspitze Seesand und etwa gleichviel $CaCO_3$ (dient zum Neutralisieren der sauren Zellinhaltsstoffe) zerrieben. Man fügt dem Blätterbrei jetzt jeweils 20 ml Aceton hinzu und reibt noch einmal gründlich durch. Die überstehenden Lösungen werden in Reagenzgläser abfiltriert und mit 1 bis 2 ml Petroläther (Octan) und der gleichen Menge Wasser versetzt. Nach Umschütteln sammeln sich die extrahierten Pflanzenfarbstoffe im überstehenden Petroläther. Gehen die Pflanzenfarbstoffe nicht sofort in die Petrolätherphase über, gibt man noch ein wenig Wasser zu. Der Petrolätherauszug der intakten Blätter sollte aufgrund des Gehaltes an Chlorophyllen dunkelgrün, der der begasten Blätter wegen des Phäophytingehaltes bräunlich aussehen. Bei einem Usambaraveilchenauszug findet sich in der unterstehenden Schicht rotbraunes Anthocyan, was für diesen Versuch ohne Belang ist.
Die Pigmentauszüge werden jetzt chromatographisch bearbeitet. Dazu dient DC-Kieselgurpapier, bei dem tagszuvor ein Bereich von 14 cm mit einer Mischung aus Petroläther (Petroleumbenzin) und 7 Vol.% Salatöl imprägniert wird (vgl. **Abb.** auf S. 33 aus Bd. 4). Entlang einer mit Bleistift aufgezeichneten Auftragslinie werden mit einer Mikropipette je 50 µl (= 0,05 ml) der Pigmentauszüge aufgepunktet. Die Kieselgurplatte wird jetzt in die Chromatographiekammer gestellt, auf deren Boden sich bereits das Laufmittel befindet, das aus einer Mischung von 120 ml Methanol, 24 ml Aceton, 18 ml Aqua dest. und 3 ml Salatöl besteht. Die Chromatographiekammer sollte entweder dunkel gestellt oder in Alufolie eingehüllt werden. Die Pigmentauszüge wandern alle bis zur Startlinie an der Grenze zum imprägnierten Bereich und werden in einer Laufzeit von 50 bis 60 Minuten entsprechend der obigen **Abb.** getrennt.
In dem Chromatogramm der geschädigten Pigmente findet sich dann anstelle der Chlorophylle olivbraunes Phäophytin, welches nicht so weit wie die Chlorophylle läuft.

Material: Chlorwasserstoff-Begasungseinrichtung
Versuchspflanze aus vorausgegangenem Versuch (blaues Usambaraveilchen bzw. Primel)
Mörser, Seesand, Calciumcarbonat, Petroläther (Octan), Aceton
2 Reagenzgläser
Dünnschichtchromatographie-Materialien mit DC-Kieselgurpapier F 254
Chromatographiekammer, Mikropipette
Methanol, Aceton, Petroläther, Aqua dest., Salatöl

Versuch:	*Störung des Stoffabbaues bei der Kompostierung durch Schadstoffe (hier Motoröl)*

Durch die Spezialisierung in der Landwirtschaft betreiben heute viele Landwirte keine Viehhaltung mehr, d.h. sie können ihren Ackerflächen keinen Stallmist mehr zuführen. Als Folge ist hier ein Humusschwund festzustellen, dem durch die Kompostzufuhr aus der Müllaufbereitung begegnet werden kann. Nur bei ausreichendem Humusgehalt können die dem Boden zugeführten Mineraldüngergaben vom Boden gehalten und für eine Ertragssteigerung genutzt werden.

5.4 Wiederverwertung von Abfällen

Durch ein gestiegenes Umwelt- und Abfallwertbewußtsein der Bevölkerung sind im Abfall heute weit weniger Glas und Papier enthalten, weil viel davon schon zuvor aussortiert und Sammlungen zugeführt wird. Aber immer noch sind gerade Haushaltsabfälle eine Rohstoffquelle, die besser wiederverwertet werden sollten. Abfallsortierungen aus dem Jahre 1985 ergaben, daß im Hausmüll von Berlin immerhin noch

- 19,9 % Papier und Pappe
- 14,7 % Glas
- 6,0 % Kunststoffe
- 2,4 % Textilien
- 0,5 % Buntmetalle

enthalten sind. Es ist nicht einzusehen, daß fast die Hälfte der rund 29 Mio. Tonnen Hausmüll einfach als Abfall beseitigt, verbrannt oder höchstens kompostiert wird. Diese Materialien sollten in den Wirtschaftskreislauf zurückgeführt und als Rohstoffe verwertet werden. Ein derartiges **Recycling** (= wörtl. übersetzt "Kreislaufführung") ist technisch möglich; es würde die Abfallmengen reduzieren und die knapper werdenden Rohstoffe schonen. Die erforderlichen Investitionskosten für eine Wiederaufbereitung sind zwar sehr hoch, doch das steigende Engagement der Abfallwirtschaft beweist, daß die Wertstoffschöpfung sich sogar schon lohnt.

5.4.1 Recycling von Altmetallen

Altmetalle werden heute außer bei der Abfall-Deponierung, allgemein erfaßt und verwertet. Dabei stellen die schrottreifen Kraftfahrzeuge eine wahre "Rohstoffmine" dar. So enthält jeder Pkw im Durchschnitt neben Eisen und Kunststoffen oft noch

- 50,0 kg Aluminium
- 26,5 kg Blei
- 10,2 kg Zink
- 7,9 kg Kupfer
- 0,6 kg Zinn

Man hat den hohen Wiederverwertungswert der Altautos schon sehr frühzeitig erkannt und verwertet rund 2 Millionen Autowracks pro Jahr, was eine sehr hohe Verwertungsquote darstellt.

Der Kunststoffanteil am Auto wächst allerdings stetig. Diese Kunststoffe dürften nicht immer wiederverwertbar sein, so daß der Gesetzgeber eine bereits beim Kauf zu entrichtende Verschrottungspauschale erwägt. Er sollte besser Vorschriften erlassen, daß alle für ein Auto eingesetzten Rohstoffe wiederverwendbar zu sein haben und die Automobilproduktion recyclinggerechter sein sollte.

5.4.2 Recycling von Altreifen

Auch Altreifen gehen heute kaum noch verloren. Sie werden zu einem Viertel runderneuert. Zu Granulat zerkleinert, finden sie Verwendung zur Herstellung von Sportplatz- (Tartanbahnen) und Bodenbelägen und von Dämmplatten. Sie werden aber auch in der Verhüttungs- und Zementindustrie ersatzweise für teures Heizöl verbrannt, wobei zu bedenken gilt, daß für die Herstellung eines Reifens 32 Liter Öl eingesetzt werden müssen, während das Energieäquivalent bei der Verbrennung nur 6 bis 8 Liter ausmachen.

Durch Pyrolyse (vgl. Kap. 5.4.4) lassen sich Altreifen in gasförmige Kohlenwasserstoffe wie Methan und Ethylen (dienen zum Aufheizen der Anlagen; der Heizwert liegt über dem des Erdgases) und Pyrolyseöl (enthält Aromate, welche in der Kautschuksynthese wiederverwertet werden können) überführen.

5.4.3 Recycling von Altöl

Altöl wird heute zu neuen Schmierstoffen aufgearbeitet. Das Abfallgesetz gebietet sogar das restlose Einsammeln der Altöle, denn bereits kleine Mengen an Altöl oder anderen Mineralölprodukten können, in den Boden oder in Gewässer gelangt, riesige Mengen von Trinkwasser ungenießbar machen. Mit 1 Liter Motoröl lassen sich mehr als 1 Million Liter Trinkwasser verderben.

Versuch: *Störung des Stoffabbaues bei der Kompostierung durch Schadstoffe (hier Motoröl)*

Die Kompostierung von Garten- und Hausabfällen oder auch von Müll, d.h. der Abbau organischer Substanzen durch Organismen der Bodenfauna und -flora, kann durch Schadstoffe, welche aus Unkenntnis oder auch leichtfertig in den Müll gegeben werden und die Organismen töten, unterbrochen werden. Hier soll Motoröl getestet werden, das alle Bodenporen füllt, die Bodenorganismen überzieht und diese dadurch zum Absterben bringt.

Um die Folgen aufzuzeigen, werden 4 Blumentöpfe mit Müllkompost oder Gartenkompost gefüllt und in Untersetzer gestellt. In zwei der Töpfe werden Objektträger gesteckt, an denen später der Aufwuchs an Bodenbakterien und Pilzen untersucht wird. Zum Nachweis der Beeinträchtigung der Bodenorganismen werden über den Kompost des einen Topfes 10 ml Motorenöl gegossen.

Vor dem Herausziehen der Objektträger nach 8 bis 14 Tagen werden diese zur Seite gedrückt, wobei ein Bodenspalt entsteht, auf deren Seite der Aufwuchs unbeeinträchtigt bleibt. Die Objektträger werden zur Fixierung kurz durch eine Flamme gezogen, die Mikroorganismen mit Karbolfuchsin in einer Färbeküvette angefärbt und nach Wässerung und Trocknung unter dem Mikroskop mit einem Ölimmersions-Objektiv betrachtet.

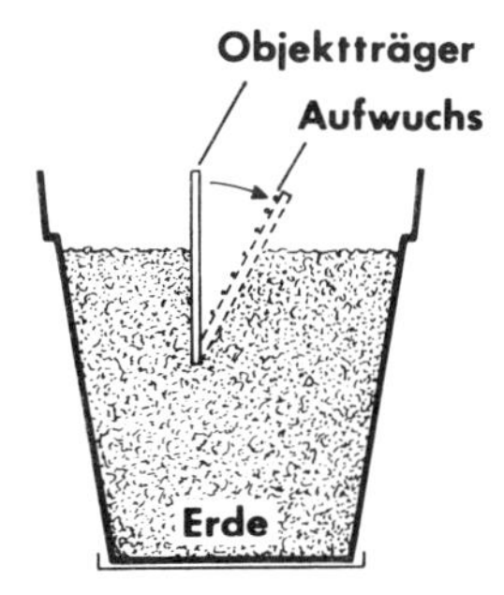

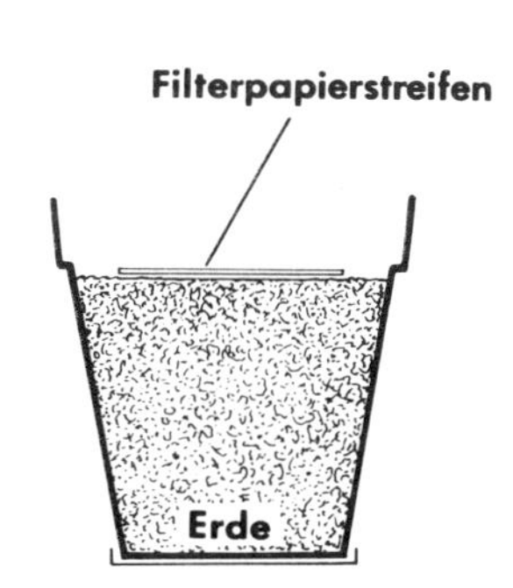

Auf dem Kompost der anderen beiden Töpfe wird ein Filterpapierstreifen aufgedrückt. Auf den Kompost des einen Topfes wurden zuvor noch 10 ml Motorenöl gegossen. In diesem verschmutzten Ansatz wird die Zellulose des Filterpapierstreifens nicht abgebaut werden, während das Filterpapier auf dem unbeeinflußten Kompost des anderen Topfes nach ca. 14 Tagen fast völlig zersetzt sein wird.

Die Töpfe sollten stets gut durchgefeuchtet sein.

Material:
- 4 Blumentöpfe
- Kompost
- 20 ml Motoröl
- 2 Objektträger
- Bunsenbrenner
- Karbolfuchsinlösung
- Färbeküvette
- 2 Filterpapierstreifen

Versuch:	*Mineralölprodukte machen Trinkwasser ungenießbar*

Es ist deshalb geradezu selbstschädigend, wenn Selbstwechsler ihr Altöl ins Gelände oder gar in den Gulli kippen. Solche Umweltsünde kann strafrechtlich verfolgt werden. Duldbar ist auch nicht, daß gewechseltes Öl in Dosen abgefüllt in den Müll gegeben wird, denn Dosen verrosten irgendwann, und dann gelangt das Altöl doch noch über das Sickerwasser der Deponien in den Grundwasserkörper, über welche es sich dann ausbreiten und in Brunnen hineingeraten kann. Es ist auch ein Irrtum, daß ausgelaufenes Benzin restlos verdampft. In den Bodenkörper gelangte Mineralölprodukte werden nur sehr langsam abgebaut. Es gibt im Boden nur einzelne niedere Organismen, die befähigt sind, die mineralischen Kohlenwasserstoffe abzubauen und zu nutzen. Daher muß verunreinigter Boden mitsamt den Mineralölprodukten ausgehoben und auf Sonderdeponien gebracht werden, die nach unten ablaufsicher sind. Solch ein Bodenaustausch ist sehr aufwendig und entsprechend teuer. Wegen der Trinkwassergefährdung muß man beim Umgang mit Mineralölprodukten äußerste Sorgfalt walten lassen. Passiert aber dennoch einmal ein Unfall, muß - im Allgemeininteresse - sofort gehandelt und die Feuerwehr benachrichtigt werden, die in der Regel über Möglichkeiten der Eindämmung verfügt.

5.4.4 Recycling von Kunststoffen

Steigende Bedeutung gewinnt das Recycling von Kunststoffabfällen. Gegenwärtig werden jährlich rund 400.000 Tonnen Kunststoffreste, die weitgehend sortenrein und sauber in der verarbeitenden Industrie anfallen, zu hochwertigen Produkten wie Bau- und Landwirtschaftsfolien oder Flaschenkästen verarbeitet. Liegen Kunststoffgemische vor, so werden daraus weniger anspruchsvolle Erzeugnisse wie Blumentöpfe, Autobahnleitpfosten, Sargfüße und anderes hergestellt.

Diese 400.000 Tonnen aufgearbeiteter Kunststoffabfälle bilden aber nur 20 % der gesamten Kunststoffabfälle. Weitere 1,6 Mio. Tonnen Kunststoffe fallen nämlich im Haus- und Gewerbemüll an, wovon allein 1 Million Tonnen von Verpackungen stammen. Diese Kunststoffabfälle bilden aber ein buntes Gemisch verschiedener Kunststoffherkünfte und sind verunreinigt. Sie können leider nicht einfach umgeschmolzen werden, sondern nur durch chemische Verfahren in den Rohstoffkreislauf zurückgeführt werden. Zu diesen Verfahren gehört die Pyrolyse und die Hydrolyse. Bei beiden Verfahren beginnt man in ersten großtechnischen Anlagen Erfahrungen zu sammeln.

Das Prinzip der **Pyrolyse** besteht darin, daß man die Kunststoffabfälle der Einwirkung von Hitze bis 1000 Grad unter Ausschluß von Sauerstoff aussetzt, wobei Schwelgase entstehen, deren Destillation zu erdölähnlichen Produkten führt, die einer erneuten petrochemischen Produktion, z.B. von Kunststoffen, zugeführt werden können, womit der Kreis sich wieder schließt. Dies ist sozusagen ein klassisches Beispiel für Recycling. Es können aber gleichermaßen auch andere kohlenstoffhaltige Materialien wie Gummi, Altreifen, Kabelabfälle und auch Hausmüll pyrolysiert werden.

Im Verfahren der **Hydrolyse** werden durch Einwirkung von Wasserdampf, hohem Druck und hohen Temperaturen wasserlösliche Ausgangsprodukte aus Kunststoffabfällen gewonnen, die ebenfalls erneut der Kunststoffproduktion zugeführt werden können. Bisher ist dieses Verfahren nur bei Polyurethanschaumabfällen, die bei der Matratzenherstellung für Polstermöbel und von Verpackungsrückläufen solcher geschäumten Kunststoffe anfallen, erprobt worden. Es sollen sich aber Kunststoffe jeder Art hydrolysieren lassen, wobei die Ausbeute an Rohölprodukten 80 % der Abfallmenge erreichen kann.

Die Rohstoffbasis der Kunststoffabfälle ist überwiegend Erdöl. Durch ihre Wiederverwertung ließe sich der Ölverbrauch immerhin um 10 Mio. Tonnen mindern.

5.4.5 Recycling von Altpapier

Eine traditionell hohe Recyclingquote gibt es bei Papier. Von den Bundesbürgern werden jährlich 10,5 Mio. Tonnen Papier verbraucht. Davon werden schätzungsweise 8 Mio. Tonnen nach Gebrauch ausgemustert, aber nur 4,5 Mio. Tonnen vom Altpapierhandel erfaßt, wobei der überwiegende Anteil sortenrein als Reste aus der Papierverarbeitung kommt. Diese "sauberen", besseren Altpapierqualitäten werden von den Papierherstellern problemlos wiederverarbeitet. Ein Viertel des Altpapiers (ca. 1 Mio. Tonnen) stammt aus den Haushalten. Dieser Anteil sollte gesteigert werden, denn hier geht ein wertvoller Rohstoff verloren und belastet nur die Abfallbeseitigung. Durch eine flächendeckende Aufstellung getrennter Müllbehälter müßte sich die Rücklaufquote erhöhen lassen.

Versuch: *Mineralölprodukte machen Trinkwasser ungenießbar*

Geringe Spuren von Mineralölprodukten, zu denen z.B. Benzin, Benzol, Dieselkraftstoff, Heizöl, Kerosin und Petroleum gehören, können riesige Mengen von Trinkwasser ungenießbar machen. Dies läßt sich an einer Verdünnungsreihe leicht demonstrieren.

Dazu wird 0,1 ml Benzin zu 100 ml Wasser in einen Weithalserlenmeyerkolben gegeben (= Verdünnung 1 : 1000), mit einem Stopfen verschlossen und kräftig durchgeschüttelt. Auf der Wasseroberfläche sollte nach dem Schüttelvorgang kein Benzin mehr schwimmen.

Mit dieser Stamm-Mischung wird jetzt eine Verdünnungsreihe hergestellt und geruchlich getestet. Die geruchliche Beurteilung läßt sich verbessern, wenn das Wasser auf etwa 20°C angewärmt wurde.

Für die Erstellung der Verdünnungsreihe werden zu 100 ml Wasser in drei weiteren Erlenmeyerkolben folgende Mengen der Benzin-Wasser-Mischung von 1 : 1000 hinzupipettiert.

10,0 ml	auf	100 ml		1 : 10.000
1,0 ml	auf	100 ml	dies entspricht einer Verdünnung von	1 : 100.000
0,1 ml	auf	100 ml		1 : 1.000.000

Für die angeführten Mineralölprodukte gibt es unterschiedliche Sättigungskonzentrationen in Wasser, über die hinaus sie nicht mehr einmischbar sind und auch Geruchsschwellenkozentrationen, unter deren Menge eine olfaktorische Wahrnehmung nicht mehr möglich ist.

Der Mineralölgeruch wird auch bei der Ausdünnung von 1 : 1.000.000 noch geruchlich schwach wahrnehmbar sein. Auch geschmacklich sind die Mineralölprodukte in dieser Ausdünnung noch wahrnehmbar (mit Tropfen an Fingerspitze probieren). Deshalb ist es geradezu ein Verbrechen, wenn Altöle ins Gelände geschüttet werden und dadurch in das Trinkwasser gelangen.

Übersicht über Sättigungs- und Geruchsschwellenkonzentratrionen für Mineralölprodukte

Mineralölprodukt	Sättigungskonzentration in Wasser in mg/l	Geruchsschwellenkonzentration in mg/l
Benzol	1.700	1 - 10
Benzin	50 - 500	0,001 - 0,01
Diesel/Heizöl	10 - 50	0,001 - 0,01
Kerosin/Petroleum	0,1 - 5	0,01 - 0,1

Material: Benzin 1 ml
Wasser auf 20°C angewärmt
4 Weithalserlenmeyerkolben 250 ml
Pipetten 1 ml, 10 ml

Mit einem Anteil von 45 % ist Altpapier ein wichtiger Rohstoff in der Neupapierproduktion. Verpackungspapiere und -pappen werden heute ausschließlich aus Altpapier hergestellt. Bei hygienischen Papieren liegt der Anteil erst bei 30 %. Er sollte sich noch steigern lassen. Der Marktanteil des aus Altpapier hergestellten grauen "Umweltschutzpapiers" beträgt nur 0,4 %, und es scheint nur bei Behörden weitere Absatzchancen zu besitzen. Durch die Verwertung von Altpapier können Holz, Wasser und Energie eingespart werden.

Versuch: ***Recycling von Altpapier***

Die im Hausmüll noch vorhandenen Papiermengen von 4 bis 5 Mio. Tonnen pro Jahr werden nur zu einem relativ geringen Anteil in der Müllverbrennung bzw. Müllkompostierung genutzt, überwiegend jedoch deponiert. Dafür ist dieser Rohstoff aber zu schade. Eine Möglichkeit sinnvoller Nutzung außerhalb der Papierindustrie wäre der Einsatz als Brennstoff zur Energieerzeugung. Man muß sich vor Augen halten, daß in den Kohlenstoffverbindungen der Zellulose, einem der natürlichen Baustoffe des Holzes und dem Hauptbestandteil von Papier, eine ganze Menge Energie steckt:

Vergleich der Heizwerte von Altpapier und üblichen Energieträgern

gemischter Hausmüll	8.000 kJ/kg
Illustrierte	13.500 kJ/kg
Tageszeitungen	17.300 kJ/kg
Steinkohle	28.000 kJ/kg
Erdöl	40.000 kJ/kg

Sicher ist die Verbrennung dieses Rohstoffes auch noch zu schade, aber immerhin noch zweckmäßiger als seine Ablagerung auf Deponien, wo die Natur für einen Abbau sorgt.

Unter dem Stichwort "Brennstoff aus Müll" laufen gegenwärtig einige industrielle Erprobungsversuche. Probeweise werden dazu sogenannte "Eco-Briketts" aus Hausmüll produziert, ein homogenes, lagerfähiges Brennstoffkonzentrat aus Papier, Pappe, Holz und Kunststoff in Pelletform. Ihr Einsatz in Kraftwerken und in der Zementindustrie ist unter feuerungstechnischen, ökologischen und wirtschaftlichen Bedingungen erprobt worden. Eine Brennstoffsubstitution durch diesen Müllbrennstoff scheint möglich. Wie bei der Müllverbrennung erhöhen sich lediglich die Chloremissionswerte und würden u.U. den Einbau von Waschanlagen erforderlich machen.

5.4.6 Recycling von Altglas

Auch das Altglas-Recycling funktioniert sehr gut. So konnte das Aufkommen von 200.000 Tonnen im Jahre 1975 bis auf 1,3 Mio. Tonnen zum gegenwärtigen Zeitpunkt gesteigert werden. Das ist schon die Hälfte der gesamten Glasbehälterproduktion. Diese Wiederverwendung von Altglas spart die Aufbereitung der Rohstoffe Feldspat und Quarz und damit auch Energie. Die Altglassammelaktionen waren eine Reaktion auf die Anfang der siebziger Jahre noch propagierte und anwachsende Welle des *"Ex und Hop"* von Einwegbehältern, insbesondere der Einwegflaschen, die damals die Müllbehälter zum Überquellen brachten. Die Glasindustrie ist bestrebt, den Anteil des einzusetzenden Altglases auf 70 % zu erhöhen. Dabei setzt diese Industrie aus Umsatzvorteilen weiter auf Einwegflaschen. Einweg ist aber ein Irrweg und für den Verbraucher ein teurer dazu, denn vom Gesamtpreis entfallen beispielsweise bei Erfrischungsgetränken sehr oft weniger als 10 % auf den Inhalt, der Hauptanteil auf den Behälter.

Als Resümee läßt sich fordern: wir sollten bestrebt sein, von der **"Wegwerf"**- zur **"Kreislauf-Wirtschaft"** zu kommen. Wir würden damit einen Beitrag zur Entlastung unserer Umwelt leisten, indem Rohstoffe nicht mehr so intensiv ausgebeutet und so schnell verbraucht würden, zu deren Gewinnung immer Wunden in der Umwelt geschlagen werden müssen, und andererseits brauchten wir die benutzten Rohstoffreste nicht wieder in so großer Menge in der Landschaft zu deponieren und zu verstreuen.

Noch sinnvoller wäre es, wenn diese Abfallmengen erst gar nicht entstehen würden, wenn Verpackungen zweckmäßiger und weniger aufwendig gestaltet wären, wenn die Langlebigkeit, Wartungs- und Reparaturfreundlichkeit von Geräten gesteigert und aus Werkstoffen gefertigt werden, deren Verwertung möglich ist, kurz, wenn das Entstehen von so großen Abfallmengen vermieden werden könnte und die nicht vermeidbaren Abfälle so weit wie möglich verwertet und der unvermeidbare Rest umweltfreundlich und kontrolliert beseitigt werden kann.

Versuch: ***Recycling von Altpapier***

Die Wiederverwertung von Altpapier ist heute fast eine Selbstverständlichkeit. Seine Aufbereitung soll in einem Versuch nachvollzogen werden.

Dazu werden 4 bis 5 Zeitungsseiten und zur Qualitätsverbesserung noch Fließpapier (= reiner Zellstoff) in kleine Stücke zerrissen, in einem Kochtopf mit viel Wasser eingeweicht, etwa 30 Minuten gekocht und mit einem Handmixer zu einem homogenen Papierbrei verrührt.

Der Papierbrei wird jetzt in einen selbsthergestellten, mit Fliegendraht bespannten Lattenrahmen eingefüllt und darauf gleichmäßig verteilt. Das überschüssige Wasser läuft durch das Drahtnetz in eine untergestellte Entwicklerschale ab. Mit einem in den Rahmen passenden Brett wird Restwasser ausgepreßt. Der Rahmen mit der auf dem Sieb zurückbleibenden, verfilzten, dünnen Papierlage wird mit Schwung auf einen Stoffilz aufgekippt.

Auf das Papier wird jetzt von oben noch ein Filz bzw. eventuell weitere Papiere + Filze aufgelegt. Der Filz soll Restwasser aufsaugen. Nach Beschwerung mit dem Brett wird das Ganze zum Nachtrocknen in den Trockenschrank (70°C) geschoben oder einfach an der Luft getrocknet.

Nach Randbeschneidung auf Hefterformat kann man dieses Papier jetzt als ein Beispiel für Abfall-Recycling aufbewahren und vielleicht sogar beschreiben.

Material:
- Kochtopf
- Handmixer
- Altpapier (4 bis 5 Zeitungsseiten)
- Fließpapierlagen
- selbsterstellter Schöpfrahmen
- Stoff-Filzlagen
- Trockenschrank
- Entwicklerschale

Verwendete Literatur

BÖHLMANN, D.: Ökologische Probleme der Abfallbeseitigung. Biologieunterricht 7 (1971), S. 58-77.

BUNDESMINISTER DES INNERN (Hrsg.): Was Sie schon immer über Abfall und Umwelt wissen wollten. Kohlhammer: Stuttgart 1984.

ERBEL, A. u. KAUPERT, W.: Müll- und Abfall-Behandlung und Verwertung. Schriftenreihe, fortschrittliche Kommunalverwaltung. Grote'sche Verlagsbuchhandlung: Köln und Berlin 1965.

GROTE, H. u. MODEL, J.: Lippe-Kompost aus Lange. Müll und Abfall 6 (1978), S. 185-190.

KOCH, T.C. u. SEEBERGER, J.: Ökologische Müllverwertung. C.F. Müller: Karlsruhe 1984.

PAUTZ, D. u. PIETRZENIUK, H.-J.: Abfall und Energie. E. Schmidt: Berlin 1984.

TABASARAN, O. (Hrsg.): Abfallbeseitigung und Abfallwirtschaft. VDI-Verlag: Düsseldorf 1982.

THOME-KOZMIENSKY, K.J.: Im Abfall liegt die Zukunft. Umschau 79 (1979), S. 573ff.

6 Streusalze lassen Schnee und Eis schmelzen, aber auch unsere Strassenbäume sterben

6.1 Notwendigkeit der Schneeräumung

Die Infrastruktur unserer Wirtschaft verlangt ein hochleistungsfähiges Verkehrssystem, das aber durch Schnee und Eis im Winter in seiner Funktion behindert werden kann. Diese Beeinträchtigungen gering zu halten, ist das Ziel der Winterdienstmaßnahmen. Doch diese Maßnahmen sind, schon aufgrund der Länge des Straßennetzes, sehr teuer. Sie sind sehr personalaufwendig. Um die Kosten nicht ins Unermeßliche wachsen zu lassen, suchte man nach personal- und kostensparenden Verfahren. Diesem Anspruch wurde das Streuen von Auftausalzen, insbesondere des Natriumchlorids (NaCl) zunächst am besten gerecht.

Der seit 1956 intensiv und auch massiv betriebene Streusalzeinsatz geriet in die Kritik, als erhebliche Materialschäden an Kraftfahrzeugen und Straßenbauwerken auftraten und auch Schäden an Straßenbäumen festgestellt wurden. Dadurch wurde man gezwungen, nach alternativen Verfahren zu suchen, die dem Umweltschutzanspruch mit ökologischer Unbedenklichkeit gerecht werden und nicht ausschließlich der uneingeschränkten Aufrechterhaltung des Verkehrs das Primat einräumen. Die Verkehrssicherheit darf jedoch dabei nicht in den Hintergrund abgedrängt werden.

Bei einem absoluten Tausalzstop würden die Verkehrsbehinderungen zweifelsohne anwachsen und Mobilitätseinschränkungen mit sich bringen. Es hat sich in den harten Wintern gezeigt, daß durch eine vorsichtigere Fahrweise die Personenschäden gering gehalten werden können, aber Sachschäden ansteigen. Es muß noch erkundet werden, ob eine rigorose Einstellung der Streusalzausbringung auf allen Straßen, ob in Stadt und Land gesamtökonomisch vertretbar ist.

Auf jeden Fall muß die Reduzierung der eingesetzten Salzmenge und der Ersatz durch alternative Stoffe weiter verfolgt werden. Ein Hindernis liegt hierbei in der gesetzlich geregelten Räum- bzw. Streupflicht bei Schnee und Eis. Die Träger dieser Streupflicht wie Straßenbauämter und Stadtreinigungsbetriebe versuchen, den haftungsrechtlichen Konsequenzen eher durch ein Zuviel und einem unkritischen Einsatz an Streumittel zu entgehen.

In vielen Kommunen wird inzwischen auf den Einsatz von Streusalz verzichtet und wieder mehr die Schneeräumung betrieben. Die Streusalzverzichte, z.B. in Berlin seit dem Winter 1981/82 haben ergeben, daß auch mit der abstumpfenden Wirkung von Granulat die Verkehrssicherheit in ausreichendem Maße gewährleistet bleibt. Hinzu kommt auch mehr Umsicht und Aufmerksamkeit bei den Verkehrsteilnehmern und ein vermehrtes Umsteigen auf öffentliche Verkehrsmittel, ein Zeichen dafür, daß der Bürger im Interesse einer verbesserten Umwelt durchaus bereit ist, Opfer zu bringen.

Bei extremer Winterglätte besteht zur Vermeidung eines hohen Unfallniveaus sowie zur Aufrechterhaltung des Busverkehrs und der Funktionsfähigkeit des Wirtschaftsverkehrs an Hauptstraßenkreuzungen, wichtigen Bushaltestellen und stärkeren Gefällstrecken die Möglichkeit von sogenannten "Notsalzungen". Berliner Erfahrungen haben gezeigt, daß die Hauptstraßen im innerstädtischen Bereich nach Schneeräumung auch ohne Salzstreuung nach 2 bis 3 Tagen durch den Verkehr selbst so sauber gefegt waren wie nach früheren Salzstreuungen. Mithelfen dürften dabei die höheren Temperaturen in Innenstadtbereichen und die kinetische Energie der vielen rollenden Fahrzeuge, die Schnee- und Eisdecken zerkleinern helfen und beiseite schleudern.

Verschaffen wir uns zunächst einen Überblick über die Streumittel.

6.2 Arten und Eigenschaften von Streustoffen

Es gibt abstumpfendes Streugut und chemische Auftaustoffe.

6.2.1 Abstumpfendes Streugut

Zu den abstumpfenden Mitteln, die die winterliche Glätte von gefrorenem Wasser mindern sollen, gehören seit jeher Sand, Asche und Schlacke, auch noch Splitt und Kies. Das heute vielverwendete Granulat besteht aus abgeschreckter Schlacke, die bei der Steinkohleverstromung in Kraftwerken anfällt. Sie wird gemahlen und für das Streuen die Korngrößen 4 bis 6 mm ausgesiebt. Der gröbere Splitt wird aus zerkleinertem Naturstein oder Ziegelabfall gewonnen. Er, wie auch das Granulat, werden vor allem auf feste Schneedecken gestreut und sollen diese abstumpfen. Die Glätte von vereisten Fahrbahnen kann durch diese abstumpfenden Mittel kaum gemindert werden, denn sie bleiben nicht haften und werden durch die Fahrzeuge schnell zur Seite geschleudert. Man muß sich allgemein bewußt sein, daß durch den Einsatz abstumpfender Mittel die Straßenglätte verringert, aber nicht beseitigt wird. Das Streugut muß im Frühjahr als Rückstand vom Fahrbahnrand aufgenommen werden.

Dem Granulat wird angelastet, daß es erhebliche, allerdings zu behebende Verschmutzungen, herbeiführt, ferner Fahrbahnmarkierungen schneller abradiert und einen schnelleren Verschleiß bei Autoreifen verursacht. Diese Nachteile und Beeinträchtigungen sind volkswirtschaftlich wesentlich geringer als die noch zu nennenden Schäden, die Streusalz verursacht. Wegen der genannten Nachteile wird das Granulat auch wiederholt von Mitbürgern angegriffen. Bei sparsameren Einsatz und schnellstmöglicher Räumung von Granulat und Splitt könnten die Beeinträchtigungen und die Kritik an dem Einsatz dieser Mittel gemildert werden.

6.2.2 Chemische Auftaumittel

Die chemischen Auftaumittel sind diesbezüglich zweifelsohne problemloser, denn sie sind wasserlöslich und werden mit dem Schmelz- bzw. weiterem Niederschlagswasser weggespült. Sie setzen den Gefrierpunkt des Wassers herab und lassen Eis und Schnee auch bei Temperaturen von unter 0°C schmelzen.

Versuch: *Gefrierpunkterniedrigung durch Streusalz* S. 104

Als solche Taumittel eignen sich aufgrund ihrer physikalisch-chemischen Eigenschaften eine ganze Reihe von Substanzen. Das billigste Taumittel ist das Natriumchlorid (NaCl), gefolgt vom Calciumchlorid ($CaCl_2$), Harnstoff $CO(NH_2)_2$, Magnesiumchlorid ($MgCl_2$), Natriumsulfat (Na_2SO_4) u.a.

Das zum Auftauen eingesetzte Natriumchlorid wird als Steinsalz in bei uns reichlich vorkommenden Salzlagerstätten abgebaut. Es wird, damit es nicht mißbräuchlich anderweitig eingesetzt wird, mit Farbzusätzen denaturiert (z.B. 2 g Eosin oder Berliner Blau je Tonne). Durch Zumischung von Calciumchlorid kann die Tauleistung des Natriumchlorids wesentlich verbessert werden. Calciumchlorid hat nämlich den Vorteil, daß es leichter wasserlöslich ist und beim Auflösen Wärme abgibt (exotherme Auflösung), die besonders bei tiefen Temperaturen den Tauvorgang begünstigt. Natriumchlorid verlangt hingegen bei der Wasserauflösung eine Wärmezufuhr (endotherme Auflösung) und führt zunächst zu einer Abkühlung der Umgebung. Hinzu kommt, daß Calciumchlorid hygroskopisch ist, dabei Feuchte aus der Luft absorbiert und eine bessere Liegefähigkeit auf der Straße erhält, was in der Mischung dann auch das kaum hygroskoische Natriumchlorid auf der Straße festhält. Mit einer Mischung aus 80 % Natriumchlorid und 20 % Calciumchlorid lassen sich bessere Wirkungen erzielen, als mit reinem Steinsalz. Die Einsatzmenge von Streusalz pro Quadratmeter Streufläche kann dadurch auf 10 g, statt wie bisher 15 bis 25 g pro Einsatz reduziert werden. Bei bis zu 40 Streueinsätzen wurden aber dennoch 1 bis 2 kg Salz pro m^2 und Winter ausgestreut. Insgesamt wurden auf den Straßen der Bundesrepublik Deutschland in den Jahren 1976 bis 1979 jährlich zwischen 1 bis 3 Millionen Tonnen Auftausalze gestreut.

Auf Flugplätzen, die auf jeden Fall eis- und schneefrei sein müssen, wird anstelle von Auftausalzen teurer Harnstoff (entweder trocken oder gelöst in Isopropanol) eingesetzt. Der Harnstoff setzt ebenfalls den Gefrierpunkt herab und verhindert Eisbildung. Er löst, anders als Salz, an der Metallhaut der Flugzeuge keine Korrosion aus. Beim chemischen Abbau werden Stickstoffverbindungen frei, die sich im Boden neben den Landebahnen anreichern. Dies deutet sich in den wesentlich grüneren Randstreifen der Rasenflächen entlang der Flugbahnen an.

Die als alternativ angepriesenen Auftaumittel wie Ammonphosphat (normalerweise ein Düngesalz) oder auch gemahlenes Dolomitgestein mit $MgCO_3$ + $CaCO_3$ (ein Abstumpfmittel, da wenig wasserlöslich) führen aber ebenfalls nach zwei bis drei Jahren zu einer Art Versalzung und verursachen dann, ausgewaschen und in Gewässer hineinverfrachtet, dort eine Überdüngung, eine Eutrophierung.

Damit sind ökologische Beeinträchtigungen angesprochen, die durch die Streusalze verursacht werden.

Versuch: *Gefrierpunkterniedrigung durch Streusalz*

Durch Zugabe von Alkalichloriden zu Wasser erfährt dieses eine Gefrierpunkterniedrigung, die man sich beim Abtauen von Schnee und Eis auf unseren Straßen zunutze machen kann.

Destilliertes Wasser, d.h. Wasser ohne jeglichle Salzbestandteile gefriert bei 0°C. Werden in diesem Wasser Salze gelöst, so gefriert es erst unter 0°C und der Gefrierpunkt erniedrigt sich mit zunehmender Konzentration der gelösten Salze.

Die Gefrierpunkterniedrigung wird an Streusalzlösungen mit den Konzentrationen 1 % und 2,5 % (aus folgendem Kresse-Keimungsversuch) getestet.

Zur Vorbereitung wird zunächst eine Gefriermischung aus zerkleinerten Eiswürfeln (auf Holzunterlage mit Hammer zerschlagen) und Streu- bzw. Kochsalz im Verhältnis 10 : 1 in ein Becherglas gefüllt. Dann werden jeweils 5 ml der Testlösungen in Reagenzgläser gefüllt und nacheinander einzeln in die Gefriermischung des Becherglases eingesetzt. In die Testlösung wird ein Thermoelement eines Digital-Temperaturmeßgerätes oder ein Thermometer eingeführt und die Temperaturentwicklung verfolgt.

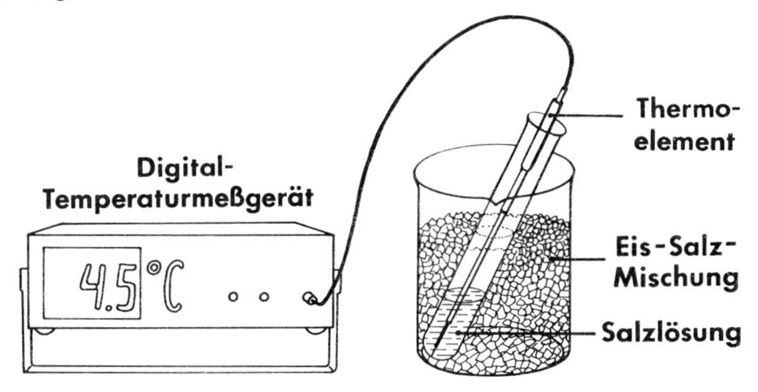

Die Temperaturen in den Streusalzlösungen werden vor dem Gefrieren etwa -5°C bzw. -7°C erreichen, womit die Gefrierpunkterniedrigung, auch in Abhängigkeit von der Salzkonzentration bewiesen wäre. Das Erreichen des Gefrierpunktes zeigt sich durch das plötzliche Ansteigen der Temperatur um ca. 5°C an, weil durch die Eisbildung Kristallisationswärme freigesetzt wird. Das Thermoelement bzw. das Thermometer wird jetzt schnell herausgezogen, das Reagenzglas aus dem Becherglas genommen und durch Kippen das Gefrieren der Testlösungen demonstriert.

Material:
- Becherglas (250 ml)
- 2 Reagenzgläser
- Streusalzlösungen (1 %, 2,5 %)
- Thermoelemente + Digital-Temperaturmeßgerät TT 4010
  (Fa. Siebert & Kühn, Postfach 40, D-3504 Kaufungen) bzw. Thermometer
- Eiswürfel
- Hammer + Holzunterlage
- Streu- oder Kochsalz

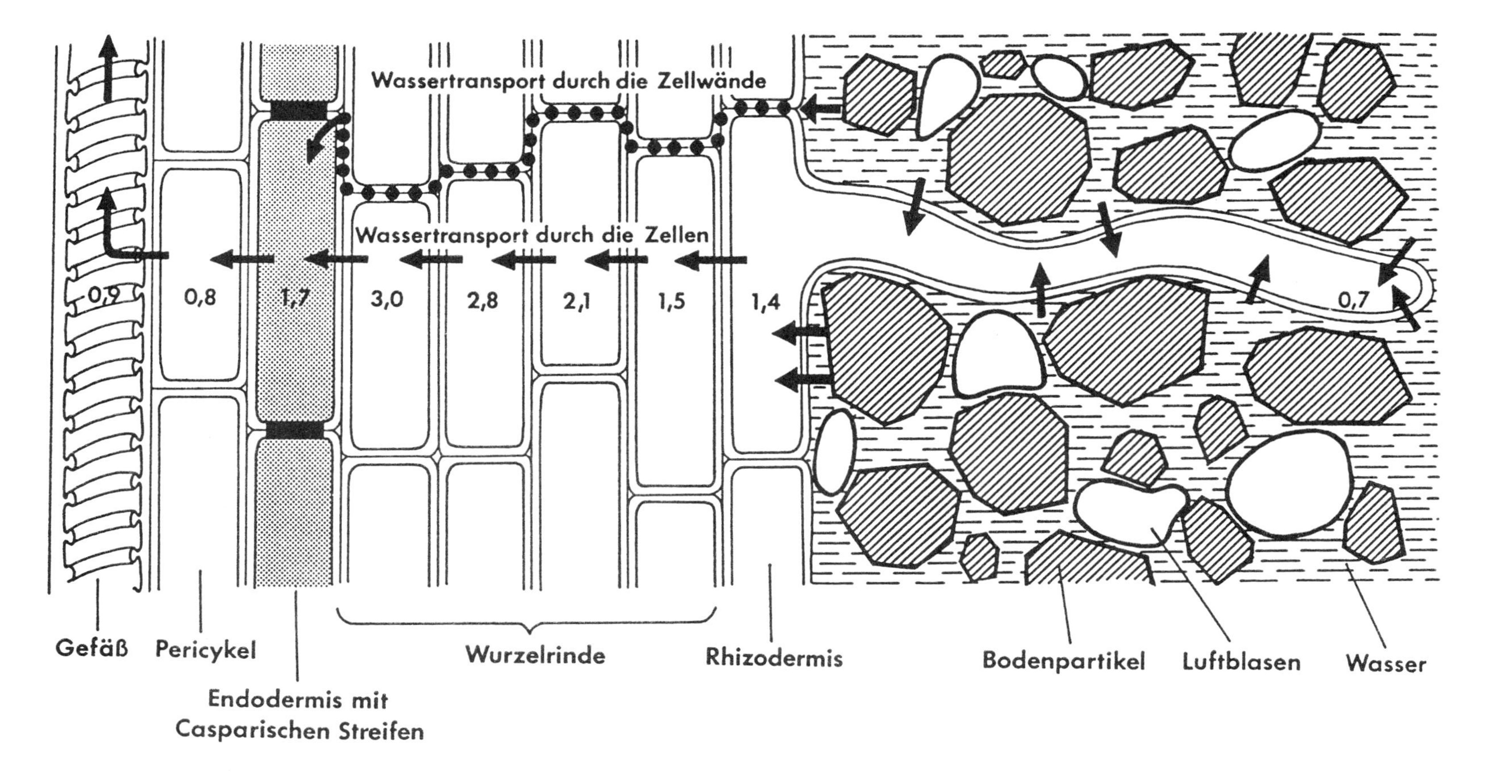

Abb. 105.1: Schematischer Radialschnitt einer Wurzel mit den Aufnahmewegen des Bodenwassers und den relativen osmotischen Werten.

6.3 Ökologische Schäden durch Auftausalze

Durch die ausgebrachten Auftausalze kann die Straßenrandvegetation geschädigt werden. Darüber hinaus erfährt der Boden, auf dem diese Vegetation stockt, negative Veränderungen, wodurch eine zusätzliche, indirekte Beeinträchtigung an der Vegetation eintreten kann. Durch das versickernde, mit Salzen angereicherte Schmelzwassser gelangen die Auftausalze über das Grundwasser in Flüsse und Seen und können hier Versalzungen herbeiführen, die den Süßwasserorganismen in der Regel nicht behagen und absterben lassen. Sie werden dann durch Brackwasserorganismen ersetzt.

Diese Erscheinung kann man besonders ausgeprägt an den Flußteilen beobachten, die von den Abwässern der Kalibergwerke an Oberrhein und Werra/Weser belastet werden. Trink- und Brauchwasser, welche aus solcherart versalzte Oberflächengewässer entnommen werden, verlangen aufwendige Reinigungsmaßnahmen. Es muß u.U. durch teure Ionenaustauscher geschickt werden.

6.3.1 Wirkung des Streusalzes auf den Boden

Bekannt ist, daß die in Wüstenregionen vorkommenden Salzseen absolut unfruchtbar sind und daß durch Bewässerung mit salzhaltigem Wasser Kulturböden schnell unfruchtbar werden.

In unserem humiden bis semihumiden Klima mit relativ hohen Niederschlägen ist eine Entwicklung zur Versalzung allgemein nicht zu befürchten, weil die Salze leicht ausgewaschen werden.

Der massierte Einsatz des NaCl als Auftaumittel ab dem Jahre 1956 hat dazu geführt, daß es im Bodenkörper neben den Straßen angereichert vorkommt. Es akkumuliert sich besonders in ton- und humusreichen Böden mit ihren relativ großen Bindungsoberflächen für Ionen. Hier kann die Natrium-Konzentration gegenüber unbeeinflußten Böden um das 10- bis 20fache höher liegen. Durch die Salzakkumulation in der Bodenlösung können pflanzenschädigende Konzentrationen erreicht werden. Diese Situation ist vor allem im Frühjahr zu beobachten, wenn das während des gesamten Winters in den obersten Bodenschichten angereicherte Salz schlagartig in den Wurzelbereich eingeschwemmt wird. In den Städten ist dies besonders an Baumscheiben festzustellen, weil durch die Pflasterung bzw. Asphaltierung der Straßen nicht genügend Sickerwasser zur Verfügung steht, welches das überschüssige Salz auswaschen kann. Durch den leicht ablaufenden Austausch von Na^+ gegen Ca^{2+}, Mg^{2+}, K^+ und NH_4^+ an den Bodenkolloiden kann eine Verarmung an diesen wichtigen Pflanzennährelementen auftreten, die nach der Verdrängung durch Na^+ mit dem Sickerwasser in das Grundwasser ausgewaschen werden (**Abb. 107.1**).

Die zweite negative Auswirkung besteht darin, daß die Bodenpartikel, d.h. die Bodenkolloide durch die Natriumsättigung in ihre Einzelbodenpartikel zerfallen und damit der lockere Bodenzustand verloren geht. Es kommt zu einer Bodenverdichtung (**Abb. 107.1**), d.h. die Bodenporen werden kleiner und das Kapillarsystem im Boden verringert sich. Dadurch wird wiederum der Wasser- und Lufthaushalt ungünstiger. Die Wurzeln der Pflanzen und die Bodenlebewelt werden dann nur ungenügend mit Sauerstoff versorgt. Durch die Verdichtung wird dann auch die Salzauswaschung verzögert, was das osmotische Potential der Bodenlösung ansteigen läßt, wodurch es die hier stockenden Pflanzen schwerer haben, Wasser aufzunehmen; sie können u.U. physiologisch vertrocknen. Normalerweise ist es so, daß der Zellsaft in den Wurzelhaaren gegenüber der Bodenlösung eine höhere Konzentration und damit einen höheren osmotischen Wert aufweist (**Abb. 105.1**). Dadurch kann Wasser durch die Plasmamembran in die Pflanze "hineinfließen". Steigt jedoch die Salzkonzentration durch die Streusalzzufuhr im Boden an, so kann u.U. umgekehrt der Wurzel Wasser entzogen werden: der Zellinhalt plasmolysiert und kollabiert.

Versuch: ***Einfluß von Streusalz auf die Wasseraufnahme von Pflanzen*** **S. 108**

In versauerten Böden kann das Al^{3+} durch Na^+ von den Bodenkolloiden verdrängt werden, welches dann in der Bodenlösung als Wurzelgift toxisch wirken kann. Das Cl^- wird dagegen nur minimal an den Bodenkolloiden gebunden und schneller ausgewaschen. Im Mai kann es u.U. schon völlig ausgewaschen sein, während der Na-Gehalt noch die 2- bis 7fache Konzentration gegenüber einem Vergleichsboden aufweisen kann. Mit dem Durchsickern des Streusalzes in den Grundwasserkörper ist dieses noch nicht unschädlich geworden, sondern erst nur verlagert worden.

Versuch: ***Bestimmung des Chloridgehaltes in Bodenproben und Pflanzenteilen***

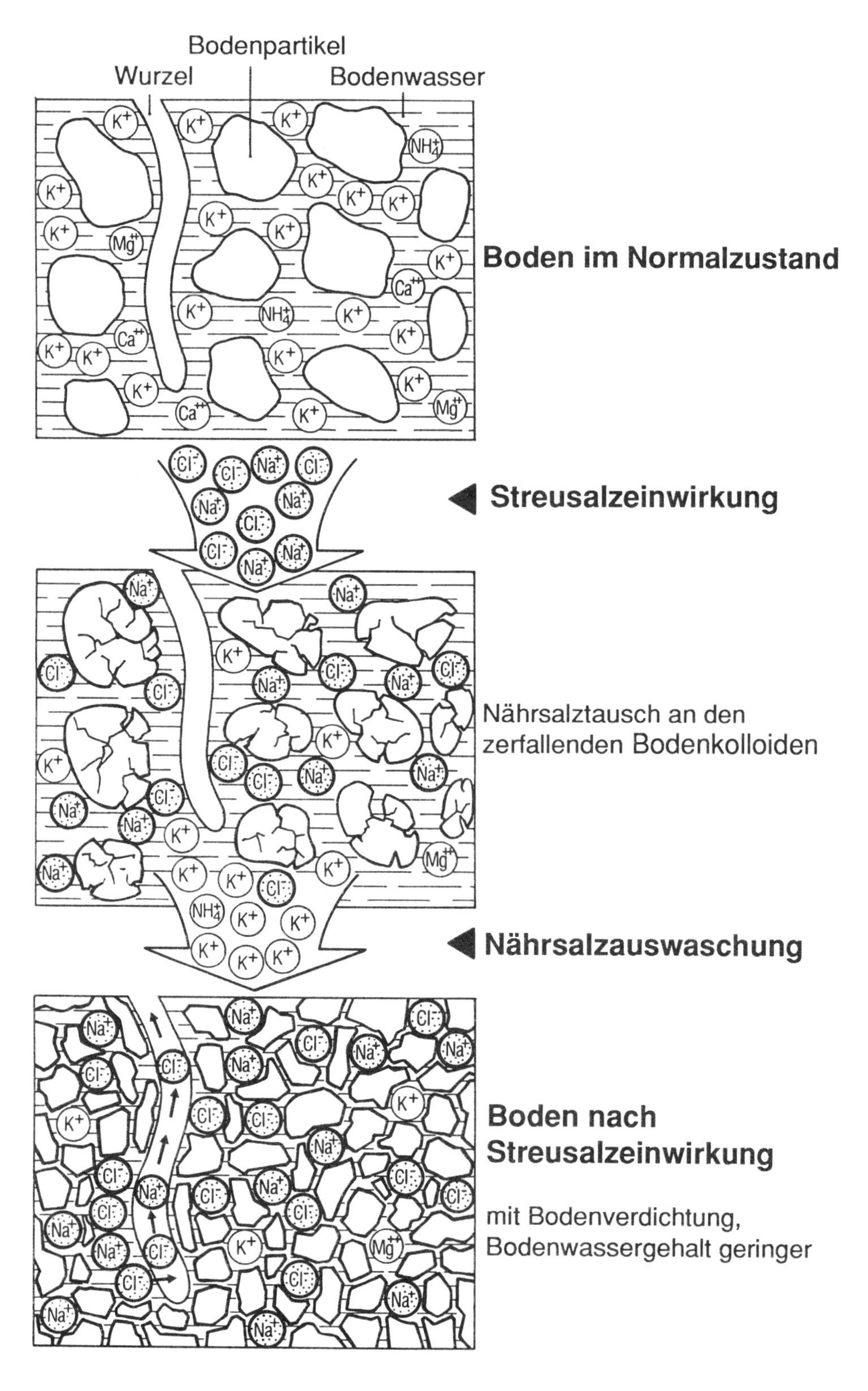

Abb. 107.1: Wirkungsverlauf von Streusalz im Boden (verändert nach HIERTH).

Versuch: *Einfluß von Streusalz auf die Wasseraufnahme von Pflanzen*

Die Streusalzausbringung auf unseren Straßen kann die am Rande wachsenden Pflanzen dadurch schädigen, daß ihnen aufgrund des im Boden entstehenden höheren osmotischen Wertes die Wasseraufnahme erschwert bis unmöglich gemacht wird und die Gewebe der Feinwurzeln u.U. durch Plasmolysierung eine Schädigung erfahren.

Diese Schwierigkeiten sollen indirekt im folgenden Versuch nachgewiesen werden. Dazu werden gleichgroße, frisch gechnittene Blätter eines Alpenveilchens zu je 2 oder 3 in Standzylinder bzw. Reagenzgläser mit Skaleneinteilung gestellt, welche mit 20 ml Streusalzlösung der Konzentrationsstufen 0 %, 1 %, 2,5 %, 5 % und 10 % (aus folgendem Kresse- und Keimungsversuch) gefüllt sind.

Um Verdunstungsverluste zu unterbinden, wird nach Einsetzen der Blätter die Streusalzlösung mit Hilfe einer Pipette mit etwa 0,5 ml Paraffinöl überschichtet. Dann wird der Flüssigkeitsstand mit einem Filzstift am Glas vermerkt.

Nach 2 Tagen wird die aufgenommene Wassermenge und das Aussehen der Blätter (normal, erschlafft, angetrocknet) protokolliert und in der Übersichtstabelle aufgeführt.

Streusalzansätze Konzentration in %	aufgenommene Wassermenge in ml	Bewertung des äußeren Erscheinungsbildes der Blätter
0		
1		
2,5		
5		
10		

Material: Alpenveilchenblätter
5 Standzylinder (100 ml) oder
Reagenzgläser mit Skaleneinteilung
Reagenzglasständer
Streusalzlösungs-Ansätze (1 %, 2,5 %, 5 %, 10 % aus Kressekeimungsversuch)
Paraffinöl
Pipette 1 ml
Filzstift

Versuch: *Bestimmung des Chloridgehaltes in Bodenproben und Pflanzenteilen vom Rande von mit Streusalz behandelter Verkehrswege*

Die im Winter auf Verkehrswegen zum Abtauen von Schnee und Eis ausgebrachten Streusalze gelangen oft mit dem Spritz- und Schmelzwasser an den Rand der Fahrbahnen und von dort, sofern sie nicht über die Kanalisation abfließen, in den Boden und können hier wachsende Pflanzen beeinträchtigen.

Mit der nachfolgenden Untersuchung soll quantitativ (titrimetrisch) der Chloridgehalt von Bodenproben und Pflanzenteilen bestimmt werden, die vom Rande von mit Streusalz behandelten Straßen (z.B. Autobahnen) gewonnen werden. ▶

Die **Bodenproben** werden in einer Entfernung von 1, 3 und 5 m vom Straßenrand von der Bodenoberfläche entnommen und in Plastiktüten transportiert. Sie werden im Trockenschrank bei 103°C getrocknet. Bei humusreichen Proben empfiehlt sich eine Veraschung in einem Porzellantiegel über einem Bunsenbrenner oder im Muffelofen. Sodann werden 20 g der getrockneten bzw. veraschten Bodenproben in einen Erlenmeyerkolben gegeben und mit etwa 60 ml Aqua dest. übergossen, etwa 2 bis 3 Minuten kräftig durchgeschüttelt und in einem Meßkolben abfiltriert. Es wird auf 100 ml mit Aqua dest. aufgefüllt.

Zum Nachweis des Chloridgehaltes in **Pflanzen** werden von Bodenpflanzen oder Gehölzen, die 1 und 5 m vom Straßenrand entfernt stehen, Blätter bzw. Nadeln gewonnen, im Wärmeschrank bei 103°C getrocknet und im Mörser zerkleinert. Von dem zermörserten Pflanzenmaterial werden 20 g in einem Porzellantiegel über dem Bunsenbrenner oder im Muffelofen verascht. Die Asche wird in ca. 20 ml Aqua dest. aufgenommen und in einen Meßkolben abfiltriert. Es wird zweimal mit Aqua dest. nachgespült und auf 100 ml aufgefüllt.

Zur **quantitativen Bestimmung** des Chloridgehaltes wird folgendermaßen verfahren:
- 20 ml der filtrierten Boden- bzw. Pflanzenauszüge werden in ein Becherglas gegeben
- 1 ml 5%ige Kalium-chromat-Lösung hinzugeben
- eine Spatelspitze $NaHCO_3$ zur Abpufferung hinzugeben
- 5 Tropfen Salpetersäure hinzufügen, damit entstehendes Silbercarbonat wieder zersetzt wird
- mit 0,01 N Silbernitratlösung bis zum Farbumschlag von gelb nach rot titrieren

Aus dem Verbrauch von Silbernitrat bei der Titration läßt sich deshalb der Chloridgehalt ermitteln, weil sich nach Bindung aller Chlorionen durch Silberionen ($Ag^+ + Cl^-$ -------> $AgCl\downarrow$) hinzugefügtes, überschüssiges Silbernitrat sofort in rotbraunes Silberchromat umwandelt ($K_2CrO_4 + 2\ AgNO_3$ --------> $Ag_2CrO_4 + 2\ KNO_3$). Die Titration wird sofort eingestellt und der Verbrauch abgelesen.

Der Verbrauch von 1 ml 0,01 N Silternitratlösung entspricht 0,354 mg Cl oder 0,58 mg NaCl.

Beispielsrechnung:
- 20 g Trockensubstanz extrahiert, aufgefüllt auf 100 ml, davon
- 20 ml entnommen für Titration
- Verbrauch an 0,01 N $AgNO_3$: 15 ml (1 ml 0,01 N $AgNO_3$ = 0,58 mg NaCl)

$$\frac{15\ (= AgNO_3) \cdot 0{,}58 \cdot 100}{20 \cdot 20} = 2{,}175 \text{ mg NaCl/g Trockensubstanz}$$

Die ermittelten Kochsalzwerte der Boden- bzw. Nadel- oder Blatt-Herkünfte werden aufeinander bezogen und relativiert.

Material:
Bunsenbrenner + Stativ + Tondreieck oder Muffelofen
2 Nadel- oder Blatt-Herkünfte

Analysenwaage	3 Bodenproben
3 Erlenmeyerkolben	Mörser+ Pistill
5 Meßkolben	K_2CrO_4-Lösung 5%ig
5 Porzellantiegel	$AgNO_3$-Lösung 0,01 N
Trichter + Filter	5 Büretten + Stative
Trockenschrank	5 Bechergläser

6.3.2 Streusalzschäden an der Vegetation

Durch das Spritzwasser bilden sich auf den Pflanzenoberflächen regelrechte Salzkrusten, die durch die im Winter oft fehlenden Regenniederschläge nicht abgewaschen werden. Sie können Verätzungen herbeiführen, die als Kontaktschäden bezeichnet werden. Das aufgesprühte Salz kann auch durch die Epidermis hindurch in das Pflanzeninnere gelangen und dann den Stoffwechsel stören.

Das Überangebot an Na^+ und Cl^- in der Bodenlösung bedingt deren vermehrte Einschleusung und führt gleichzeitig zu einer Aufnahmeverringerung der Pflanzennährelemente Mg, K und Ca, wodurch es zu Mangelerscheienungen kommen kann. Als Nährelemente sind aber Natrium und Chlorid im Stoffwechsel der Pflanze fast bedeutungslos. Besonders nachteilig macht sich die Nährelementverdrängung bei Keimlingspflanzen bemerkbar.

Versuch: ***Einfluß von Streusalzen auf das Auskeimen von Kressesamen***

Bei Bäumen erfährt das Kambium Störungen in seiner Zellteilungsaktivität, so daß weniger Zellen gebildet und die Jahresringe dadurch schmaler werden.

Die Blätter wachsen durch ein Zuviel an NaCl nicht zu normaler Größe heran und zeigen zudem an den Blatträndern nekrotische Schäden mit Verfärbungen (**Abb. 111.1**). Diese Blätter werden frühzeitig abgeworfen; sie weisen in physiologischer Hinsicht Symptome vorzeitigen Alterns auf. Bei der Linde hat man ein mehrfaches Abwerfen und Neuaustreiben der Blätter in einer Vegetationsperiode (bis zu 6 mal) beobachtet. Dadurch erschöpfen sich die Reservestoffe des Baumes, zumal die geschädigten Blätter kaum photosynthetisch produktiv sein können. Als nächstes sterben die Äste dieser Bäume ab. Ein solcherart geschädigter Baum dürfte erfahrungsgemäß dann nur noch 2 bis 4 Vegetationsperioden überstehen.

Besonders salzempfindlich unter den Straßenbäumen sind Ahorn, Linde und Roßkastanie. Die Platane ist mäßig empfindlich. Die Robinie und die Eichen gelten als salztolerant. An den bundesdeutschen innerstädtischen Straßen gibt es etwa 2 Millionen Bäume, die zu zwei Drittel aus den genannten salzempfindlichen Baumarten bestehen und von denen Hunderttausende Schäden aufweisen. Jährlich sterben von ihnen etwa 20.000, wobei die Salzschäden zweifelsohne die Hauptschuld an dem Absterben tragen.

In Hamburg sind in manchen Straßen 10 Prozent der Bäume abgestorben. Bei Ersatz von abgestorbenen Bäumen sollte man, sofern noch Salz gestreut wird, auf salztolerante Bäume zurückgreifen. In Berlin, der Stadt mit der größten Baumzahl pro Kilometer unter allen Städten, waren 5 % der Straßenbäume akut gefährdet. Das Aussetzen der Salzstreuung hat diese Bäume wieder gesunden lassen.

Dort, wo man sich zu dem Tausalzstop noch nicht durchringen konnte, sollte die Dosierung herabgesetzt (auf unter 10 g/m^2) und auf Hauptstraßen begrenzt werden. Auf Bürgersteigen und in Nebenstraßen sollten nur abstumpfende Mittel eingesetzt werden. In vielen Gemeinden ist ein solch umweltfreundlicher Winterdienst inzwischen allgemeine Praxis geworden.

Auf Bundesautobahnen und Fernstraßen wird man vorerst wohl keine Einschränkungen des Salzstreuens bzw. des Salzlaugenspritzens vornehmen. Selbst die widerstandsfähigsten Gehölze werden hier an den Rändern und auf den Mittelstreifen auf Dauer wohl den salzigen Bedingungen nicht gewachsen sein.

6.4 Durch Auftaumittel verursachte Sachschäden

6.4.1 Materialschäden an Kraftfahrzeugen

Auftaumittel sind etwa zur Hälfte an Korrosionsschäden von Kraftfahrzeugen beteiligt. Der andere Korrosionsfaktor sind atmosphärische Einwirkungen wie Luftverunreinigungen in Verbindung mit hoher Luftfeuchtigkeit.

Natürlich besitzt die herstellungsbedingte Vorbehandlung und die Pflege der Kraftfahrzeuge Einfluß auf die Korrodierbarkeit. Das übliche Lackiersystem der Karosserien bietet normalerweise einen guten Schutz gegen die aggressiven Auftaumittel. Der Schutz geht jedoch dann verloren, wenn der Lack durch Alterung oder mechanische Beschädigungen (Kratzer, Steinschlag, Unfallschäden) verletzt wird und Auftausalze eindringen können. Es gibt am Kraftfahrzeug besonders gefährdete Positionen, wie z.B. unter den Kotflügeln oder an der Innenseite der Türen, die man daher durch Hohlraumversiegelung und Unterbodenschutz korrosionssicher machen sollte.

Versuch: *Einfluß von Streusalzen auf das Auskeimen von Kressesamen*

Durch höhere Konzentrationen von Streusalzen im Boden kann die Entwicklung und das Wachstum von Pflanzen behindert und beeinträchtigt werden. Dies läßt sich am leichtesten an auskeimenden Kressesamen nachweisen.

Zunächst wird eine 10 %ige Streusalz-Stammlösung angesetzt, für die 50 g Streusalz in 500 ml Aqua dest. in einem Meßkolben gelöst wird. Aus dieser Stammlösung wird eine Verdünnungsreihe mit folgenden Konzentrationen hergestellt: 1,0 %, 1,25 %, 1,5 %, 1,75 %, 2 %, 2,5 %. Für die 1 %ige Lösung werden 10 ml von der Stammlösung abpipettiert, für die 1,25 %ige Lösung 12,5 ml, für die 1,5 %ige Lösung 15 ml usw. und in Meßkolben auf 100 ml mit Aqua dest. (u.U. auch Leitungswasser) aufgefüllt.

Dann werden die Unterteile von 2 x 6 Petrischalen (als Doppelansatz) mit drei Lagen Filterpapier (ϕ 9 cm) ausgelegt und mit den angesetzten Lösungen angefeuchtet. Als Kontrolle werden zwei Schalen nur mit Wasser angefeuchtet. Jetzt werden in jede Schale etwa 50 Kressesamen gegeben, der Petrischalendeckel aufgesetzt, entsprechend beschriftet und bei Zimmertemperatur an ein Fenster gestellt. Bei Bedarf muß mit der entsprechenden Salzlösung nachgefeuchtet werden.

Nach 4 bis 7 Tagen wird die Keimungssituation der Kressesamen beurteilt. Es sind Abstufungen der Wachstumsintensität mit zunehmender Streusalzkonzentration festzustellen. Die Kressesamen auf den 2- und 2,5 %igen Konzentrationen werden nicht mehr auskeimen.

Material:
- 1 Meßkolben (500 ml) für Stammlösung
- 6 Meßkolben (100 ml)
- 10 Petrischalen
- Filterpapier (9 cm ϕ)
- Pipette (50 ml)
- Kressesamen
- Filzstift

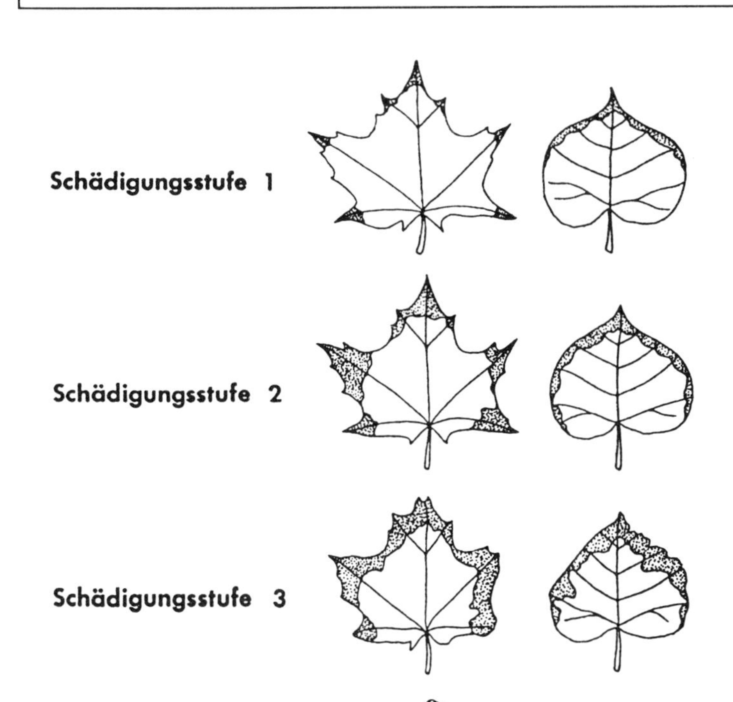

Abb. 111.1:

Durch Streusalz verursachte nekrotische Erscheinungen an den Blättern von Ahorn und Linde

Demonstration:	*Korrosivität von Auftausalzen an Metallen*

6.4.2 Materialschäden an Betonbauwerken

Die Schädigungen von Betonbauwerken durch Auftausalze sind vielfach mit zerstörerischen Vorgängen aus der Frostsprengung gekoppelt. Die auf das Auftausalz zurückzuführenden Schäden resultieren z.B. aus dem endothermen Auftauprozeß des NaCl, der Schmelzwärme erfordert, welche beim Auftauen der Tausalze innerhalb kurzer Zeit zur Verfügung stehen muß. Sie wird z.B. auf Brükkenbauwerken überwiegend der Unterlage, dem Betonbauwerk, entzogen. Der Wärmeentzug führt aber, trotz höherer Wärmepeicherfähigkeit (im Vergleich zur Luft tausendfach höher) und höherem Wärmeleitvermögen von Beton, zu einer raschen Abkühlung, zu einem Temperaturschock, mit der Folge, daß in der Betonoberfläche Spannungen entstehen, die bei häufiger Wiederholung zu Gefügestörungen im Zementgestein und zur Verringerung der Festigkeit führen.

Ein nennenswerter chemischer Angriff erfolgt nicht, außer daß konzentrierte Lösungen der Alkalichloride Kalk auslaugen können. Im Stahlbetonbau erliegt vor allem die Eisenbewehrung, die gewöhnlich nicht rostgeschützt ist, der Korrosion. Hier muß der Beton so abgedichtet werden, daß die Tausalzlösungen nicht an den Stahl herankommen.

Verwendete Literatur

ALBERT, R. u. FALTER, J.: Stoffwechselphysiologische Untersuchungen an Blättern streusalzgeschädigter Linden in Wien. I. Salzgehalt und Ionenbilanz. Phyton 18, 3-4, 1978, S. 173-197.

AUHAGEN, A. u. SUKOPP, J.: Es genügt nicht, Salzstreuen zu verbieten. Umweltschutzforum 50 (1980), S. 33-35.

BLUM, W.E.: Salzaufnahme durch die Wurzeln und ihre Auswirkungen. Eur. J. For. pathol. 4 (1974), S. 41-44.

BROD, H.G.: Auswirkung von Auftausalzen auf Boden, Oberflächen- und Grundwasser entlang der Bundesautobahn I - IV. Z. Vegetationstechn. 2 (1980), S. 93-107, 145-159.

BROD, H.G. u. PREUSSE, H.U.: Einfluß von Auftausalzen auf Boden, Wasser und Vegetation I - III. Rasen 6 (1979), S. 21-27, 46-57.

BROD, H.G. u. PREUSSE, H.U.: Wirkung von Auftausalzen auf Straßenrandzonen. Z. Vegetationstechn. 2 (1979), S. 34-37.

BUSCHBOM, U.: Salzschäden an Holzgewächsen. Mitt. Dt. Dendrologische Ges. 66 (1973), S. 133-151.

GREGOR, H.D.: Wo und wodurch ist der Stadtbaum gefährdet. Gartenamt 31 (1982), S. 642-655.

HIERTH, B.: Streusalz. Gift für Autos, Bäume und Boden. Bild der Wissenschaft 2 (1981), S. 68-77.

HÖSTER, H.R.: Jahresringe als Indikatoren für Umweltbelastungen. Verh. Ges. Ökologie VII (1979), S. 337-342.

KRAPFFENBAUER, A.: Straßenrandvegetation und Auftaumittel. Cbl. ges. Forstwesen 93 (1976), S. 23-39.

MÜLLER, H.J.: Entwicklung umweltfreundlicher Auftaumittel. Gartenamt 29 (1980), S. 22-24.

RUGE, U.: Baumsterben durch Auftausalze. Umschau Wiss. Techn. 72 (1972), S. 60-61.

SAUER, G.: Versuche zum Schutz oberirdischer Gehölzteile vor direkter Tausalzeinwirkung. Z. Vegetationstechn. 3 (1980), S. 86-91.

UMWELTBUNDESAMT (Hrsg.): Streusalzbericht I. Erich Schmidt Verlag, Berlin 1981.

Demonstration: ***Korrosivität von Auftausalzen an Metallen***

Durch die auf unseren Straßen ausgebrachten Streusalze werden an nicht lackierten oder an Stahlblechen, deren Lackschutz beeinträchtigt ist, Korrosionsschäden ausgelöst, die zu frühzeitiger Alterung und Beeinträchtigung an Kraftfahrzeugen führen.

Zur Demonstration der Korrosivität der Auftausalze werden in einem Wechseltauchtest (8 Stunden tauchen, 16 Stunden trocknen)

- ein blankes Stahlblech
- ein lackiertes Stahlblech
- ein verchromtes Stoßstangenteil
- ein nichtrostendes Stahlblech (wie bei Radkappen verwendet)

mit den Ausmaßen von etwa 10 x 15 cm in eine in ein kleines Aquarium gefüllte 1 %ige Mischsalzlösung aus NaCl und $CaCl_2$ (80 : 20) acht Tage vor dem Praktikum eingehängt.

Im Praktikum selbst werden dann an den Blechen die Korrosionserscheinungen visuell verglichen. Intensive Korrosionsangriffe wird nur das blanke Stahlblech aufweisen. Die veredelten und das lackierte Stahlblech werden normalerweise keine oder minimale Korrosionsangriffe zeigen.

Material: diverse Stahlbleche (siehe oben)
1%ige Mischsalzlösung
Aquarium

Sachregister

Absender:
(Studenten bitte Heimatanschrift angeben)

....

....

....

☐ **Teilverzeichnis Biologie/Medizin (kostenlos)**

Basiswissen Biol. Bd. 5
III. 91. 2,75. nn. Printed in Germany

Bitte
ausreichend
frankieren

Werbeantwort/Postkarte

Gustav Fischer Verlag
Postfach 72 01 43

D-7000 Stuttgart 70

Absender:
(Studenten bitte Heimatanschrift angeben)

....

....

....

☐ **Teilverzeichnis Biologie/Medizin (kostenlos)**

Basiswissen Biol. Bd. 5
III. 91. 2,75. nn. Printed in Germany

Bitte
ausreichend
frankieren

Werbeantwort/Postkarte

Gustav Fischer Verlag
Postfach 72 01 43

D-7000 Stuttgart 70